"十二五"国家重点出版物出版规划项目

城市交通系列教材

城市总体规划

主　编　闫学东

副主编　王江锋

北京交通大学出版社

·北京·

内 容 简 介

本书共 10 章，主要内容包括绪论、城市总体规划相关理论、城市性质与规模、城镇体系规划、城市总体布局、城市功能与用地规划、城市交通规划、城镇化发展与城乡一体化、城市总体规划编制与审批、城市总体规划案例分析——保定城市总体规划。

本书是“十二五”国家重点出版物出版规划项目“城市交通系列教材”之一，既可作为大专院校城市交通类相关专业的教材，也可供交通规划、城市规划及相关领域专业人员使用。

图书在版编目（CIP）数据

城市总体规划 / 闫学东主编. —北京：北京交通大学出版社，2016.6（2019.1 重印）
（城市交通系列教材）
ISBN 978-7-5121-2770-8

Ⅰ.① 城… Ⅱ.① 闫… Ⅲ.① 城市规划–总体规划–高等学校–教材 Ⅳ.① TU984.11

中国版本图书馆 CIP 数据核字（2016）第 122046 号

城市总体规划
CHENGSHI ZONGTI GUIHUA

责任编辑：孙秀翠　　特邀编辑：刘　松
出版发行：北京交通大学出版社　　电话：010-51686414　　http://www.bjtup.com.cn
地　　址：北京市海淀区高梁桥斜街 44 号　　邮编：100044
印 刷 者：北京鑫海金澳胶印有限公司
经　　销：全国新华书店
开　　本：185 mm×230 mm　　印张：18.25　　字数：409 千字
版　　次：2016 年 6 月第 1 版　　2019 年 1 月第 2 次印刷
书　　号：ISBN 978-7-5121-2770-8/TU・153
定　　价：39.00 元

本书如有质量问题，请向北京交通大学出版社质监组反映。对您的意见和批评，我们表示欢迎和感谢。
投诉电话：010-51686043，51686008；传真：010-62225406；E-mail：press@bjtu.edu.cn。

前　言

当前，我国的社会经济发展已经出现了“新常态”——经济增长转向中高速、经济结构不断优化升级，创新成为驱动发展的最大动力，各行各业都在“新常态”下迎来了升级的挑战和变革的机遇。“新常态”背景下，城乡发展方式及其趋势也将呈现新的特征，深刻认识这种“新常态”，积极适应“新常态”，将成为当前和今后一定时期内我国城乡规划工作和发展的关键所在。

自20世纪90年代中后期以来，土地利用总体规划（简称“土规”）、城乡总体规划（简称“城规”）和国民经济与社会发展规划（简称“经规”）这3个规划（简称“三规”）之间的协调问题一直是城市总体规划研究的重要领域。近几年，党和国家领导人对“三规合一”提出了重要指示，成为城乡规划机制与体制改革的重要方向。2013年12月，习近平总书记在中央城镇化工作会议上对“三规合一”提出了明确的工作要求，即构建统一衔接、功能互补、相互协调的规划体系，形成一个县（市）“一本规划、一张蓝图”。

城市总体规划是一个城市发展的战略性规划，明确未来一定时期城市发展方向与目标。本书作为城市交通系统教材之一，在编写过程中注重教材的基础性和前瞻性，力求在保持城市总体规划系统性的基础上，突出城市交通系统教材的特点，满足城市交通类专业教学的规律和原则。在介绍城市总体规划主要内容、相关理论的基础上，本书涵盖了城市性质与规模、城市总体布局、城市功能与用地规划、城市交通规划、城市总体规划编制与审批等基础知识，着重论述了城镇体系规划和城乡一体化交通规划等适应城镇化发展与城乡一体化新特征的规划内容。本书既可作为大专院校城市交通类相关专业的参考书，也可供交通规划、城市规划及相关领域专业人员使用。

本书由从事交通规划、城市规划、交通管理与控制等城市交通相关领域教学和科研工作的教师团队编写而成，得到了北京交通大学城市规划课题组老师的大力协助。本书由北京交通大学闫学东教授担任主编，王江锋副教授担任副主编。具体编写分工为：闫学东教授负责整体统稿，并编写第4章、第8～10章；王江锋副教授负责协助统稿，并编写第2章、第6章和第7章；梁艳萍副教授负责编写第1章；许红副教授负责编写第5章；杨方讲师负责编写第3章。另外，博士研究生张翠萍、张玉婷和硕士研究生王莉莉、杨波、熊若曦、王敏、和飞飞、刘昕宇等帮助完成了教材中的图表绘制、资料收集和整理等工作，在此表示感谢！

由于编写人员水平有限，书中难免出现错误及不当之处，望读者批评指正，以便今后进一步修改完善。

编　者

2016 年 1 月

目 录

第1章

绪　论

了解城市的产生过程及中西方古代城市的发展历程，掌握城市规划的层次体系，以及城市总体规划的内容，为后面章节学习奠定基础。本章是城市总体规划的概述，分别介绍了城市的发展历程、城市总体规划的内容及发展趋势。

1.1　城市产生与发展

1.1.1　城市的产生与定义

城市是人类社会发展到一定阶段的产物，作为整个社会政治、经济和文化网络上的节点，对人类文明和进步做出了无与伦比的贡献。城市是人类文化不断进步的物质载体，时间上它凝结了地区文化的核心与精华，空间上它延续了地区的形态与结构特色。

人类社会经历了从“巢居”“固定居民点村落”“城市”的发展过程。随着生产力的不断发展，剩余的产品必须通过市场进行交换。当交易的产品、数量、范围越来越大，需要有固定产品交换场所时，必然促进固定的城市居民点的发展。同样，剩余产品的出现也促进了私有制的发展，于是需要建设“城郭沟池”等构筑物来保护这些私有财产。

学术界关于城市的起源有3种说法：一是防御说，即建城郭的目的是不受外敌侵犯；二是集市说，认为随着社会生产发展，人们手里有了多余的农产品、畜产品，需要有个集市进行交换。进行交换的地方逐渐固定，形成人聚集的“市”，并建起了“城”；三是社会分工说，认为随着社会生产力的不断发展，一个民族内部出现了一部分人专门从事手工业、商业，一部分人专门从事农业。从事手工业、商业的人需要有个地方集中起来，进行生产、交换，所以有了城市的产生和发展。

总之，城市的产生是人类与自然界相互作用的结果，是人类文明进步的标志。人类历史上的第一次劳动大分工，使得农业从采集业中分离出来，同时孕育产生了固定的居民点。伴随着第二次劳动大分工，商业与手工业从农业中分离出来，诞生“城市”这种特殊的居民点形式。城市的出现，是人类走向成熟和文明的标志，也是人类群居生活的高级形式。

从我国文字的字义来看，“城”是以武器守卫土地的意思，是一种防御性的构筑物，“市”是一种交易的场所。当前，社会对城市的认识已经达成共识：城市是非农业人口集中，以从事工商业等非农业生产活动为主的居民点，是一定地域范围内社会、经济、文化活动的中心，是各部门、各要素有机结合的大系统。作为人类对自然界干预最强烈的地方，城市是一种不完全的、脆弱的生态系统，也是受自然环境反馈作用最敏感的地方。因此，城市中的各个环节都需要协调发展。

1.1.2 城市的发展

世界城市的发展史大致可分为 4 个阶段：早期阶段、中世纪阶段、工业化时期、后工业化时期。

1. 早期阶段城市的发展

公元前 3000—前 1500 年，是世界上城市产生的主要时期。四大文明的发祥地中国、埃及、古巴比伦、印度，以及玛雅、印加等都有其特殊的城市发展历史。从埃及、苏美尔、中国等地的城市兴起原因看，王权制度确实起到了重要作用，但在希腊等地的城市兴起因素中，商业的作用更大一些。因此，城市起源的主要因素有所不同。

2. 中世纪阶段城市的发展

中世纪的欧洲各国处于封建社会时期，从罗马帝国消亡至 17 世纪英国资产阶级革命，持续达 1 000 年。以城市为单元，结成政治性同盟，以城市为中心形成城市国家、自由城市、帝国城市等政治客体，这些都说明了城市在地区政治经济结构中的地位，也是欧洲中世纪城市发展的一个突出特点。总体而言，中世纪的欧洲城市人口规模仍较小。而同期当时土耳其的伊斯坦布尔、中国的北京人口达 70 万，日本的大阪、东京、京都，埃及的开罗人口达 30 万～40 万，显示了更高的城市发展水平。历史上不同时期世界最大城市如表 1–1 所示。

表 1–1 历史上不同时期世界最大城市

城市	人口/万	年份	城市	人口/万	年份
孟菲斯	3	前 3100	长安	80	750
乌尔	6.5	前 2030	巴格达	100	775
古巴比伦	20	前 612	开封	44.2	1102
亚历山大	30	前 320	杭州	43.2	1348
长安	40	前 200	南京	48.7	1358
罗马	45	100	康斯坦丁堡	70	1650
康斯坦丁堡	30	340	北京	100	1800

3. 工业化时期城市的发展

15—17 世纪初，资本主义在欧洲一些国家开始发展起来。当时欧洲发生了两个重大事件：文艺复兴运动和新航线的开辟。新航线的开辟使资本主义的发展中心从意大利转移到北海沿岸的尼德兰、英国等，在那里逐步兴起很多新兴工商业城市。而 18 世纪中叶开始的工业革命，迎来了城市发展史上一个崭新的时期。城市发展之快、变化之巨，超过了以往任何时期。到 1900 年，伦敦、巴黎、纽约、柏林、阿姆斯特丹已形成为国际商业、金融中心，也是政治经济决策的重要中心。世界城市体系的出现成为近代世界城市化的另一特点。据估计，1800 年世界城市人口为 2 930 万，城市化水平为 3%；1850 年增至 8 080 万人，城市化水平上升至 6.4%；1900 年增至 2.44 亿人，城市化水平为 13.4%；1950 年又增至 7.34 亿人，城市化水平上升到 29.2%。以超过 50 万人口的大城市而言，1800 年世界上只有 7 个，1900 年左右增加到 42 个，1950 年时却增加到 175 个。这一时期亚非广大国家也开始近代城市化的进程，一元的封建城市体系向封建城市与近代城市并存的二元结构转化。

4. 后工业化时期城市的发展

发达国家的后工业化时期一般从 20 世纪 40 年代开始，特点是城市的中枢管理职能更加强化，城市消费者的要求更加多样化，计算机技术和数据通信网络所构成的物质机制，使城市的经济状态和生活方式不断发生变革。该时期社会城市化进程加快，使得后工业化城市市区人口和企业大量向郊区迁移，产生郊区化和逆城市化现象，形成卫星城镇、城市群和大城市集群区。这是由于现代社会信息技术的发展带动第三产业发展，导致整个产业结构的变化。特别是运输和通信技术的迅速发展，使通信、信息成为影响城市经济活动集聚的首要因素。此外，跨国公司的迅速发展，造成了生产过程的全球化，出现了位于国际性城市内的信息传播和决策的办公大厦，而工厂、车间分散在可以提供廉价劳动力的发展中国家的现象。后工业化城市一方面造成少数国际性城市无限膨胀，另一方面使城市布局趋于分散，并且产生了硅谷一类的高科技产业密集的园区及开放性城市。

第二次世界大战之后，世界的城市进入高速发展时期，世界各国的城市都在不断地发展（见表 1–2）。

表 1–2 世界发达国家城市化率的历史演进 单位：%

国家	1920 年	1950 年	1960 年	1965 年	1970 年	1975 年	1980 年	2000 年
英国	79.3	77.9	78.6	80.2	81.6	84.4	88.3	89.1
法国	46.7	55.4	62.3	66.2	70.4	73.7	78.3	82.5
美国	64.3	70.9	75.4	78.4	81.5	86.8	90.1	94.7
日本	28.0	45.8	53.9	58	64.5	69.6	74.3	77.9
德国	64.3	70.9	74.6	78.4	80	83.8	86.4	81.2

1.1.3 西方古代城市的发展

从公元前 5 世纪到公元 17 世纪，欧洲经历了以古希腊和古罗马为代表的奴隶制社会到封建社会的中世纪、文艺复兴和巴洛克等时期。随着社会和政治背景的变迁，不同的政治势力占据主导地位，不仅带来不同城市的兴衰，而且城市格局也表现出相应的特征。古希腊城邦的城市公共场所、古罗马城市的炫耀和享乐特征、中世纪的城堡及教堂的空间主导地位、文艺复兴时期的古典广场和君主专制时期的城市放射轴线都是不同社会和政治背景下的产物。

1. 古希腊和古罗马时期的城市

古希腊是欧洲文明的发祥地，在公元前 5 世纪，古希腊经历了奴隶制的民主政体，形成了一系列的城邦国家。在该时期，城市布局形成了以方格网道路系统为骨架，以城市广场为中心的希波丹姆模式。该模式充分体现了民主和平等的城邦精神及市民民主文化的要求，在米利都城（见图 1–1）得到了最为完整的体现。在这些城市中，广场是市民聚集的空间，围绕着广场建设有一系列的公共建筑，是城市生活的核心。同时，在城市空间组织中，神庙、市政厅、露天剧院和市场是市民生活的重要场所，也是城市空间组织的关键性节点。

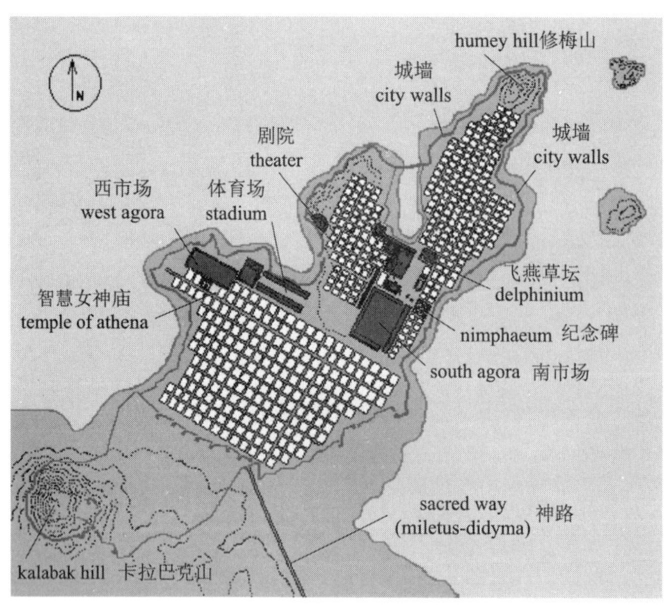

图 1–1 米利都城平面图

古罗马时期是西方奴隶制发展的繁荣时期。在罗马共和国的最后 100 年中，随着国势强盛、领土扩张和财富聚集，城市得到了大规模发展。除了道路、桥梁、城墙和输水道等城市设施之外，还大量地建造公共浴池、斗兽场和宫殿等供奴隶主享乐的设施。到了罗马帝国时期，城市建设更是进入了鼎盛时期。除了继续建造公共浴池、斗兽场和宫殿以外，城市还成了帝王宣传功绩的工具，广场、铜像、凯旋门和记功柱成为城市空间的核心和焦点。古罗马城（见图 1–2）是这一时期建设特征最为集中的体现，城市中心是共和时期和帝国时期形成的广场群，广场上矗立着帝王铜像、凯旋门和记功柱，城市各处散布着公共浴池和斗兽场。

图 1–2 古罗马广场复原图

2. 中世纪的城市

罗马帝国的灭亡标志着欧洲进入封建社会的中世纪。在中世纪，由于神权和世俗封建权力的分离，在教堂周边形成了一些市场，并从属于教会的管理，进而逐步形成为城市。教堂占据了城市的中心位置，教堂的庞大体量和高耸塔尖成为城市空间和天际轮廓的主导因素。在教会控制之外的大量农村地区，为了应对战争的冲击，一些封建领主建设了许多具有防御功能的城堡，围绕着这些城堡也形成了一些城市。整体而言，城市基本上多为自发生长，很少有按规划建造；同时，由于城市因公共活动的需要而形成，城市发展的速度较为缓慢，从而形成了以城市中围绕公共广场为中心，组织各类城市设施及狭小、不规则的道路网结构，构成了中世纪欧洲城市的独特美景。

10 世纪以后，随着手工业和商业逐渐兴起和繁荣，行会等市民自治组织的力量得到了较大的发展，许多城市开始摆脱封建领主和教会的统治，逐步发展成为自治城市。在这些城市中，公共建筑（如市政厅、关税厅和行业会所等）成为城市活动的重要场所，并在城市空间中占据主导地位。

3. 文艺复兴时期的城市

14 世纪以后，封建社会内部产生了资本主义萌芽，以复兴古典文化来对抗封建的、中世纪文化的文艺复兴运动蓬勃兴起，在此时期，艺术、技术和科学都得到了飞速发展。在人文主义思想的影响下，建设了一系列具有古典风格和构图严谨的广场和街道，以及一些世俗的公共建筑。其中，具有代表性建筑如威尼斯的圣马可广场（见图 1–3）、梵蒂冈的圣彼得大教堂等。

图 1–3　圣马可广场俯视图

4. 绝对君权时期的城市

从 17 世纪开始，新生的资本主义建立了一批中央集权的绝对君权国家，形成了现代国家的基础。这些国家的首都（如巴黎、伦敦、柏林、维也纳等）均发展成为政治、经济、文化中心型的大城市。随着资本主义经济的发展，使这些城市的改建、扩建的规模超过以往任何时期，其中巴黎的城市改建影响最大。在古典主义思潮的影响下，轴线放射的街道（香榭丽舍大道）、宏伟壮观的宫殿花园（凡尔赛宫）和公共广场（协和广场）成为此时期城市建设的典范。图 1–4 为轴线放射的巴黎星形广场和香榭丽舍大道。

图 1–4　巴黎星形广场和香榭丽舍大道

1.1.4 我国古代城市的发展

1. 我国古代城市发展的影响因素

我国古代最早的城市距今约有 4 000 年的历史，古代城市的发展受自然环境、政治、经济等多种因素的影响。

（1）自然因素与城市发展

人类在城市建设过程中学会了与自然的协调，趋利避害。在影响城市产生与发展的诸多自然要素中，水或许最能说明问题。一方面水是农业生产的基本条件，也是人类生存的前提；另一方面又不能受到洪涝灾害的侵袭，所以早期的城市大都靠近河流、湖泊，而且大多位于向阳的河岸台地上。《管子・乘马篇》中描述居民点的选址基本要求，“高毋近阜而水用足，低毋近水而沟防省”。

地理位置是影响早期城市产生的最主要的因素之一，除去靠近水源等原则外，城市的发展还必须有广袤的腹地支持。因此，我国很早就有了区域观念，并总结出“体国经野”的概念，要将“国”和“野”统筹规划。《商君书・徕民篇》也指出，“地方百里者，山陵处什一，薮泽处什一，溪谷流水处什一，都邑蹊道足以处其民，先王制土分民之律也”。说明早在 2 500 年前，我们的先民就已经考虑到了水源、能源、材料等因素，而且有了一定的用地比例关系和一个粗略的定额概念，并且将其称为“先王之制”。

除此之外，良好的气候条件、适宜建设的坚实土质都是古代城市选址中考虑的因素。晁错所说选址“相其阴阳之和”，即考察城址的地形地貌，看其气候及环境是否宜人，“审其土地之宜”，即审视地质、地貌。郭璞甚至还发明了用挖坑秤土的办法来衡量土质的密实程度，并以此确定是否适宜进行城市建设。

考虑自然因素，因地制宜，这是我国古代城市规划思想的重大贡献之一，其核心内容就是天人合一、道法自然。

（2）防御功能与城市发展

人类最初的固定居民点就具备防御功能。为了防御野兽和其他部落的侵袭，往往在原始居民点外围挖壕沟，或用石、土、木等材料筑成墙及栅栏。这些沟、墙是一种防御性的构筑物，也是城池的雏形。在后来形成的城市中，城址的选择一般都考虑防御功能，常常会选择一些易守难攻的地点筑城。城市周围往往有城墙护卫，有的城市由一套方城发展到两套方城，都城甚至有三套方城，每一层城墙外还有城壕环绕。宋代以后，火药已大量用于战争，直接影响到城市建设，使一些城墙加厚，到明代许多城墙从土墙改成了砖墙。

防御功能强弱直接影响到城市的生存。历史上由于诸侯各国的纷争，对于城市造成巨大的破坏，这反过来又进一步刺激人们加强城市的防御，从而促进了城市建设技术的进步。在我国历朝更迭之际，往往都会出现百废待兴的局面，进而迎来城市建设的兴旺。从我国的文字的字义来看，城是以武器守卫土地的意义，是一种防御性的构筑物。早在春秋战国时期，

《墨子》中就记载了有关城市建设与攻防战术的内容。

从 5 000 年前的陕西西安半坡原始居民点，到封建社会的明清北京城，无不渗透着浓郁的防御观念。从挖掘出来的半坡遗址平面（见图 1–5）中可以清楚地看出，不仅具备了原始的分区概念，而且表现出明显的防御意识，而北京城的层层城墙则将防御意识推到了巅峰。

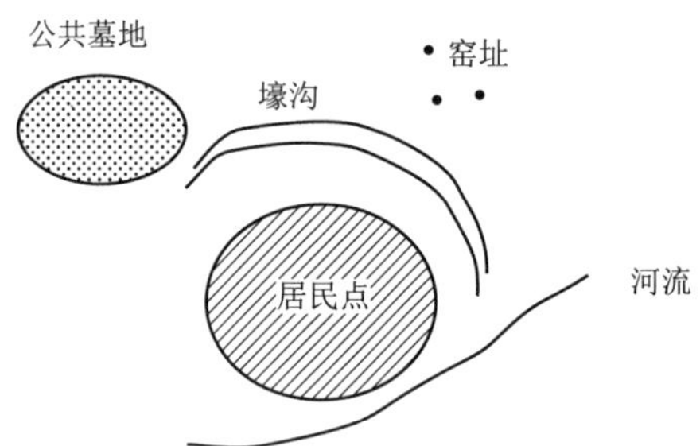

图 1–5　陕西西安半坡村原始村落示意图

（3）经济发展与城市建设

城市是生产力发展的产物，商品交换的出现带来了城市。在我国，最早的城市是由“市”发展而来的，市是一种交易的场所，也就是《易经》所说，“日中为市，致天下之民，聚天下之货，交易而退，各得其所”。随着交换量的增加及交换次数的频繁，就逐渐出现了专门从事交易的商人，交换的场所也由临时的改为固定的市。原来的居民点也发生了分化，其中以农业为主的就是农村，以商业及手工业职能为主的就是城市。

我国古代以农立国，农业的发达与否是城市生存与发展的基本前提条件。《管子·权修》中说，“地之守在城，城之守在兵，兵之守在粟”。正是基于这一思想，从周朝至秦汉乃至盛唐，一直把国都选在富庶的关中地区。

交通运输对于城市的存在和发展也有着重要的影响。在一些商路交通要地，由于商业发达、手工业集中，往往形成一些商业都会。这些都会很长时期内兴盛不衰，虽屡受战火毁坏，仍在原地恢复重建，如苏州、扬州、广州、成都等。隋代大运河修通后，在运河沿线，发展起繁荣的商业都会，如汴州（开封）、泗州、淮阴、苏州、杭州等。元代后，建都在北京，南北大运河仍为经济命脉。天津、沧州、德州、临清、济宁等地也相继繁荣起来，与原来已有的一些商业城市形成一个沿运河的城市带，并与长江中下游的一些商业城市（如汉口、九江、芜湖、安庆、南京、镇江）联系起来，成为我国经济发达的地带。

由此可见，城市历来就是国家的经济中枢，城市的发展对于国民经济的繁荣具有举足轻重的作用，反过来经济的发展对于城市建设具有巨大的推动和促进作用。

（4）政治体制与城市发展

《吴越春秋》中提到的“筑城以卫君，造郭以守民”，是对我国古代城市规划与建设思想的高度概括。我国古代的城市不仅是经济生活中心，而且一般都是一定地域的政治中心。自秦始皇统一全国，实行郡县制以后，直到清王朝，大多数朝代都是统一的中央集权的国家。郡县制的都、府、州县成为不同地域范围的政治军事中心。郡县制也形成了一个完整的垂直管辖的城镇体系。各朝代的都城规模都很大，有几个朝代还在新王朝建立之际制定规划，并完全按照规划新建都城，如隋文帝命宇文恺制定长安城的规划，按规划建成面积达 80 多平方千米的都城。忽必烈命刘秉忠按汉制规划建设元大都。明初在元大都基础上，改建成为今日的北京古都。

社会的阶级分化与对立在城镇建设中也有明显的反映。在我国的古代都城中，统治阶级专用地区——宫城居中心位置，并占据很大的面积。商都“殷”城以宫廷为中心，近宫外围是若干居住聚落（邑），居民多为奴隶主和部分自由民，各邑之间空隙地段大多为农业用地，外圈为散布的手工业作坊。曹魏邺城（见图 1–6）以一条东西干道将城市划为两部分：北半部为贵族专用，其西为铜雀园，正中为举行典礼的宫殿，其东为帝王居住和办公的宫廷，再向东为贵族专用居住地——戚里；南半部为一般居住区。曹魏邺城的特点有：① 曹魏邺城平面呈横长方形，城市有明确的分区，前朝后市，统治阶级与一般市民严格分开。一方面集成了古代城郭的形制及汉代宫城与外城的区别，其分工更为明确，不像西汉长安及东汉洛阳那样宫城被闾里包围或相参，而是严格分开，体现了等级的森严。② 整个城市布局体现了空间对称的艺术手法，道路正对城门，将中轴对称的手法由一般建筑扩大到建筑群，对后来影响很大，如唐朝长安。③ 改正了东都洛阳的东、西宫分置的不便，宫殿布局规整，前朝后寝。隋唐长安城中间靠北为统治阶级专用的宫城，其南为集中设置中央办公机构及驻卫军的皇城，均有城墙与其他东、南、西三面的一般居住坊里严格分开。坊里有坊墙坊门，早启晚闭实行宵禁，以便于管制。

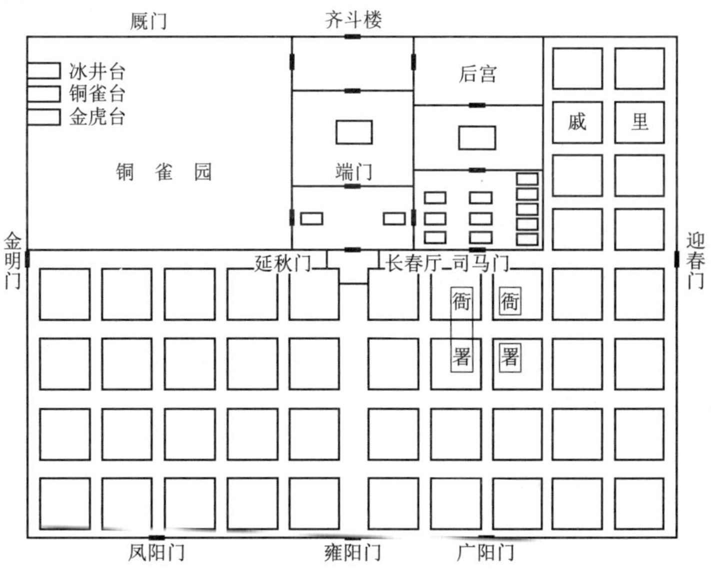

图 1–6 曹魏邺城平面复原图

与封建礼制相适应，形成了一套城市规划思想，对于城市和建筑的形制做了严格的规定。正如《周礼·考工记》中记载的："匠人营国，方九里，旁三门，国中九经九纬，经涂九轨，左祖右社，前朝后市，市朝一夫。"《营造法式》是我国第一本详细论述建筑工程做法的官方著作，对于建筑的等级、形制乃至材料、色彩等都做出了明确的规定。这些都反映出强烈的皇权至上的理念，折射出封建社会的等级和宗教礼法。

2. 我国古代城市的发展特点

我国是世界四大文明古国之一，城市的出现虽然晚于古巴比伦，但在人类历史上，我国传统城市规模之大，数量之多，持续发展时间之长，却是独一无二的。与西方古代城市相比较，中国传统城市是发达的，也是独特的。我国古代城市的发展受自然环境、政治、经济等多种因素的影响，其特点主要有以下几个方面。

① 我国传统城市的起源甚早，而且城市分布经历了一个由北向南，由沿河、沿江到沿海的持续不断的渐进过程。

② 我国传统城市经济、文化发达，尤其是历代都城，人口众多，规模宏大，对世界城市发展产生过重大影响。

③ 我国传统城市绝大部分是统治阶级建立的行政中心和军事堡垒，城市职能主要表现为政治控制和赋税榨取，一般均属有城垣的城市。历史上的城市大致分为两种类型，一种是出于统治需要计划建造的城市，先筑城垣，再求发展；另一种是因社会发展需要自然形成的城市，没有城垣，中国传统城市多属前一类。

④ 我国传统城市虽然发达，但终究是农业社会的产物。城市经济与自给自足的小农经济相互矛盾、相互制约。其结果是：一方面封建统治阶级需要工商业的繁荣，以满足城居者的消费；另一方面又不允许城市商人和手工业者自由发展，以维护政治上的封建集权。

3. 我国古代城市的典型格局

我国古代城市的建设成就中最为重要的是都城建设，都城被认为是"四方之极""首善之区"，历代的统治者对之特别重视，立定典章，指导建设，整体体现了各个时代的成就。其中唐长安城、元大都和明清北京城是我国古代城市中最具影响力的典型格局，是《周礼·考工记》的城市形制的完整体现，充分体现了我国古代的社会等级和宗法礼制。

（1）隋唐长安城

隋唐长安始建于隋文帝开皇二年，名大兴城，唐朝更名长安，并继续作为都城。隋唐长安城为东西宽约 9 721 m、南北长约 8 651 m 的长方形，包括位于城外大明宫在内的总面积达 87 km^2（见图 1–7）。工程建设由宇文恺（隋）、阎立德（唐）主持。长安城规划借鉴了曹魏邺城、北魏洛阳城等城池的规划建设经验，在方正对称的原则下，沿南北轴线将皇宫和皇城置于全城的主要地位。棋盘式的路网系统划分出 108 个封闭式的里坊及东西两个市场。城内除皇宫外，还分布有园林、寺观、官署、市场和住宅。据推测，唐代长安城内外的总人口在 100 万以上，成为当时世界上最大的城市。隋唐长安城的严谨、宏伟的总体布局进一步附会了《周礼·考工记》中的布局原则，不仅成为我国古代封建都城规划建设史上的里程碑，而且对朝鲜、日本等周边国家的城市建设也产生了深远的影响。

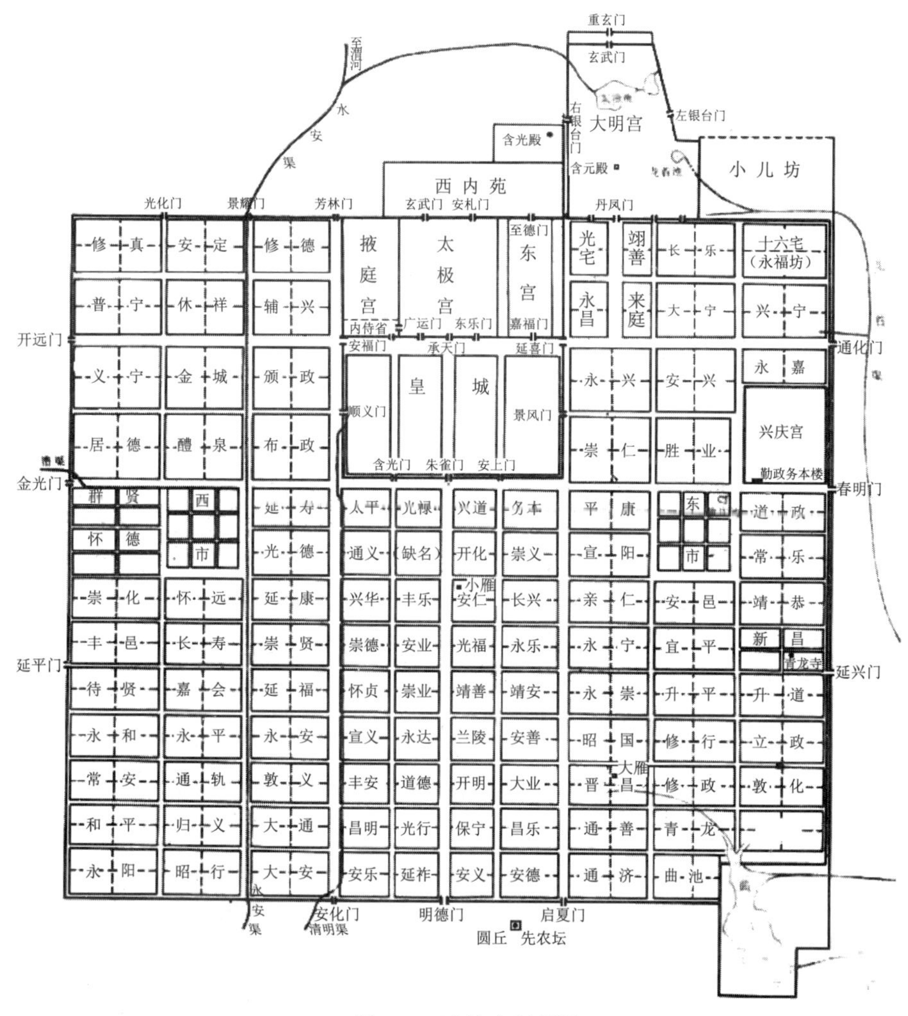

图 1–7 唐长安复原图

（2）元大都

元大都从元至元四年起着手大规模建设，历时 18 年完成。规划建设由刘秉忠和阿拉伯人也黑迭儿负责，郭守敬负责水系的规划建设。元大都的建设一方面避开了金中都旧址，进行全新的规划布局；另一方面又利用了金中都时期的城外湖泊和离宫作为宫城及皇城建设的基础。元大都（见图 1–8）平面为东西宽约 6.6 km、南北长约 7.4 km 的长方形，共设 11 门，依旧按照由里向外的顺序嵌套布置了宫城、皇城和大城。除皇城由于受太液池影响偏西外，宫城与大城均位于城市的中轴线上。宫城北侧的钟楼、鼓楼将城市中轴线进一步向北延伸。大城内皇城以外的地区被横平竖直的方格网状道路系统划分为 50 个坊，除用作居住外，还有衙署、寺庙及商业市场等。元大都的整体布局在将宫殿建筑群与自然风景有机结合的同时，熟练运用三城嵌套、宫城居中、中轴对称、左祖右社、前朝后市的手法，刻意附会《周礼·考工记》中的礼制，并突出皇权的地位，是我国古代都城规划建设史上的又一个里程碑。

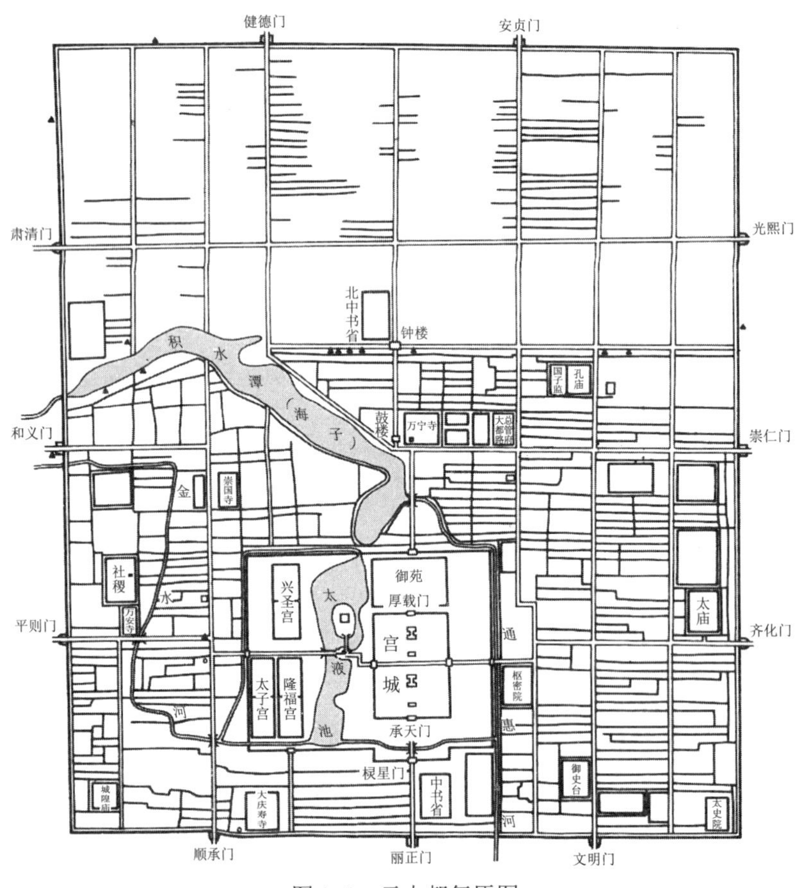

图 1–8　元大都复原图

（3）明清北京城

明清北京城是我国城市规划建设史上的杰作，被誉为“都市计划的无比杰作”和“中国都城发展的最后结晶”。

明代北京是在元大都的基础上建设起来的。1371 年大将军徐达修复被攻占后的元大都，将元大都北城墙向南缩进 5 里。明朝决定迁都北京后，于永乐四年开始有计划地营建北京城，历时 14 年，并于永乐十九年正式迁都北京。后于嘉靖三十二年加筑外城，但由于财政原因等只完成了南城部分，因而形成了独特的“凸”字形平面（见图 1–9）。明北京外城东西宽约

7.95 km、南北长约 3.1 km，共设 5 门；内城东西宽约 6.65 km、南北长约 5.35 km，共设 9 门（东西城墙位于元大都原址，北侧、南侧城墙分别南移 5 里和 2 里）；皇城东西宽约 2.5 km、南北长约 2.75 km，设有 4 门；最内是宫城，即紫禁城，东西宽约 0.76 km、南北长约 0.96 km，仍设 4 门。宫城、皇城、内城、外城依次嵌套于其中的城门、宫殿建筑群、景山、钟鼓楼，形成一条长达 7.5 km 的城市中轴线。城内道路基本上沿用了元大都的系统，形成了方格网状的道路体系。城内除宫殿、皇家园林外，主要有寺庙、衙署、仓库、府第及平民住宅；手工业、商业设施多集中在外城。

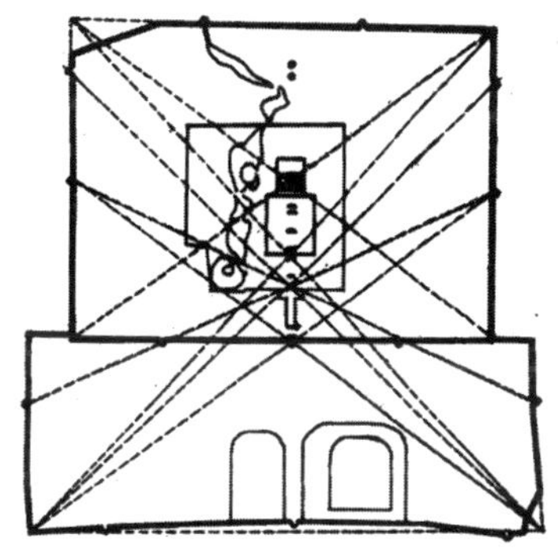

图 1–9 北京城平面几何关系

清朝全面承袭了明北京城，除对局部城墙、建筑进行修缮改造外，城市格局没有发生变化（见图 1–10）。明清北京城更为严格、具体地附会了“左祖右社，面朝后市”等《周礼・考工记》中的礼制及“前朝后寝”等封建传统，是中国古代都城建设的集大成者。

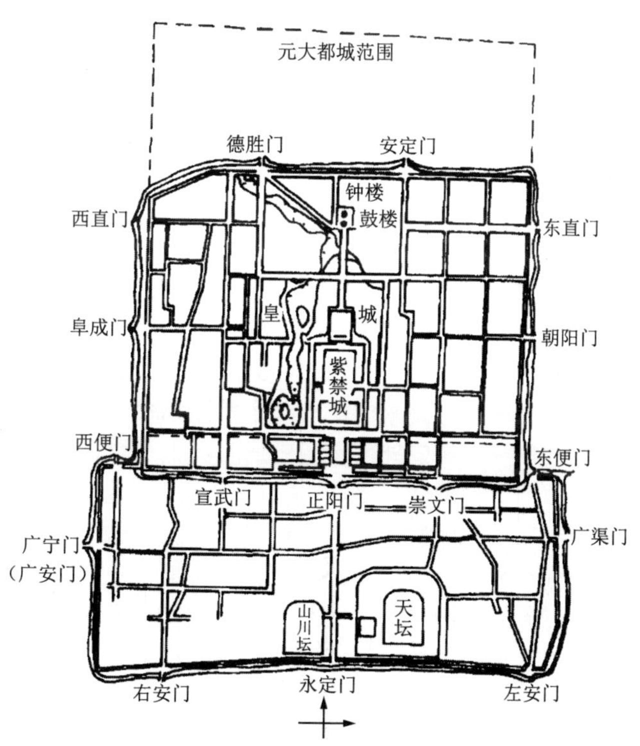

图 1 10 明清北京城平面图

明清北京城从布局来看采用了很严整的布局：① 突出了中轴的空间序列，其中轴线是世界城市史上最长的一条中轴线；② 采用了层层封闭的规划形象，层层分隔产生了深远的空间；③ 尺度的处理也很严谨，外朝空间是内廷的 4 倍，比例为 9:5，象征“九五之尊”。北京故宫的皇家建筑，集中体现了中国古代建筑的特征，是保存至今规模最大、最完整的古代建筑群组，体现了一整套的礼制要求，运用了阴阳五行等象征手法，在雕刻、绘画、文学等其他的艺术手段上也有相当高的造诣。

1.2 城市规划层次体系

1.2.1 城市规划的内涵

在国家标准《城市规划基本术语标准》中，城市规划是对一定时期内城市的经济和社会发展、土地利用、空间布局和各项建设的综合部署、具体安排和实施管理。美国国家资源委员会也对其做了定义，城市规划应该是一种科学、一种艺术、一种政策活动，它设计并指导空间的和谐发展，以满足社会与经济发展的需要。

现代城市规划作为一项政府职能，其本质是以城市空间环境为对象、以土地利用为核心的公共干预。规划的目的是克服城市空间开发中市场经济机制的缺陷，确保满足城市经济和社会发展的空间需求并保障社会各方的合法权益。

1.2.2 现代城市规划体系的组成

现代城市规划体系由城市规划法规体系、城市规划行政体系和城市规划运作体系组成。

1. 城市规划法规体系

我国的法规体系是以宪法为顶端的锥状网络结构，城市规划法规体系是其中的一个支系，如图 1–11 所示。《城乡规划法》是仅次于宪法的、处于第二位阶的法律，是城市规划与建设领域的核心法律。规划法规的体系与国家的法规体系是同构关系，也是以《城乡规划法》为顶端的锥状网络结构，不过在规划法的外部环境中还有其他法律，除了上位的宪法之外，还有同位阶的其他法律，比如土地管理法、水法、行政复议法等几十部法律。城市规划法与宪法是纵向关联，城市规划法规与其他法规也存在一定的联系，这主要是由于城市规划法所涉及的对象——城市规划区是一个复合的空间范围，其中包括土地、建筑、道路、文物、水资源等。城市规划法与这些对象的专门法律的关系，就其法律地位而言，有一些的地位是平等的，有一些的法规地位较城市规划的地位低，但分属于不同的部门和领域，因而规划法与相关法律的关系是互相协调的。

中国城市法规体系结构是一个以《城乡规划法》为主干法的城市规划专门法规体系，其体系构成如表 1–3 所示。《城市规划法》是这个领域的最高法律和核心法，其他行政规章和地方法规是其配套与完善，都不得同《城乡规划法》相抵触。

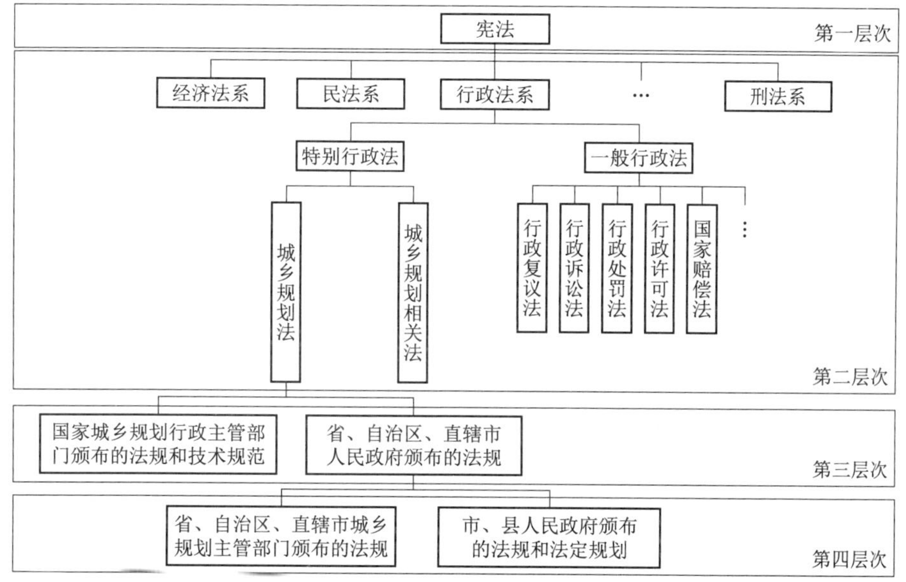

图 1–11 国家立法层次

表 1–3 中国城市法规体系构成

主干法	《城乡规划法》（2008）
从属法规	《城市规划基本术语标准》（2006） 《城市规划编制办法》（2006） 《城市居住区规划设计规范》（1995） 《城市道路交通规划设计规范》（1995） 《城市总体规划审查工作规则》（1998） 《建设项目选址规划管理办法》（1992） 《城市国有土地使用权出让转让规划管理办法》（1993） 《城建监察规定》（1992）
专项法	《历史文化名城名镇名村保护条例》（2008）
相关法	《行政许可法》（1985） 《中华人民共和国土地管理法》（2004） 《建筑法》（1994） 《自然保护区条例》（1994）

2. 城市规划行政体系

我国城市规划行政体系由不同层次的城市规划行政主管部门组成——国家、省（自治区、直辖市）、城市，各级城市规划行政主管部门对同级政府负责，对下级进行业务指导和监督。《国务院关于加强城乡规划监督管理的通知》（国发〔2002〕13 号）文件指出：设区城市的市辖区原则上不设区级规划管理机构，如确有必要，可由市级规划部门在直辖区设置派出机构。表 1–4 为我国城市规划行政制度及其所包含内容。

表 1–4 我国城市规划行政制度及其所包含内容

组织编制	国务院城乡规划主管部门组织编制全国城镇体系规划；省、自治区人民政府组织编制省域城镇体系规划；城市（县、镇）人民政府组织编制城市（镇）总体规划；城市人民政府城乡规划主管部门组织编制城市的控制性详细规划
审批	全国城镇体系规划由国务院城乡规划主管部门报国务院审批；直辖市的城市总体规划由直辖市人民政府报国务院审批；省、自治区人民政府所在地的城市及国务院确定的城市的总体规划，由省、自治区人民政府审查同意后，报国务院审批；其他城市的总体规划，由城市人民政府报省、自治区人民政府审批；省域城镇体系规划，城市（镇）总体规划，在报上一级人民政府审批前，应当先经本级人民代表大会常务委员会审议；控制性详细规划经本级人民政府批准后，报本级人民代表大会常务委员会和上一级人民政府备案
修改	修改省域城镇体系规划、城市（镇）总体规划前，组织编制机关应对原规划的实施情况进行总结，并向原审批机关报告；修改涉及城市（镇）总体规划强制性内容的，应先向原审批机关提出专题报告，经同意后方可编制修改方案
实施管理	在城市、镇规划区内进行建设，应当经城市、县人民政府城乡规划主管部门批准，取得“一书两证”（选址意见书、建设用地许可证、建设工程规划许可证）
监督	自我监督，上级监督，人大监督，公众监督

3. 城市规划运作体系

城市规划运作体系主要指的是城市规划编制体系。在我国的城市规划体系中，一直以来采用的就是按照地域空间划分的分层次的竖向规划体系和按照专业划分的横向规划体系这两种规划体系并行的方式。在规划管理实施的过程中也是两种规划体系并行。2008 年 1 月 1 日颁布实施的《中华人民共和国城乡规划法》进一步增强了城市规划体系的法定地位。我国法定的城市规划体系包括城镇体系规划、城市规划、镇规划、乡规划和村规划，其中城市规划和镇规划分为总体规划和详细规划，详细规划分为控制性详细规划和修建性详细规划。我国现行的法定城乡规划结构如图 1–12 所示。

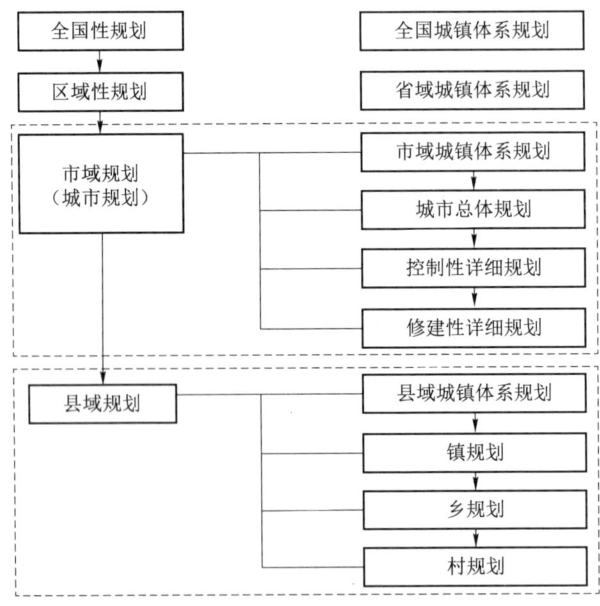

图 1–12 我国现行的法定城乡规划结构

其中，各级城镇体系规划、城市总体规划、镇规划和乡规划是战略性规划，控制性详细规划、修建性详细规划和村规划是实施性规划。

1.3　城市总体规划内容

1.3.1　城市总体规划概述

城市的建设和发展是一项庞大的系统工程，而城市总体规划则是驾驭整个城市建设和发展的基本依据和基本手段。20 世纪以来，城市人口与经济活动的空间范围迅速扩大，规划越来越认识到需要从更长远的角度和更大的范围对城市发展进行控制和引导。

城市总体规划是指城市人民政府依据国民经济和社会发展规划及当地的自然环境、资源条件、历史情况、现状特点，统筹兼顾、综合部署，为确定城市的规模和发展方向，实现城市的经济和社会发展目标，合理利用城市土地，协调城市空间布局等所做的一定期限内的综合部署和具体安排。城市总体规划是城市规划编制工作的第一阶段，也是城市建设和管理的依据。简单地理解，城市总体规划就是指一定年限内对城市市区、郊区及与城市发展有关的地区各项发展建设的综合部署。从本质上讲，城市总体规划就是对于城市发展的战略性安排，是战略性的发展规划。总体规划工作是以空间部署为核心制定城市发展战略的过程，是推动整个城市发展战略目标实现的重要组成部分。

城市总体规划涉及城市的政治、经济、文化和社会生活等多个领域，从城市整体的角度，研究城市的发展目标、性质、规模和总体布局形式，制定出战略性、能指导与控制城市发展和建设的蓝图，在指导城市有序发展、提高建设和管理水平等方面发挥着重要的先导和统筹作用。近年来，我国对城市总体规划的编制组织、编制内容等都进行了必要的改革和完善。目前，城市总体规划已经成为指导和调控城市发展建设的重要手段，具有公共政策属性。

城市总体规划的主要任务：根据城市经济社会发展需求和人口、资源情况及环境承载能力，合理确定城市的性质、规模；综合确定土地、水、能源等各类资源的使用标准和控制指标，节约和集约利用资源；划定禁止建设区、限制建设区和适宜建设区，统筹安排城乡各类建设用地；合理配置城乡各项基础设施和公共服务设施，完善城市功能；贯彻公交优先原则，提升城市综合交通服务水平；健全城市综合防灾体系，保证城市安全；保护自然生态环境和整体景观风貌，突出城市特色；保护历史文化资源，延续城市历史文脉；合理确定分阶段发展方向、目标、重点和建设时序，促进城市健康有序发展。

1.3.2　城市总体规划内容

在实际工作中，为了便于工作的开展，在正式编制城市总体规划前，可以由城市人民政府组织制定城市规划纲要，对确定城市发展的主要目标、方向和内容提出原则性意见，作为规划编制的依据。根据城市的实际情况和工作需要，大城市和中等城市可以在城市总体规划基础上编制分区规划，进一步控制和确定不同地段土地的用途、范围和容量，协调各项基础设施和公共设施的建设，并为下一层规划提供依据。每个城市还应当在总体规划的基础上，单独编制近期建设规划。因此，城市总体规划的工作层面应包括：城市总体规划纲要、城市总体规划、城市分区规划和城市近期建设规划，如图 1–13 所示。

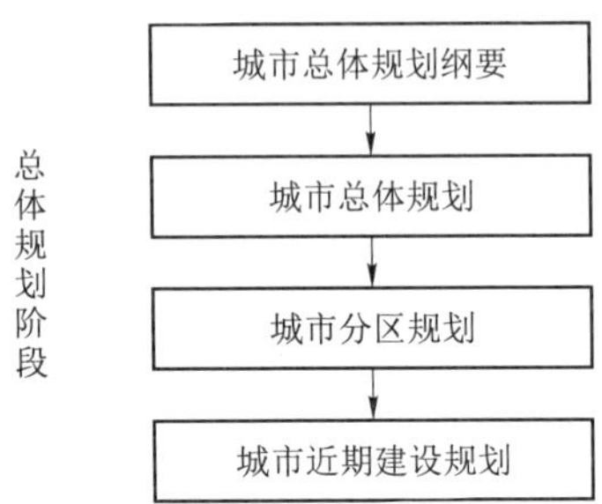

图 1–13　城市总体规划的工作层面（非法定规划）

1. 城市总体规划纲要

城市总体规划纲要的主要任务是研究确定城市总体规划的重大原则，并作为编制城市总体规划的依据。其内容主要包括以下几个方面。

① 市域城镇体系规划纲要，内容包括：提出市域城乡统筹发展战略；确定生态环境、土地和水资源、能源、自然和历史文化遗产保护等方面的综合目标和保护要求，提出空间管制原则；预测市域总人口及城镇化水平，确定各城镇人口规模、职能分工、空间布局方案和建设标准；原则确定市域交通发展策略。

② 提出城市规划区范围。

③ 分析城市职能、提出城市性质和发展目标。

④ 提出禁建区、限建区、适建区范围。

⑤ 预测城市人口规模。

⑥ 研究中心城区空间增长边界，提出建设用地规模和建设用地范围。

⑦ 提出交通发展战略及主要对外交通设施布局原则。

⑧ 提出重大基础设施和公共服务设施的发展目标。

⑨ 提出建立综合防灾体系的原则和建设方针。

2. 城市总体规划

城市总体规划的主要任务是综合研究和确定城市性质、规模和空间发展状态，统筹安排城市各项建设用地，合理配置城市各项基础设施，处理好远期发展与近期建设的关系，指导城市合理发展。城市总体规划一般分为市域城镇体系规划和中心城区规划两个层次。

（1）市域城镇体系规划的内容

① 提出市域城乡统筹的发展战略。其中位于人口、经济、建设高度聚集的城镇密集地区

的中心城市，应当根据需要，提出与相邻行政区域在空间发展布局、重大基础设施和公共服务设施建设、生态环境保护、城乡统筹发展等方面进行协调的建议。

② 确定生态环境、土地和水资源、能源、自然和历史文化遗产等方面的保护与利用的综合目标和要求，提出空间管制原则和措施。

③ 预测市域总人口及城镇化水平，确定各城镇人口规模、职能分工、空间布局和建设标准。

④ 提出重点城镇的发展定位、用地规模和建设用地控制范围。

⑤ 确定市域交通发展策略。原则上确定市域交通、通信、能源、供水、排水、防洪、垃圾处理等重大基础设施，重要社会服务设施，危险品生产储存设施的布局。

⑥ 根据城市建设、发展和资源管理的需要划定城市规划区。城市规划区的范围应当位于城市的行政管辖范围内。

⑦ 提出实施规划的措施和有关建议。

（2）中心城区规划的内容

① 分析确定城市性质、职能和发展目标。

② 预测城市人口规模。

③ 划定禁建区、限建区、适建区和已建区，并制定空间管制措施。

④ 确定村镇发展与控制的原则和措施，确定需要发展、限制发展和不再保留的村庄，提出村镇建设控制标准。

⑤ 安排建设用地、农业用地、生态用地和其他用地。

⑥ 研究中心城区空间增长边界，确定建设用地规模，划定建设用地范围。

⑦ 确定建设用地空间布局，提出土地使用强度管制区划和相应的控制指标。

⑧ 确定市级和区级中心的位置和规模，提出主要的公共服务设施的布局。

⑨ 确定城市交通发展战略和城市公共交通系统的总体布局，落实公交优先政策，确定主要对外交通设施和主要交通设施布局。

⑩ 确定绿地系统的发展目标及总体布局，划定各种功能绿地的保护范围，划定河湖水面的保护范围，确定岸线使用原则。

⑪ 确定历史文化保护及地方传统特色保护的内容和要求，划定历史文化街区、历史建筑保护范围，确定各级文物保护单位的范围，研究特色风貌重点区域及保护措施。

⑫ 研究住房需求，确定住房政策、建设标准和居住用地布局，重点确定经济适用房、廉租房及普通商品房等满足中低收入人群住房需求的居住用地布局及标准。

⑬ 确定电信、供水、排水、防洪、供电、燃气、供热、消防、环保、环卫总体布局。

⑭ 确定生态环境保护与建设目标，提出污染控制与治理措施。

⑮ 确定综合防灾与公共安全保障体系，提出防洪、消防、人防、抗震、地质灾害防护等规划原则和建设方针。

⑯ 划定旧区范围，确定旧区有机更新的原则和方法，提出改善旧区生产、生活环境的标

准和要求。

⑰ 提出地下空间开发利用的原则和建设方针。

⑱ 确定空间发展时序，提出规划实施步骤、措施和政策建议。

（3）城市总体规划的强制性内容

① 规划区的范围。

② 市域内必须控制开发的地域。包括：风景名胜区，湿地、水源保护区等生态敏感区，基本农田保护区，地下矿产资源分布地区。

③ 城市建设用地。包括：规划期限内城市建设用地的发展规模、发展方向，根据建设用地评价确定的土地使用限制性规定；城市各类园林和绿地的具体布局。

④ 城市基础设施和公共服务设施。包括：城市主干道的走向、城市轨道交通的线路走向、大型停车场布局；城市取水口及其保护区范围、给水和排水主管网的布局；电厂位置、大型变电站位置、燃气储气罐站位置；文化、教育、卫生、体育、垃圾和污水处理等公共服务设施的布局。

⑤ 历史文化名城保护。包括：历史文化名城保护规划确定的具体控制指标和规定；历史文化保护区、历史建筑群、重要地下文物埋藏区的具体位置和界线。

⑥ 生态环境保护与建设目标，污染控制与治理措施。

⑦ 城市防灾工程。包括：城市防洪标准、防洪堤走向；城市抗震与消防疏散通道；城市人防设施布局；地质灾害防护规定。

3. 城市分区规划

在城市总体规划完成后，大中城市可根据需要编制分区规划。分区规划的任务是：在总体规划的基础上，对城市土地利用、人口分布和公共设施、城市基础设施的配置做出进一步的安排，为详细规划和规划管理提供依据。编制分区规划，应当综合考虑城市总体规划确定的城市布局、片区特征、河流道路等自然和人工界限，结合城市行政区划，划定分区的范围界限。

城市分区规划的主要内容有：

① 确定分区的空间布局、功能分区、土地使用性质和居住人口分布；

② 确定绿地系统、河湖水面、供电高压线走廊、对外交通设施用地界线和风景名胜区、文物古迹、历史文化街区的保护范围，提出空间形态的保护要求；

③ 确定市、区、居住区级公共服务设施的分布、用地范围和控制原则；

④ 确定主要市政公用设施的位置、控制范围和工程干管的线路位置、管径，进行管线综合；

⑤ 确定城市干道的红线位置、断面、控制点坐标和标高，确定支路的走向、宽度，确定主要交叉口、广场、公交站场、交通枢纽等交通设施的位置和规模，确定轨道交通线路走向及控制范围，确定主要停车场规模与布局。

4. 城市近期建设规划

城市近期建设规划是城市总体规划的组成部分，主要任务是明确近期内实施城市总体规划的发展重点和建设时序；确定城市近期发展方向、规模和空间布局，自然遗产与历史文化遗产保护措施；提出城市重要基础设施和公共设施、城市生态环境建设安排的意见。

在中国城市近期建设规划的期限为5年，以便同社会经济发展的五年计划相结合；也可以根据具体条件适当地延长或缩短。

城市近期建设规划包括必须具备的强制性内容和指导性内容两种，其中必须具备的强制性内容主要有：

① 确定城市近期建设重点和发展规模；

② 依据城市近期建设重点和发展规模，确定城市近期发展区域，对规划年限内的城市建设用地总量、空间分布和实施时序等进行具体安排，并制定控制和引导城市发展的规定；

③ 根据城市近期建设重点，提出对历史文化名城、历史文化保护区、风景名胜区等相应的保护措施。

近期建设规划必须具备的指导性内容有：

① 根据城市近期建设重点，提出机场、铁路、港口、高速公路等对外交通设施，城市主干道、轨道交通、大型停车场等城市交通设施，自来水厂、污水处理厂、变电站、垃圾处理厂及相应的管网等市政公用设施的选址、规模和实施时序的意见；

② 根据城市近期建设重点，提出文化、教育、体育等重要公共服务设施的选址和实施时序；

③ 提出城市河湖水系、城市绿化、城市广场等的治理和建设意见；

④ 提出近期城市环境综合治理措施。

5. 城市总体规划中的工程系统规划

工程系统规划是城市规划的重要组成部分，在城市总体规划阶段需要完成相应的工程系统规划内容。城市工程系统规划的任务从总体上说，就是根据城市社会经济发展目标，同时结合各个城市的具体情况，合理地确定规划期内各项工程的设施规模、容量，对各项设施进行科学合理的布局，并制定相应的建设策略和措施。专项的工程规划的任务则是根据系统所要达到的目标，选择确定恰当的标准和设施。

城市工程系统规划主要是针对城市工程性基础设施所进行的规划，也可以称为城市基础设施工程规划，主要包括城市给排水工程规划、城市排水工程规划、城市供热系统规划、城市电力系统规划、城市燃气系统规划、城市通信系统规划、城市防灾工程规划等。

1.4 城市总体规划发展趋势

1.4.1 我国城市总体规划的演变

自新中国成立以来，在国家层面我国的城市总体规划经历了四轮大范围的编制，也有部分城市已经编制了六七轮的规划，规划编制的内容也随着每一轮编制时间与特定的历史背景而有所差异。

1. 第一轮城市总体规划

新中国成立初期，我国城市百废待兴。“消费城市向生产城市转变”需要我国的城市承担更多的工业职能。“一五”计划的出台与苏联援建项目的跟进，客观上需要对我国城市有一个比较明确的空间安排。从 1964 年开始的“三线建设”，将沿海部分工业项目迁往三线地区，同时期国家安排的新工业项目也大部分布局于三线地区。这些项目的落实，客观上都需要一定的空间规划指引。我国第一轮城市总体规划正是在这样的大背景下诞生的，一直持续到 1977 年。据统计，仅“一五”时期全国就有十几个大中城市开展了大规模的城市规划编制工作，紧随其后，全国有 150 多个城市也编制了城市建设总体规划，初步确立了“计划经济模式”的城市规划在新中国的地位。

第一轮城市总体规划最明显的特征就是将规划作为国民经济计划的延续和具体化。第一轮城市总体规划大体包括以下主要内容：城市总体布局规划、专项规划和近期建设规划。专项规划主要考虑城市对外交通规划、城市道路规划、电力电信规划、给水排水规划、园林绿化规划、公共服务设施规划等，有的城市还考虑防洪防汛、防震抗震和人防战备等规划，以及重点居住区详细规划。这轮规划的历史使命主要包括：大中型重点工业项目在城市中的合理选址、布局和安排，以及与工业相关的配套设施建设；城市功能分区；考虑了城市对外交通联系和城市道路网骨架，以及电力电信、给水排水、城市公园、防洪防汛等基础设施建设；简单的环境保护要求。

2. 第二轮城市总体规划

1976 年唐山大地震后，由于灾后重建的需要，大批“文革”中被迫转行的规划专家重新参与到唐山的城市规划中来。十一届三中全会确定了国家以经济建设为中心的路线，客观上要求城市规划发挥对城市发展、城市建设的指导作用。第二轮城市总体规划正是在这样的背景下展开的。

虽然我国第二轮城市总体规划编制始于 20 世纪 80 年代，改革开放在我国沿海地区已经展开。但由于计划经济制度惯性，使这个时期的城市总体规划仍然具有计划经济时期的特点。作为国民经济计划的延续，除落实国民经济计划在城市空间上的布局，这一轮城市总体规划以拓展区域影响和以大力拓展城市基础设施作为新的主要特征。

在第一轮城市总体规划内容的基础上，增加了对城市经济社会发展内容的分析和城镇体系规划、历史文化名城保护规划、防震规划等专项规划，一些城市开始尝试分区规划。总体来看，这一轮规划解决的主要问题包括：

① 城市性质、规模、发展方向和城市空间骨架、城市功能的合理分区和布局调整；

② 按照 1984 年《城市规划条例》和 1990 年《城市规划法》进行城市规划区划定；

③ 强化城市基础设施建设；

④ 污染工业的控制、调整、搬迁和环境保护；

⑤ 旧城改造和生活居住区建设等。

3. 第三轮城市总体规划

1991 年 9 月在北京召开第二次全国城市规划工作会议，提出要全面贯彻落实《城市规划法》和坚持“严格控制大城市规模，合理发展中等城市和小城市”的城市发展方针，要求所有城市都要编制跨世纪的城市总体规划，这是我国城市开展第三轮总体规划的最大背景。

原《中华人民共和国城市规划法》《城市用地分类与规划建设用地标准》《城市规划编制办法》（以下简称“91 版《办法》”）等在这一时期相继颁布实施。在规划编制层面，将 91 版《办法》作为技术指导，在编制依据和编制实践层面，将原《城市规划法》作为法律依据和保障。规划模式与内容在 91 版《办法》的指导下更加规范，对城市发展体现出的作用也更加明显。但随着规划编制实践的深入，91 版《办法》指导下的城市总体规划有了“八股文”的倾向，总体规划对不同规模或处于不同发展阶段的城市总体规划在内容和形式上都没有体现出应有的差异。

第三轮城市总体规划是一个有法可依、依法制定的规划。从这个角度讲，我国的城市规划已经走向成熟，也基本建立了我国的城市规划体系。主要内容包括编制城市总体规划纲要、城镇体系规划、总体规划、分区规划、控制性详细规划、修建性详细规划及城市设计等。相关内容在第二轮城市总体规划的基础上，又着重增加考虑了以下几方面的内容：

① 确定 21 世纪初基本实现现代化的城市发展具体目标；

② 把各类开发区、国有土地使用权出让、转让和房地产业开发统一到城市规划中来；

③ 重视城市历史文化的保护与发展；

④ 注重城市环境质量和资源的合理利用，贯彻可持续发展原则；

⑤ 研究探索现代化城市综合交通体；

⑥ 积极考虑城市地下空间的开发利用和保护；

⑦ 注意塑造良好的城市形象和城市个性特色。

同时，这一轮总体规划还增加了近期建设规划的内容，规划内容较以往更全面、丰富，内涵更加深刻，同时也更加规范，使城市总体规划真正成为指导城市开发建设的主要依据。

4. 第四轮城市总体规划

1958 年 1 月 9 日，《中华人民共和国户口登记条例》颁布，成为其后几十年来我国城乡二元结构的根源。改革开放以来，我国城乡居民收入差距不断扩大。为了努力缩小这种差距，

1982 年，中共中央（1982）51 号文件中向全国发出了改革地区体制，实行“市管县”体制的指示。实行“市管县”体制最根本的出发点和归宿就是要从体制上革除城乡阻隔、工农分离的弊端，更好地发挥中心城市的辐射功能，靠它在各方面的优势把周围的县带动起来，调动农村的逆辐射潜能，形成新型城乡关系。2003 年，国家提出统筹城乡发展，其出发点就是努力缩小城乡之间的发展差异。2005 年，我国实行“工业反哺农业，城市支持农村”的方针，合理调整国民收入分配格局，更多地支持农业和农村发展。2004 年至 2010 年连续七年发布以“三农”为主题的中央一号文件，强调了“三农”问题在中国的社会主义现代化时期重中之重的地位。这些文件的出台，都是为了努力缩小城乡之间的发展差距。2008 年 1 月 1 日《城乡规划法》开始施行，1990 年 4 月 1 日起施行的《城市规划法》同时废止。从《城市规划法》到《城乡规划法》，我国正在打破建立在城乡二元结构上的规划管理制度，进入城乡一体规划时代。2007 年成渝获批“国家统筹城乡综合配套改革试验区”，标志着我国从国家层面出发，拟从体制机制上允许成渝地区通过体制机制创新等方式先行先试，全方位探讨解决城乡二元结构问题。2009 年中央经济工作会议部署 2010 年经济工作的主要任务时提出：“要以扩大内需特别是增加居民消费需求为重点，以稳步推进城镇化为依托……要把解决符合条件的农业转移人口逐步在城镇就业和落户作为推进城镇化的重要任务，放宽中小城市和城镇户籍限制。”在第十一届全国人民代表大会第三次会议上，温家宝总理在 2010 政府工作报告中再次强调：推进户籍制度改革，放宽中小城市和小城镇落户条件，有计划、有步骤地解决好农民工在城镇的就业和生活问题，逐步实现农民工在劳动报酬、子女就学、公共卫生、住房租购及社会保障方面与城镇居民享有同等待遇。此举被认为是我国城镇化在制度上的重大突破，也是我国通过新型城市化来努力缩小城乡差距的又一制度保障。城乡二元户籍制度被认为是造成我国城乡差距的根源。若能在制度上消除城乡二元结构，将对缩小我国城乡差距起着举足轻重的作用。正是在以上一系列背景下，我国部分地区开始了对城乡总体规划编制的探索和实践。

从我国已编制的新城市总体规划实践来看，不管何种称谓出现，规划都从传统的以中心城区为规划视角或者以规划区为规划视角转到以行政辖区为规划视角。“三农”问题开始进入新城市总体规划的视野，部分地区更是以解决“三农”问题为核心编制新城市总体规划，且尤其注重农村居民体系的重构、农业的产业化发展及实现农业现代化的途径等内容。除空间规划外，各地新城市总体规划都提到了需要城乡在就业、医疗、社会保障等方面体现平等，并提出了制度保障对此类规划实施的重要性。与传统城市总体规划相比，新城市总体规划最大的特征就是将规划编制内容延伸到了乡村，并且乡村的内容也成为城市总体规划编制的核心内容，受到编制委托机构或者评审专家们的重点关注。

1.4.2 新形势下的城市总体规划

1. 生态城市规划

1992 年联合国环境与发展大会后，我国政府率先组织制定了《中国 21 世纪议程——中国21世纪人口、环境与发展白皮书》。作为对可持续发展战略的响应，一些地方政府开始了基于城市可持续发展的规划实践，并将可持续发展的理念运用于从城市总体规划到城市设计、建筑设计等各个领域。在我国，提出建设生态城市（也包括生态省、生态县等）的地区有很多，并有系统的生态城市总体规划编制实践，如《玉溪市生态城市规划》《怀柔区山水园林城市生态规划》《苍南生态县建设规划》《贵阳市生态文明城市总体规划（2007—2020）》《中新天津生态城总体规划（2007—2020）》等。

生态城市是城市的发展目标，一个城市开展生态城市规划，就是为了通过规划使城市逐步实现生态城市的发展目标，生态城市规划中对城市发展的一切部署和安排都要体现社会、经济、生态环境三者之间的协调发展。2003年，原国家环保总局颁布《生态县、生态市、生态省建设指标（试行）》，2007年12月26日，国家环保总局再次发出关于印发《生态县、生态市、生态省建设指标（修订稿）》（以下简称《指标》）的通知。《指标》明确提出了我国建设生态县、生态市、生态省的具体标准。我国编制生态城市（县、省）规划最主要的内容就是要从最基本的方面满足这些指标，生态城市规划提出的一系列建设活动都必须在指标约束的条件下进行。但有一点需要明确的是，生态城市是城市的理想状态，并不是通过某一版的生态城市规划就能实现最终的生态城市。生态城市目标是一个不断调整的过程，而作为保障这个目标实现的生态城市规划，也只有通过不断调整，才能保障城市向着生态城市的目标迈进。

可持续发展背景下，我国的低碳城市、山水园林城市、田园城市等规划也纷纷登上了城市规划的舞台。这些规划虽然同传统的城市总体规划相比，“空间”的色彩不是很浓，但是作为统筹城市全局的一种规划形态，它们仍然在影响着城市发展的方向性选择。另外，近几年来，循环经济规划也在一些城市开始了编制的具体实践，但相比前几类规划而言，循环经济规划更多体现为经济产业规划，与城市空间的联系相对较少。

2. 规划战略性与综合性的统一

在现行城市规划编制办法下，总体规划修编的成果涉及内容、范围日益庞大，从区域发展战略到城市环卫设施设置，总体规划的综合性越来越强。从规划编制到规划评审，总体规划某种程度上陷入了一个内容越全、项目越多、规划说明越厚、规划就越好的误区。总体规划各种内容缺一不可，以至于对实际建设的指导造成宏观指导不足，甚至丧失，微观操作不实，无法适应实际的两难境地。

总体规划是对一个城市全面的、综合的规划，应该是城市未来发展方向和发展形态的宏观战略性部署。总体规划的综合性主要体现为实施性的措施规划，而其战略性才是城市总体规划的真谛。总体规划的战略性和综合性的关系好比树木的根与枝的关系，战略性是城市总体规划的“根”，综合性是总体规划的“枝”。因此，城市总体规划首先是一个战略规划，其次才是一个综合规划。

根据我国城市规划编制办法的规定，总体规划必须包含许多方面的专项规划。结合现行规划编制办法，总体规划的战略性和综合性两者关系可以通过规划编制阶段进行协调，即通过规划纲要、专项规划、规划成果 3 个阶段的不同侧重点将战略性和综合性有机统一。与传统规划程序不同，总体规划将涉及城市发展战略性问题的城市定位、发展形态、空间结构、人口就业、土地供应与利用、城市交通等纳入纲要阶段，将城市规划策略研究、专题研究、结构规划等前期工作大大强化，并将其他措施性规划内容落实到城市各职能部门对应的专项规划中。规划纲要重点解决城市总体规划战略规划层次，必须提高规划纲要地位和加大纲要论证深度。做到这一点的最有效途径即改变目前规划审批程度，将上一级政府对规划的审批落实在对规划纲要的审批上，这其实也是社会主义市场体制下政府行为的特点所要求的，即政府的干预趋向以宏观战略性的公共政策制定为主。纲要批准后的综合性专项规划是下一级政府的措施规划，体现战略规划的配套和落实。规划成果只需纲要精神和专项规划要点报上级政府备案即可。如此，可较好地协调总体规划的战略性和综合性关系，解决总体规划编制过于庞大、冗杂，工作时间过长，甚至出现成果未出，又需修改的局面，从而提高目前法定规划系列中总体规划编制的有效性。

3. 公共政策导向的城市总体规划

城市总体规划是“政府调控资源、指导城乡发展与建设、维护社会公平、保障公共安全和公共利益的重要公共政策之一”，《城乡规划法》更加明确地确立了城市总体规划在国家层面上的突出地位。公共政策导向的城市总体规划在新形势下仍然是一个重要的特征。

公共政策学的研究表明，公共政策源于利益关系的发展，其实是以政府为代表的公共权力对社会资源和社会利益进行配置，以达到解决社会公共问题，平衡、协调社会公共利益之目的的公共管理过程。

城市总体规划作为一种公共政策，在规划的整个过程都要充分体现公共政策的理念，围绕公共利益这一核心要素，以解决公共问题为目标导向，调动公众参与规划的积极性并实现政府与社会各阶层的有效互动。城市总体规划公共政策的构成体系分为 3 个层面，即构成层面、目标导向层面和公共政策性层面。城市总体规划的过程包括制定、实施、管理、保障和评估等环节。这些环节紧密围绕着公共政策的目标导向维护公共利益和解决公共问题，在每一个环节中都充分体现出公共政策性，形成对应的“公众参与、公众利益、城市管制、政策法规和政策评估”，从而构成城市总体规划的公共政策体系。

从规划形式来看，城市总体规划逐渐摆脱了局限于少量专业人员明了的专业图纸、蓝图式终极目标状态，转化为契约式、法令式、关注城市总体规划实施过程的引导城市规划模式，使城市总体规划在政策状态下发挥社会作用。这种公共政策通过有法定效力的操作性规划来体现，在国外主要是区划法，在我国是控制性详细规划和法定图则。通过操作层面的规划编制将公共政策的目标和导向具体化、法定化，使城市总体规划的公共政策性与法定性统一起来。

从实施过程来看，公共政策的根本出发点是解决公共问题、维护公共利益，因而应当具有一定程度的开放性。相对于过程有限开放的公共政策而言，市场经济条件下的城市总体规划是一种开放程度极高且主动性极强的公共政策。规划编制、审批、实施管理、调整的每一个环节都体现着开放、透明的特点，参与的主体不仅包含政府、规划部门、规划专家，还包括其他相关部门、各种利益相关主体和非专业人士。

从社会应用来看，城市总体规划能广泛影响城市的经济社会发展。它不但通过空间引导对城市其他的公共政策，如城市财政政策、城市土地政策、城市交通政策等产生影响，而且对城市建设行为进行约束，通过建设物的存在对城市各方面的发展产生作用。

4. 动态的城市总体规划

目前我国的城市总体规划，重点在于对远期城市发展蓝图的描绘上。这种以描绘蓝图为主，以静态形态为目标的规划体系越来越受到现实的冲击，“规划失效”相当程度上正在影响着总体规划的权威性。意识到规划的这一局限，为增强规划对过程的干预，“动态规划”“滚动规划”开始成为规划考虑的一个重点。规划编制者从规划期限的时序分割出发，在规划中引入时序规划，尤其是对近期规划和远景规划的编制进行积极探索。其中，近期规划突出建设的实施性，而远景规划则注重以城市未来发展的可能性进行规划引导的政策性研究，强调“极限规划”“模糊期限”及在规划时段划分中引入“×年”等，这在一定程度上发展了城市总体规划的理论和方法，缓解了规划干预与动态发展之间的矛盾。

但现行总体规划并没有从根本上解决从描绘蓝图向干预过程的转变。市场经济发展的利益多元化使得以“活动—空间、交通—线路”的空间组织为本质内容的城市规划面临着以物质环境的建设规划转向以政策设计为主的社会、经济发展规划，城市规划将从以布局功能、安排用地为主转向以协调公共利益为主，规划协调及其政策设计成为规划的重心。通过协调政府、业主、部门、公众之间的利益冲突，实现规划对现实活动的动态干预。因此，在描绘蓝图基础上，干预过程并进行政策设计将是今后城市总体规划编制的核心。同时，城市规划的政策应更强调公共政策的设计，政策的重点应建立在解决一系列问题的空间综合协调与控制功能方面，是城市产业、人口、土地、环境、财政、交通等多种政策在城市空间调控上的整体性与针对性设计。

5. 规划手段与技术的发展

在长期的人本主义思潮影响下，从工程技术学科衍生发展起来的城市规划学科不断吸收人文科学的研究成果和研究方法，从而使城市总体规划的价值理性不断得到升华，“新城市主义”“行为学派”“社区更新”等思想流派代表了当代人本主义思潮的崛起，人本主义的理论和实践方法在城市总体规划中不断得到发扬光大，富有地域文化特色并符合人类自身空间尺度与文化需求的城市成为人居环境的首要选择。

人本主义的思想方法将现实与现代理性相结合，传统一味依靠形象观察、直觉经验和完全主观的规划方法逐步融入理性的逻辑框架之中。随着现代数理方法的演进和遥感、地理信息系统、虚拟现实等新技术的产生与发展，对城市发展的效益分析、生长模拟、空间发展预测日益走向科学化和精确化，城市总体规划的理性与科学特质得以彰显。新技术的进步对于城市总体规划领域的促进主要表现在城市总体规划中计量模型的应用、城市总体规划成果的体现和城市总体规划管理手法的提高等，其中计量模型是核心内容。

城市总体规划目标的单一性与研究对象的系统性、理性分析的独立性和决策研究的综合性的统一将引导城市总体规划技术方法从单一走向系统。当今全球化潮流下，城市发展经常受到全球城市网络影响，城市总体规划往往以全球或大区域为背景，既要研究城市与区域的关系，也要研究城市空间系统与社会、经济、生态环境等其他子系统的关系。同时，对单一要素系统进行理性分析的同时，在规划决策过程中更注重对多要素系统的综合研究，以保证规划决策的科学性及价值理性的实现。

6. 城市总体规划的社会性

城市总体规划需要密切关注社会问题，而且需要提出有针对性的解决措施。西方城市总体规划理论和实践的发展始终关注社会问题，而现实中的规划对城市社会问题的解决总是难以取得理想的结果，旧的社会问题的解决总是伴随着新的社会问题的产生。从城市住房拥挤、经济危机、内城衰退、社会混乱到社会分异，从公众参与、社区规划到倡导性规划等，西方城市社会问题的不断出现、解决和城市总体规划有着密切的关系。

一是贫富两极分化及居住空间分异问题。新的国际劳动分工，既促进了熟练的、高工资水平的工作岗位的增长，也刺激了非正式的、低工资水平工作岗位的增加。我国一方面由于开发政策、国际资本和技术引进及城市功能结构的转变导致有专长、高收入社会集团的出现；另一方面，巨大的农村流动人口潮、国有企业改革导致的结构性失业、低收入高负担的家庭状况和较低的教育水平及巨大的劳动力大军和有限市场之间的矛盾，产生了新城市贫困阶层。城市的贫富两极分化形成了居住空间的分异：以富裕阶层为主体的别墅区大量集中在郊区，郊区一些老的村庄由于流动人口集聚正成为新的贫民聚居区，城市贫困阶层主要集中在城乡接合部和老城区，这种现象应该引起城市总体规划的高度重视。

二是流动人口及其融入主流社会的问题。20 世纪 90 年代以来，我国大城市流动人口快速发展，近年北京、上海、广州流动人口都已超过 300 万。一些典型的“移民城市”流动人口数量惊人，2011 年深圳登记在册的非户籍人口已达到 1 280 万，而同期的户籍人口只有 274 万，流动人口约是户籍人口的 4.7 倍。流动人口对城市基础设施的消耗、就医、子女入学问题等，给城市的运营带来了巨大压力，因此城市总体规划必须考虑流动人口的影响。

三是私家车发展和交通问题。国内学者对该不该发展私家车问题的争论一直没有中断过，但 20 世纪 90 年代以来我国私家车呈现迅速发展的态势确是不争事实，在很多方面超出了学者们的预料。尤其是我国加入 WTO 以后，汽车市场进入高速增长期，增幅高达 25%。2009 年 1 月 14 日，国务院审议并原则通过《汽车产业调整和振兴规划》，将汽车产业作为支柱产业，确定 2009 年汽车产销量力争超过 1 000 万辆，三年平均增长率达到 10%。以北京市为例，2012 年年初北京市机动车保有量已突破 500 万辆。在我国有限的资源条件及日益拥挤的城市交通状况下，城市总体规划如何应对值得关注。

四是快速城市化进程中的社会公平问题。随着中国进入城市化发展的中期加速阶段，城市建设速度加快，因建设而导致的改造、拆迁面广量大，引发大量集体上访现象，参与人数较多，持续时间较长，影响社会稳定。因拆迁引发的社会矛盾很大程度在于拆迁补偿费方面的纠葛，也有的因地方操作不规范，达不到令被拆迁者满意的效果。过去的计划经济条件下，往往强调个人利益服从集体利益，局部利益服从整体利益，但在市场经济条件下，需要重视每个利益主体的合法利益，保障社会公平。

城市总体规划需要关注社会的最新发展趋势，尤其是面对人口结构变化的趋势应切实应对。新时期城市总体规划首先需应对人口老龄化趋势。2010 年第六次全国人口普查数据显示，全国 60 岁以上的人口为 1.77 亿，占总人口的 13.26%。在人口老龄化趋势下，老年人的服务设施、娱乐和医疗设施的规划及建设愈发重要；老龄设施建设用地在城市建设用地中所占比重将越来越大。在新区规划和旧区改造中，应重视老龄基础设施的建设，包括建设老年公寓、敬老院、老龄护理院、孤老收容所和老年活动中心等。在规划中做到布局合理、配套安全、交通便捷、使用安全和方便，为老年人创造一个优美、舒适的生活和居住环境，体现社会对老年人的关怀。

其次，教育网点规划和相关设施布局应参考未来少年儿童的变化趋势。由于严格的计划生育政策，我国城市人口出生率逐渐下降。长远来看，未来 20 年内，很多城市少年儿童的数量会持续下降，一定程度后会有波动增长的趋势。少年儿童数量变化与教育资源的规划密切相关，城市总体规划应加强少年儿童变动趋势的研究，达到教育资源配置的合理化。

思 考 题

1. 简述城市是如何产生与发展的。
2. 城市规划的内涵是什么？
3. 现代城市规划体系由哪几部分组成？
4. 城市总体规划的含义是什么？
5. 分析城市总体规划在城市规划中的角色和作用。
6. 城市总体规划有哪几个工作层面？
7. 城市总体规划的强制性内容有哪些？
8. 城市总体规划中的工程系统规划由哪几部分组成？
9. 新中国成立以来我国的城市总体规划是如何变化和发展的？
10. 新形势下我国城市总体规划有哪些新的思想与动态？

第 2 章

城市总体规划相关理论

城市总体规划理论是城市进行相关规划的理论基础，包括城市区位理论、城市经济理论、城市空间理论和城市生态理论。这些理论有助于从城市空间内外结构、经济、生态等角度理解城市总体规划的形成与发展。本章作为城市总体规划的理论基础，分别介绍城市区位理论、城市经济理论、城市空间理论和城市生态理论的概念及主要内容，重点阐述了城市区位理论和城市空间理论。

2.1　城市区位理论

2.1.1　城市区位理论的概念

区位是指人类行为活动的空间。具体而言，区位除了解释为地球上某一事物的空间几何位置，还强调自然界的各种地理要素和人类经济社会活动之间的相互联系和相互作用在空间位置上的反映。区位就是自然地理区位、经济地理区位和交通地理区位在空间地域上有机结合的具体表现。区位主体是指与人类相关的经济和社会活动，如企业经营活动、公共团体活动、个人活动等。区位主体在空间区位中的相互运行关系称为区位关联度，区位关联度影响投资者和使用者的区位选择。一般来说，投资者或使用者都力图选择总成本最小的区位，即地租和累计运输成本总和最小的地方。

区位理论（location theory）是研究经济行为的空间选择及空间内经济活动的组合理论。简单地说，就是研究经济活动最优的空间理论，即研究经济行为与空间关系问题的理论。区位理论作为一种学说，产生于 19 世纪 20—30 年代，其标志是 1826 年德国农业经济和农业地理学家冯·杜能（J. H. Van Thunen）的著作《孤立国同农业和国民经济的关系》的问世。在这部著作里，杜能提出了农业区位论。1909年德国经济学家阿尔弗雷德·韦伯（Alfred Weber）的《论工业的区位》的问世，标志着工业区位论的诞生。20世纪30年代，德国地理学家克里斯泰勒（W. Christaller）提出了中心地理论，即城市区位论。几年后，德国经济学家廖什（August Losch）从市场区位的角度分析研究了城市问题，提出了与克里斯泰勒的城市区位论相似的理论。为与前者相区别，后人称为市场区位论。在此之后，随着人们认识的深入，20世纪50年代以来，区位理论又有了新的发展，人们开始研究各种经济实体的动态空间布局关系，从而使区位理论走向成熟。

区位理论作为城市各项活动分布的基本衡量尺度，对城市土地使用进行分配和布置，使城市中的各项活动都处于最适合于它的区位。因此，区位理论是城市规划进行土地使用配置的理论基础。每一个城市都有特定的地理位置、自然环境和资源状况，这些自然背景决定了城市的产生、发展规模、基础设施建设、产业布局、经济发展水平和对外联系强度等方面。

2.1.2 经典的城市区位理论

1. 农业区位理论

农业区位理论的创始人是德国经济学家冯·杜能，他于1826年完成了农业区位论专著——《孤立国同农业和国民经济的关系》，是世界上第一部关于区位理论的古典名著。

1）杜能“孤立国”理论的前提条件

① 在孤立国中只有一个城市，且位于中心，其他都是农村和农业土地。农村只与该城市发生联系，即城市是“孤立国”中商品——农产品的唯一销售市场，而农村则靠该城市供给工业品。

② “孤立国”内没有可通航的河流和运河，马车是城市与农村间联系的唯一交通工具。“孤立国”是一天然均质的大平原，各地农业发展的自然条件等都完全相同，宜于植物、农作物生长。平原上农业区之外为不能耕作的荒地，只供狩猎之用，荒地圈的存在使“孤立国”与外部世界隔绝。

③ 农产品的运费和重量与产地到消费市场的距离成正比关系。

④ 农业经营者以获取最大经济收益为目的，并根据市场供求关系调整其经营品种。

2）杜能农业区位理论的主要内容

（1）杜能区位理论的基本经济分析

杜能根据其理论前提，认为市场上农产品的销售价格决定农业经营的产品和经营方式；农产品的销售成本为生产成本和运输成本之和；而运输费用又决定着农产品的总生产成本。因此，某个经营者是否能在单位面积土地上获得最大利润（P），将由农业生产成本（E）、农产品的市场价格（V）和把农产品从产地运到市场的费用（T）3个因素所决定，它们之间的变化关系可表示为：

$$P=V-(E+T) \tag{2-1}$$

按照杜能理论的假设前提进一步分析，“孤立国”中的唯一城市是全国各地农产品的唯一销售市场，故农产品的市场价格都要由这个城市市场来决定。因此，在一定时期内“孤立国”各种农产品的市场价格应是固定的，即 V 是个常数。杜能还假定，“孤立国”各地发展农业生产的条件完全相同，所以各地生产同一农产品的成本也是固定的，即 E 也是个常数。因此，V 与 E 之差也是常数，故上式可改写成：

$$P+T=V-E=K \tag{2-2}$$

式中，K 表示常数，也就是说，利润加运费等于一个常数。其意义是只有把运费支出压缩为最小，才能将利润增至最大。因此，杜能农业区位论所要解决的主要问题归为一点，就是如何通过合理布局使农业生产达到节约运费，从而最大限度地增加利润。

（2）杜能圈

根据区位经济分析和区位地租理论，杜能在其《孤立国同农业和国民经济的关系》一书中提出 6 种耕作制度，每种耕作制度构成一个区域，而每个区域都以城市为中心，围绕城市呈同心圆状分布，这就是著名的“杜能圈”。

第一圈为自由农作区，是距市场最近的一圈，主要生产易腐难运的农产品。

第二圈为林业区，主要生产木材，以解决城市居民所需薪材及提供建筑和家具所需的木材。

第三圈是谷物轮作区，主要生产粮食。

第四圈是草田轮作区，提供的商品主要为谷物与畜产品。

第五圈为三圃农作制区，本圈内 1/3 土地用来种黑麦，1/3 种燕麦，其余 1/3 休闲。

第六圈为放牧区，或叫畜牧业区。

（3）杜能圈的修正模型

杜能根据假设前提，得出的农业空间地域模型过于理论化，与实际不太相符。为了使其区位图式更加符合实际条件，他在《孤立国同农业和国民经济的关系》第一卷第二部分中将他的假设前提加以修正，指出现实存在的国家与“孤立国”有以下区别：

① 在现实存在的国家中，找不到与“孤立国”中所设想的自然条件、土壤肥力和土壤的物理性状都完全相同的土地；

② 在现实国家中，不可能有那种唯一的大城市，它既不靠河流边，也不在通航的运河边；

③ 在具有一定国土面积的国家中，除了它的首都，还有许多小城市分散在全国各地。

针对以上情况，杜能根据市场价的变化和可通航河流的存在对“孤立国”农业区位模式产生的巨大影响，对“杜能圈”进行了修正。他假设当有一条通航河流可达中心城市时，若水运的费用只及马车运费的 1/10，于是一个距城市 160 km（100 英里）、且位于河流边上的农场，与一个同城市相距 16 km（10 英里）远、位于公路边上的农场是等同的。这时，农作物轮作制将沿着河流两岸延伸至边界（见图 2–1）。

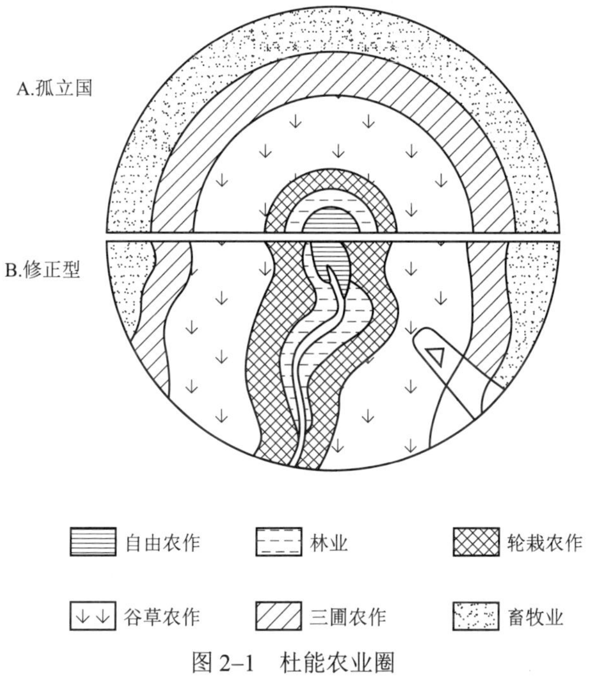

图 2–1　杜能农业圈

杜能还考虑了在“孤立国”范围出现其他小城市的可能，这样大、小城市就会在产品供应等方面展开市场竞争，结果根据实力和需要形成各自的市场范围。大城市人口多，需求量大，不仅市场范围大，市场价格和地租亦高。相反，小城市则市场价格低，地租亦低，市场波及范围也小。

2. 工业区位理论

工业区位理论的奠基人是德国经济学家阿尔弗雷德·韦伯。其理论的核心就是通过对运输、劳力及集聚因素相互作用的分析和计算，找出工业产品的生产成本最低点，作为配置工业企业的理想区位。

（1）韦伯工业区位理论假设条件

为了理论演绎的需要，与杜能一样，韦伯首先做了下列若干基本假设：

① 研究的对象是一个均质的国家或特定的地区，在此范围内只探讨影响工业区位的经济因素，而不涉及其他因素；

② 工业原料、燃料产地分布在特定地点，并假设该地点为已知；

③ 工业产品的消费地点和范围为已知，且需求量不变；

④ 劳动力供给亦为已知，劳动力不能流动，且在工资率固定情况下，劳动力的供给是充裕的；

⑤ 运费是重量和距离的函数；

⑥ 仅就同一产品讨论其生产与销售问题。

（2）以运输成本定向的工业区位分析

以运输成本定向的工业区位分析，是假定在没有其他因素影响下，仅就运输与工业区位之间的关系而言。韦伯认为，工厂企业自然应选择在原料和成品二者的总运费为最小的地方，因此，运费的大小主要取决于运输距离和货物重量，即运费是运输物的重量和距离的函数，亦即运费与运输吨千米成正比关系。

在货物重量方面，韦伯认为，货物的绝对重量和相对重量（原料重量与成本重量间的比例）对运费的影响是不同的，后者比前者尤为重要。为此，他对工业用原料进行了分类：一是遍布性原料，指到处都有的原料，此类原料对工业区位影响不大；二是限地性原料，也称地方性原料，指只分布在某些固定地点的原料，它对工业区位模式产生重大影响。

根据以上分类，韦伯提出原料指数的概念，以此来论证运输费用对工业区位的影响。所谓原料指数，是指需要运输的限地性原料总重量和制成品总重量之比，即：

$$原料指数=限地性原料总重量/制成品总重量 \tag{2-3}$$

按此公式推算，可得到在工业生产过程中使用不同种类原料的原料指数。一般使用遍布性原料的指数为0，纯原料的指数为1，失重性原料的指数大于1，限地性原料加用遍布性原料，其指数都可能大于1。由此可知，限地性原料的失重程度越大，原料指数也越大；遍布性原料的参用程度越大，原料指数则越小。而原料指数的不同将导致工业区位的趋向不同。因此，当在原料指数不同的情况下，只有在原料、燃料与市场间找到最小运费点，才能找到工业的理想区位。

（3）劳工成本影响工业区位的分析

从运输成本的关系论述了工业区位模式之后，对影响工业区位的第二项因素——劳工成本进行了分析。韦伯认为，劳工成本是导致以运输成本确定的工业区位模式产生第一次变形的因素。所谓劳工成本，就是指每单位产品中所包含的工人工资额，或称劳动力费用。

韦伯认为，当劳工成本（工资）在特定区位对工厂配置有利时，可能使一个工厂离开或者放弃运输成本最小的区位，而移向廉价劳动力（工资较低）的地区选址建厂。其前提是在工资率固定、劳动力供给充分的条件之下，工厂从旧址迁往新址，所需原料和制成品的追加运费小于节省的劳动力费用。在具体选择工厂区位时，韦伯使用了单位原料或单位产品等运费点的连线即等费用线的方法加以分析。同时，还考虑了劳工成本指数（即每单位产品之平均工资成本）与所需运输的（原料和成品）总重量的比值即劳工系数的影响。

（4）集聚与分散因素影响工业区位的分析

集聚因素如同劳工成本可以克服运输成本最小区位的引力一样，由其形成的聚集经济效益也可使运费和工资定向的工业区位产生偏离，而形成工业区位的第二次变形。集聚因素是指促使工业向一定地区集中的因素，又可分为一般集聚因素和特殊集聚因素，主要通过以下两方面对工业企业的经济效益产生影响。

① 生产或技术集聚，又称纯集聚。它对工业效益的影响主要通过两种方式：其一是由工厂企业规模的扩大带来的；其二是同一工业部门中，企业间的协作使各企业的生产在地域上集中，且分工序列化。

② 社会集聚，又称“偶然集聚”，是由于企业外部因素引起的。也包括两方面：一是由于大城市的吸引，交通便利及矿产资源丰富使工业集中；二是一个企业选择了与其他企业相邻的位置，获得额外利益。

韦伯认为，生产集聚是一般集中因素，社会集聚则是特殊集中因素。前者是集聚的固定内在因素，而后者则是偶然的外在因素。所以在讨论工业区位时，主要注意一般集中因素，而不必注意特殊集中因素。

“分散因素”与“集中因素”相反，指不利于工业集中到一定区位的因素。因此，一些工厂宁愿离开工业集聚区，搬到或新建在工厂较少的地点去。但前提条件要看集聚给企业带来的利益大还是房地产价格上涨造成的损失大，即取决于集中与分散的比较利益大小。

3. 城市区位论

20 世纪 30 年代，德国地理学家克里斯泰勒在研究德国南部空间分布时创立了中心地理论，将中心地定义为一个地区商品和服务交换的中心市场。中心地理论的基本思想是根据中心地的等级来确定市场区的空间组织结构。

克里斯泰勒依据建立在“理想地表”之上的假设条件，还提出以下概念。

（1）中心地（central place）

中心地可以表述为向居住在它周围地域（尤指农村地域）的居民提供各种货物和服务的地方。

（2）中心货物与服务（central goods and service）

中心货物与服务分别指在中心地内生产的货物与提供的服务，亦可称为中心地职能（central place function）。中心货物与服务是分等级的，即分为较高（低）级别的中心地生产的较高（低）级别的中心货物或提供较高（低）级别的服务。

（3）中心性（centrality）或“中心度”

一个地点的中心性可以理解为一个地点对围绕它周围地区的相对意义的总和。简单地说，是中心地所起的中心职能作用的大小。一般认为，城镇的人口规模不能用来测量城镇的中心性，因为城镇大多是多功能的，人口规模只是一个城镇在区域中的地位的综合反映。克里斯泰勒用城镇的电话门数作为衡量中心性的主要指标，因为当时电话已广泛使用，电话门数的多少基本可以反映城镇作用的大小，其公式如下：

$$\text{中心性}=T_Z-E_Z\frac{T_g}{E_g} \tag{2-4}$$

式中：T_Z 为中心地的电话门数；E_Z 为中心地的人口；T_g 为区域内电话的数量；E_g 为区域的人口。

（4）服务范围

克里斯泰勒认为中心地提供的每一种货物和服务都有其可变的服务范围。范围的上限是消费者愿意去一个中心地得到货物或服务的最远距离，超过这一距离他便可能去另一个较近的中心地。以最远距离 R 为半径，可得到一个圆形的互补区域，表示中心地的最大腹地。服务范围的下限 R_1 是保持一项中心地职能经营所必需的腹地的最短距离。以 R_1 为半径，也可得到一个圆形的互补区域，表示维持某一级中心地存在所必需的最小腹地，R_1 亦被称为需求门槛距离（threshold），即最低必需销售距离。

克里斯泰勒从城市中心居民点的物品供应、行政管理、交通运输等主要职能的角度，论述了城镇居民点的结构及形成过程，被概括为“中心地理论”，即城市区位论。克里斯泰勒认为，有 3 个条件或原则支配中心地体系的形成，它们是市场原则、交通原则和行政原则。在不同的原则支配下，中心地网络呈现不同的结构，而且中心地和市场区大小的等级顺序有着严格的规定。

城市区位论的基本内容是关于一定区域内城市和城市职能、大小及空间结构的学说，即城市的 “等级规模”学说，克里斯泰勒形象地将其概括为区域内城市等级与规模关系的六边形模型。任何一个确定级别的中心地生产的某一级产品或提供的某级水平的服务，都有大致确定的经济距离和能达到的范围。中心地的规模与其所影响区域的大小、人口规模，是通过对产品和服务的需求这个环节建立起相关关系的。

克里斯泰勒分析城市等级形成的同时，指出城市对其周围地区承担的各种服务职能，理论上必须最接近所属地区的地点。由此从几何上推导出，这些地点在正常情况下应当位于六边形服务区域的中央，这样，就形成了六边形的城市空间分布模型（见图 2–2）。

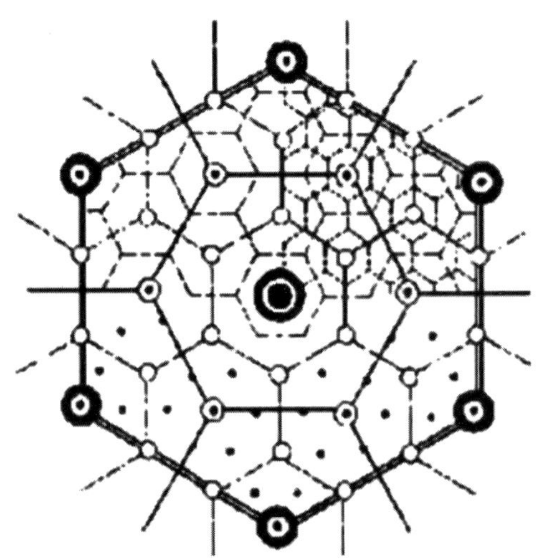

图 2–2　克里斯泰勒中心地理论图解

资料来源：毕宝德. 土地经济学. 5 版. 北京：中国人民大学出版社，2006.

4. 市场区位论

廖什的市场区位论的特点是把生产区位和市场结合起来分析。他从工业配置要寻求最大市场的角度，得出了与克里斯泰勒的城市区位论模型相似的六边形区位模型。廖什的市场区位论是通过对整个企业体系的考察，从总体均衡的角度揭示整个系统的建立问题。他把生产区位与市场结合起来，以利润来判明企业配置方向，并且把利润同产品的销售范围联系起来。他还从市场区位的概念出发，提出了区域集聚和点集聚的问题，从理论上剖析了经济区形成的内部机制（见图 2–3）。

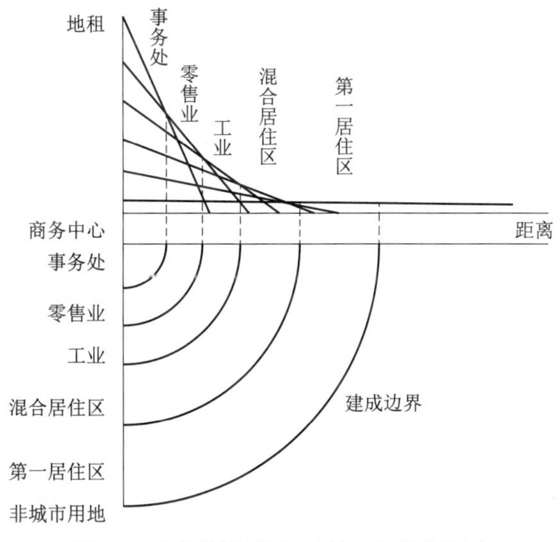

图 2–3　不同性质用地对城市区位的要求

资料来源: PAUL N B, GREGORY H B, JEFFREY L H. Urban land economics and public policy. 5th ed. Hampshirc: Palgrave Press, 1995.

2.2 城市经济理论

2.2.1 城市经济的作用

城市作为一个国家和地区的经济和文化中心，随着生产力水平的提高和社会经济的发展，一些重要产业和大量人口就会向城市集中，这已经成为一种必然趋势。正是由于城市的这种特性，使得城市经济在国民经济和城市发展中占有重要地位，并起着决定性作用。主要表现在以下 3 个方面。

① 现代城市经济是整个国民经济和地区经济发展的火车头，在国民经济和地区经济发展

中居中心地位，起主导作用。

② 城市经济对其腹地的发展有着重要的扶持、引导和推动作用。经济本身具有辐射、带动作用，而这种作用又必须依靠城市这样一个载体来实现。

③ 城市经济是各部门经济在空间上的集合和重要纽带。这种集合和纽带在一定程度上形成了部门经济协调发展的外部条件。

城市经济除了以上 3 个方面的作用外，它还在推动城市化进程、改善城市环境、提高居民生活质量等方面发挥着重要作用。

2.2.2 城市经济问题的研究内容

城市经济问题的研究，最早是从 19 世纪 20 年代一些经济学家对城市土地经济和土地区位经济的研究开始的。这一时期有关城市经济学的研究主要有城市区位的研究、城市土地市场的价值分带理论研究和关于“楔形理论”的研究。20 世纪 40 年代，城市经济问题的研究已进入系统化的阶段，内容涉及城市房地产市场、级差地租、土地价格、土地合理利用、工业布局、空间距离、运输成本等。

1. 城市经济结构

城市经济结构直接影响着城市经济的发展，制约着整个城市的发展，甚至也直接关系着国民经济的健康、快速发展。首先，城市经济结构决定着城市的功能性质。不同的城市，城市经济结构也不尽相同，有的城市以发展重工业为主，有的城市以发展轻工业为主，有的城市以发展信息业、商业、运输业为主，有的城市则具有综合性的城市经济结构，从中也可以反映出城市功能性质的不同。城市的功能性质与城市的经济结构之间有着密切的关系。首先，城市功能性质的实现是以城市的经济结构为基础的，是以城市的经济结构来做保障的。其次，城市经济结构决定着城市总体经济效益的高低。城市经济效益是城市经济系统各要素相互之间关系的一种综合反映，若这种关系通畅合理，城市经济的总体效益就会提高；反之，则会下降。可以说，城市经济结构的合理与否与城市总体经济效益的高低有着十分密切的关系。如一个以发展技术密集型企业为主的城市，其经济效益要明显高于一个以发展劳动密集型企业为主的城市；一个商业、信息业等第三产业发达的城市，其经济效益也要高于第三产业不太发达的城市。最后，城市经济结构决定着城市空间结构布局。

（1）城市产业结构

自新西兰经济学家费歇尔于 1953 年在其《进步与安全的冲突》一书中首次提出三次产业的概念以来，西方和一些社会主义国家开始普遍接受三次产业的分类方法，并成为国际上广泛流行的城市产业结构划分方式。

联合国于 1971 年颁布的标准产业分类，把全部经济活动分为 10 个大类，分属三次产业。中国于 1985 年对三次产业的划分做了明确规定，即第一产业为农业（包括林业、牧业、渔业等）；第二产业为工业（包括采掘业、制造业、自来水、电力、蒸汽、热水、煤气业）和建筑业；第三产业为除上述各业以外的其他产业，它又包括4个层次：第一层次为流通部门；第二层次为生产和生活服务部门；第三层次为提高科学文化水平和居民素质服务的部门；第四层次为社会公共需要服务的部门。

城市产业结构与城市经济发展之间是一种相互关联和相互制约的关系。一方面，一个国家、一个地区和一个城市经济发展水平的高低决定着其城市产业结构的总体状况，而反过来，城市产业结构的合理配置也有利于城市经济的快速增长及经济效益的提高。对于一个城市而言，根据第一、二、三次产业在国民生产总值中所占的比重，就可以从产业结构的角度来衡量该城市经济发展的阶段及经济发展的水平。一般而言，发达国家第三产业占有较高比重，一般在70%以上；而发展中国家则相反，往往是第二产业比重较高，第三产业比重较低。在中国，除了一些矿产和资源比较丰富的矿产型和资源型城市外，第一、二产业应该是淡化的，所占比重要逐步降低，应重点发展城市第三产业。然而，第二产业和第三产业的比例关系也应该根据城市的功能性质和城市的特色而有所侧重。当前，一提到城市现代化就着重发展第三产业，甚至第三产业的发展要超过第二产业，这种看法是片面的，因为如果过分强调第三产业，国民经济的发展就会失去基础。只有对于一些流通职能较强的城市，如深圳、广州等，第三产业才应该在国民生产总值中占有较高比重。

（2）城市空间结构

城市空间结构是城市范围内经济的和社会的物质实体在空间形成的普遍联系的体系，是城市经济结构、社会结构的空间投影，是城市经济、社会存在和发展的空间形式。城市空间结构的重要表现形式之一是城市功能分区。在城市空间结构中，要讲求城市功能分区，但也不可过分强调城市功能分区。在一个城市中，城市功能分区的形成是城市一定历史和经济发展阶段的产物，在城市功能分区形成的过程中，土地的级差地租具有十分重要的影响。一般而言，城市土地价格随着离市中心距离的延长而呈下降趋势。实践证明，能够在市中心区生存下去的一般是商业，因为市中心区流动人口多，销售额大，商业可以获得高额的利润来补偿昂贵的土地价格。而一般的工业企业和居民却因经济实力的影响而迁出市中心，向外迁移。久而久之，就自然形成不同历史时期不同的城市功能分区。城市功能分区是受城市规划、城市土地价格、城市社会结构和城市人文环境等诸多因素的影响而形成的不同社会经济发展阶段、不同特征的城市空间结构存在形式之一。随着计算机网络技术的发展、办公家庭化和网上购物的逐渐普及，城市的功能分区也将发生新一轮的演变，因此，我们必须以辩证的态度来看待不同时期的城市功能分区变化。

2. 城市土地经济

土地作为城市最宝贵的自然资源，是城市经济活动不可或缺的重要空间要素。土地具有自然特性和经济特性两种性质。土地的自然特性是土地自然属性的反映，主要表现为土地的不可移动性、原始性（或称供给的相对有限性）、不可毁灭性和独特性（或称差异性）。正是由于土地的这种自然特性，在客观上也决定了土地的经济特性。土地的经济特性是人们在使用土地时所形成的某种经济属性，主要表现在 3 个方面：一是土地的稀缺性。对一个国家、一个地区或一个城市而言，土地资源的总量是永恒不变的，而土地又是一种不可再生的资源，随着人口和需求的不断增长，土地资源的供应呈现稀缺性的特点。因此，政府部门要根据城市的发展目标和城市的功能性质，合理确定土地的用途。二是土地的区位效益性。同样是土地资源，在不同的地理位置，它的价格就会存在很大的差异。土地的区位效益之所以表现得如此明显，是因为土地位置的优劣直接影响其所有者或使用者的经济效益、生活满足程度或社会影响。三是土地的边际产出递减性。所谓边际产出递减性，是指在其他生产要素投入量不变时，某生产要素的投入量超过特定限度后，其边际产量会随投入量的增加而递减。对于土地来说，就是表现在对土地的过度开发不仅不会增加土地的收益，而且还会造成对自然环境的破坏。

在长期计划经济体制的影响下，中国一直实行的是单一的、无偿的、无限期的、无流动的土地使用制度。土地的无偿使用造成国家土地收益的大量流失，形成城市建设资金的恶性循环等。1982 年深圳特区率先按城市土地的不同等级向土地使用者收取不同标准的使用费，从此拉开了国有土地有偿使用改革的序幕。1987 年国务院第一次提出“土地使用权可以有偿转让”的政策，1988 年福州、海口、上海等城市相继进行了试点，这标志着城市土地开始步入了市场经济体制的轨道。

随着城市土地使用权实行有偿使用，城市的房地产市场逐步形成，并逐步开始走向规范化和成熟。但是，城市房地产开发对城市土地的利用常常有一种“一哄而上”“急功近利”的特点，不仅造成有限土地资源的浪费、中心城区的土地过度开发等问题，甚至也出现开发商圈地炒地的现象，最严重的是影响到城市政府对土地资源的宏观调控力度，造成政府土地收益的大量流失。为此，政府必须要强化宏观管理，建立城市土地储备制度，由政府对城市土地进行统一规划、统一开发、统一出让和统一管理。实施城市土地储备制度，具有以下优势：一是政府可以根据城市总体规划和城市土地利用规划，严格实施城市用地计划供应制度，适时适量投入市场，优化土地资源配置，提高土地利用效率，实现城市的可持续发展。二是实施城市土地储备制度，由政府集中征购、储备土地，并采取公开招标方式拍卖土地，可以增加买卖的透明度，规范土地一级市场，减少土地交易中的腐败行为。三是实施城市土地储备制度，政府可以将城市存量建设用地和城市增量建设用地储备起来，进行适度前期开发，实现城市土地的保值增值。四是实施城市土地储备制度，政府可以根据土地供应总量、市场需求等因素对城市土地的价格实行有效调控，防止城市土地价格的人为炒作。城市土地的经济价值也是城市土地经济研究的重要内容之一。每个城市在土地利用的过程中，都要根据城市的地理位置、城市的特点、城市的功能性质等因素来合理控制城市土地的经济价值。不同的城市，其土地的经济价值是各不相同的。例如，深圳是我国改革开放的前沿阵地，与香港仅一江之隔，既是香港居住和工业的重要转移地之一，又是全国各地到达香港的必经之地，所以其土地的经济价值要明显高于全国其他城市。北京是全国的政治、经济和文化中心，是中国与国外交往的国际交流中心，又是许多名人的聚集地，其土地价值也是很高的。而天津目前最大的优势是土地，天津经济技术开发区就是在一片荒漠的盐田上开发起来的，并且以较低的土地价格吸引外商来津投资，成为天津乃至中国北方最大的经济增长点。

3. 城市住宅经济

住宅是以家庭为单位，满足家庭生存和发展需要的建筑物。在长期的人类实践中，为了满足自己的生活需要，在适应自然和改造自然的过程中，住宅逐步产生和发展起来。在现代社会，住宅不仅是人们最必需的生活资料，而且成为人们的发展资料和享受资料。古今中外，从每个城市的形成之日起，最能反映城市发展历史脉络和城市特色的就是大规模建造的且具有时代和民族特色的住宅。在市场经济条件下，住宅作为建筑业的产品，不仅具有使用价值，能够满足人们的生活需要，而且住宅在生产过程中，由于耗费了大量人类劳动，并对建筑材料进行了深加工，也就形成了价值。住宅在生产、交换、分配、消费过程中形成的一系列经济关系就是住宅经济。住宅经济关系受社会经济关系、经济运行规律及社会制度的制约。住宅作为一件昂贵的消费品，其最主要的属性有两个：一是商品属性；二是福利属性。所谓商品属性，是指住宅属于商品范畴，因而它与其他消费品一样具备商品的属性。过去在计划经济体制下，我们长期否认住宅的商品属性，住宅不能进入市场进行交易，无法流通，城市住宅完全由国家统一投资、统一建设、统一分配。随着社会主义市场经济体制的逐步建立，传统的住宅制度必须进行改革，住宅的商品属性普遍得到肯定，住宅开始被纳入市场经济的轨道，进行商品化经营。所谓福利属性，是指由于住宅在一定程度上是政府为人民解决基本物质生活条件的重要内容，因而带有社会保障的福利成分。住宅同冰箱、洗衣机等一般商品不同，是一种特殊商品，是政府应该承担一定义务的特殊商品，尤其对城市的中低收入者来说，政府有为他们的居住问题提供必要政策支持的责任，如由政府为中低收入者提供一定补助的廉价房、廉租房等。就是对一般商品房来说，政府也有责任对商品房的售价采取必要的调控手段等。当前，在我国的住宅建设中必须处理好以下几个关系。

一是处理好解决广大老百姓的居住问题与解决不同层次消费者的居住问题之间的关系。住宅建设的根本目的是解决大多数老百姓的住房问题，因此城市住宅建设的着眼点应该是老百姓“买得起，住得起，住得满意，住得舒适”。但是，考虑到城市经济的发展水平和部分高收入者的需求，也要建设适当比例的高档住宅和别墅，以满足不同层次的消费者对住宅的不同需求。

二是处理好旧城改造与新区建设之间的关系。历史遗留下来的旧住宅区，是延续历史文脉、实现城市可持续发展的前提，也是创造城市价值和树立城市形象的重要手段。在对旧住宅区进行改造的过程中，要注意住宅历史价值、建筑价值和人文价值的保留，可以对旧住宅仅仅进行内部改造，而外观保留不动。在对旧住宅进行保护与修复的同时，也要适当对周围的环境进行改善。另外，随着城市人口的增长和社会经济的发展，开辟新的居住区成为城市发展的必然过程，也是城市发展的客观规律。但是在新区的建设中，要处理好与旧城改造之间的关系问题，因为城市住宅建设与发展的过程本身就是新旧住宅融合、交汇的过程。

三是处理好解决本地居民的居住问题与解决外来人口的居住问题之间的关系。城市住宅建设的根本目的是解决本地居民的居住问题。但是，考虑到外来人口在本地工作居住的需要，同时也为了发展本地的住宅经济，激活住宅市场，城市的住宅建设也必须要解决好这部分人的居住问题。

四是处理好城市本身的住宅建设与周围卫星城镇住宅建设之间的关系。在西方发达国家，很大一部分人在城市中心区工作，在城郊接合部居住，这是与便捷的交通条件、高水平的城郊住宅有着密切的关系的。在我国，城市中心区人口密集，而远离市中心的小城镇住宅建设却大大低于城市中心地区的水平，再加上交通等原因，使得城市中心区人口很难得到疏散。为此，在住宅建设中要考虑城市周围卫星城镇的住宅建设问题。

五是处理好住宅产业化与住宅个性化之间的关系。住宅产业化就是住宅的建设要走向商品化、标准化和工业化。以工业化生产的建筑材料、住宅部品部件组合建造多个系列、多种多样的住宅，是住宅产业的发展趋势。住宅产业化是住宅建设（生产）发展到一定阶段的必然产物。而住宅个性化强调住宅设计要体现个性化，而不是重复的、没有特色的住宅设计。住宅产业化与住宅个性化是可以同时存在的，并不存在矛盾，个性存在于共性之中，在住宅产业化中同样可以体现住宅个性化。

4. 城市基础设施经济

城市基础设施，是城市建设的物质载体，是城市维持经济与社会活动的前提条件，是城市存在和发展的基础保证，也是城市现代化的重要体现。城市基础设施具有以下性质特点：一是城市基础设施与城市社会经济发展具有一体性；二是城市基础设施具有统一性和关联性；三是城市基础设施的服务具有综合性和公共性；四是城市基础设施的运营具有方式上的多样性和内在的整体性。

由于城市基础设施具有自然垄断性和公益性的行业特点，随着设施量的增加，政府负担越来越重，加之福利性的价格政策，使得基础设施行业高投入、低收益的局面一时难以打破，无法形成良性循环的局面。特别是我国加入世界贸易组织以来，城市基础设施行业将面临更为严峻的挑战。因此，我们必须对现行的城市基础设施投融资体制进行改革，引入城市经营理念，建立多元化的城市基础设施建设资金渠道。

在城市基础设施投融资体制的改革中，可以根据建设项目性质的不同而采取不同的投融资体制。按照项目区分理论，城市基础设施项目可分为经营性项目和非经营性项目两大类，依据项目的性质决定项目的投资主体、运作模式、资金渠道和权益归属等。非经营性的项目，如城市道路等，其投资主体是城市政府，以政府财政投入为主，其权益归政府所有。经营性的项目又可分为纯经营性的项目和准经营性的项目，其中纯经营性的项目包括收费高速公路、收费桥梁等，其投资主体是全社会投资者；准经营性的项目包括煤气厂、地铁、轻轨、自来水厂、垃圾处理厂、污水处理厂等，主要是吸纳社会各方投资，政府可以提供适当补贴。对于经营性的城市基础设施项目，可以引入城市经营理念，将其建设、经营与管理推向市场，以产权和股权出让、经营权和使用权转让等方式融通资金，逐步形成政府、企业、社会等多元投资主体、多渠道筹集资金的新态势。

5. 城市环境经济

城市环境通常是指作用于人类的所有外界影响因素的总和，是人类赖以生存的空间的总称。城市环境既是一种客观存在，又是一种主观创造。城市环境主要包括两个部分：一是自然环境，它是在人类社会出现之前就客观存在的，由城市空间的地质、地貌、土壤、大气、地表水及城市生物系统等自然资源构成的自然环境的总体；二是人为环境，它是建立在自然环境基础之上的经济环境、社会环境、文化环境等各种环境的总和，它是人类利用自然、改造自然的一种必然结果。

城市环境是与城市人口、产业结构及经济发展阶段等因素密切相关的。可以说，城市发展与城市环境两者之间既是相互依赖、相互促进，又是相互制约的，它们是一对矛盾的统一体。城市发展常常伴随着一定的城市环境变化。自从有了城市，城市环境问题就产生了。因为城市发展的过程，本身就是以环境资源作为再生产的物质基础的过程，本身就是环境资源不断消耗、不断产生的过程。城市是相对于农村而言的，它与农村最大的区别是缺少自然环境和新鲜的空气。在城市发展的过程中，要正确处理好城市发展与城市环境之间的关系，既要坚持“以人为本”的原则，又要坚持“不以人为本”的原则。所谓“以人为本”，就是城市发展的主要目的是发展城市经济，提高人民生活水平，最终推动城市向更高层次的发展。而所谓“不以人为本”，就是在城市发展的过程中要实现城市经济与城市环境的协调发展，不以破坏城市环境为目的，而是以实现城市生态可持续发展为最终目的。

城市合理、科学的开发建设是以保护城市环境为前提的。因此，城市环境建设要从以下几方面入手。

一是从“绿”字入手，加强城市绿化建设。绿化建设的目的是改善城市环境，提高城市环境质量。城市绿化应该以“绿”为主，不要搞形式上的绿化建设。现在有的绿地设施中小品过多，这是一种错误的倾向，没有达到绿化的真正目的。

二是城市绿化建设要以乔木为主，适当配以灌木、绿地。与绿地相比，乔木和灌木有防风固沙、涵养水源、调节气候等显著作用，从节约城市水资源的角度出发，也要多种植乔木和灌木等节水型植物，而辅助种植绿地。

三是城市绿化建设要坚持全城绿化与大片绿化相结合的原则。一方面要坚持全城绿化，使“黄土不见天”早日成为现实；另一方面也要在城区范围内“见缝插绿”，搞几片大型绿地，改善城市景观。

四是建立城市生态保护圈。如针对北京、天津等北方地区春季的沙尘暴，可以采取植树造林的办法建立城市生态保护圈，改善城市综合环境。

水是城市环境的重要组成内容之一，它对于一个城市来说至关重要。如何保护好水资源、处理好污染水，是城市生态环境的一个重要环节。首先，要对城市上游水进行保护；其次，要坚持污水处理；再次，污水处理要由二级处理向三级处理发展。目前在我国的许多城市，污水处理都采取二级处理方式，今后要逐渐向三级处理方式发展，彻底清除污水中的污染物，提高饮用水质量。最后，要严禁使用未经处理的污水进行灌溉。

6. 城市规模

对于中国城市发展的方针一直是处于不断的探讨和争鸣之中。大城市的规模是否应该控制成为一个争论的焦点。从城市经济学的角度来看，大城市在合理的规模范围内会产生城市规模效益，并且大城市的经济效益与大城市本身的规模成正比，这是一个普遍性的规律，不仅西方资本主义国家的城市具有规模效益，而且社会主义中国的城市同样也具有规模效益。大城市作为一定地域范围内政治、经济和文化的中心，有着得天独厚的地理位置条件和利润相对较高的产业部门，它对周边地区有着极强的辐射力和吸引力，吸引周边地区的人口向大城市集中，产生大城市的集聚效益，形成集聚经济。改革开放以来，中国大城市发展的显著效益充分说明了这一点。当然，对于城市规模的问题仍有多种不同看法，有待于进一步探讨。

7. 城市化

城市化是城市经济学研究的重点。所谓城市化，或称城镇化、都市化，是社会生产力的变革所引起的人类生产方式、生活方式和居住方式改变的过程。城市化主要表现在人口的城市化、非农产业的城市化、地域的城市化和生活方式的城市化 4 个方面。过去，城市化的概念是与工业化同时产生的，城市化反映一个国家或地区的工业化水平。现在看来，这种提法是不够全面和确切的，城市化应该是与经济化相联系的，科学合理的说法是，城市化反映一个国家或地区经济发展的水平。

关于中国城市化道路的选择，目前主要有 4 种观点。

第一种观点是发展大城市的观点，即大城市论。这种观点是从城市的规模效益、大城市在区域发展中的中心地位、投入产出效益及城市发展的阶段性规律等因素出发，认为中国应积极建设和发展大城市，形成以大城市为中心的城市群和大城市带。第二种观点是小城镇论。认为发展小城镇是我国实现城市化的一条现实有效的途径。第三种观点是中等城市论。这种观点认为，中等城市兼有大城市和小城市的优点，中国城市化道路要以发展中等城市为重点，发挥中心城市作用，促进地区经济发展。第四种观点是综合发展论。这种观点认为，我国的城市化应该走集中与分散相结合的道路，逐步建成以大城市为中心，中等城市为龙头，小城市为纽带，小城镇为基础，比例协调、布局合理、多层次、多功能的城镇体系。

中国城市化未来发展趋势，目前主要有几大特点：一是城市化快速发展，涌现出更多的新城市，城市数量剧增；二是未来大城市的连绵区更具活力，大城市连绵区除了已初具轮廓的长江三角洲、京津冀地区、珠江三角洲外，还有辽沈地区、闽南三角洲、山东半岛、四川盆地、河南中部及长江中游地区等；三是城市郊区和城市中心区的差距越来越小，城乡差别在逐渐缩小；四是东部、中部和西部地区的城市化水平差异趋于缩小，但也有部分学者认为东西部城市化差异还将扩大。

目前，中国城镇化发展中需要研究的几个主要问题有：一是正确认识流动人口在城镇化进程中的作用。要积极引导农村富余劳动力的有序流动，不断提高城镇对流动人口的适应和吸纳能力。二是解决行政区域界线的分割与经济发展规模之间的矛盾。必须冲破行政区划的旧有观念，树立区域协调发展的新观念。三是正确认识都市圈与城镇化的关系，树立中心城市与小城镇在产业和空间上协调发展的新观念。四是以市场和生产要素的有序流动为基础，促进区域内和跨区域人口流动。要积极发展城市第三产业，为农村富余劳动力转移创造更大的空间。五是强化保护资源、保护环境意识。任何一个城市的环境容量都是有限的，城市的资源也是有限的。如果不重视环境，从城市建设近期效果看，发展成本是低廉的，但是从长远看是高成本、低效率的。六是重视土地政策的研究。有专家提出，在城市中采用低地价政策，鼓励乡镇企业在城市落户，可以加快城市化进程，但要严格掌握城市的用地规模，防止城市用地的无限扩张。

8. 城市政府的主要职能

中国城市政府在整个社会经济活动中占有主导地位，承担着组织、管理和协调城市政治、经济和其他社会活动的重大责任，是城市得以顺利运转和发挥其功能的前提和基础。在传统计划经济体制下，城市政府实行的是“大政府，小企业”的管理模式，造成政府机构臃肿、企业经营管理的政企不分等现象。计划经济体制下形成的以经济管理职能为主导的城市政府管理模式，具有以下典型特征。

一是城市政府管理具有明显的附属性质。由于中央政府对城市经济建设与发展的管理权限、责任没有法制化、规范化，城市政府的行为经常受到中央政府各方面的行政干预，从而削弱了城市政府合理组织城市经济社会发展的主动性和积极性；另外，中央政府长期实行“条条”的行政管理模式，通过各个经济管理机构和部门，直接控制各城市经济系统的运行。这些都意味着城市政府没有独立的管理职能，而仅仅是处于附属地位。

二是城市政府的经济管理具有行政性。在传统体制下，城市政府的经济管理活动是通过行政机构采用行政命令方式来实现的。其结果必然造成城市政府对企业过多的行政干预，政企合一成为必然，企业丧失经营上的独立性，政府机构庞大、效率低下。

三是城市政府的管理以经济管理为主，忽视社会管理。在传统计划经济体制下，城市政府往往侧重于对企业经济行为的直接管理，而忽视对城市经济社会发展的公共环境和城市基础设施的建设与管理。这种“重生产，轻生活”的管理模式，造成政府对文化教育、城市基础设施建设等方面的投入过少，制约了城市经济的进一步发展，不利于城市经济系统的协调发展。

城市政府作为城市的最高行政管理机关，担负着城市建设管理和保证城市持续健康发展的繁重任务，其最主要的两大职能是社会管理和经济管理。其中，社会管理职能主要是指城市政府对城市经济发展的外部社会环境及社会公共活动赖以存在和进行的物质基础的管理，包括对科学技术开发、文化教育活动、政治活动、社会治安等日常活动，以及城市基础设施建设、土地利用等城市基础结构的管理与经营。而经济管理职能，主要是指城市政府对整个城市经济运行的规划、组织和协调，其手段主要有两种：一种是直接调控型经济管理，即城市政府主要运用行政手段直接组织、控制各种经济活动；另一种是间接调控型经济管理，即城市政府主要运用经济和法律等手段间接管理各种经济活动。

无论是计划经济体制，还是市场经济体制，城市政府都具有社会管理和经济管理两大职能。然而，在市场经济条件下，特别是在计划经济体制向市场经济体制转轨的过程中，城市政府职能的重点、管理对象和管理手段都发生了深刻的变化。在管理重点上，突出社会管理职能，强调创造良好的经济发展环境，改变过去城市政府单纯抓经济的现象。在管理目的上，强调社会管理职能要抓好城市管理科学，立足提高城市载体功能和提高城市运行质量，为城市公共活动和一切社会活动提供坚实的基础，为市场经济运行提供良好的外部环境。强调经济管理职能要抓好资源的合理开发利用和优化配置，推进城市经济实现可持续健康发展。在管理手段上，强调政府作为投资主体，直接向社会融资，大力加强基础设施和公益服务事业建设。除少数涉及国计民生的大型命脉企业由国家直接投资和直接经营管理以外，强调运用市场机制对国有资产进行调整和配置，强调依法行政。在管理对象上，强调管市场、管行业，为市场有序健康发展提供良好的内部和外部环境。这些充分说明城市政府社会管理职能在不断强化。

在市场经济条件下，城市政府的主要职能是做好城市规划、建设和管理。通过天津、上海、深圳等城市的实践证明，城市政府抓城市规划、建设和管理就是抓住了最大的经济工作。城市规划、建设和管理是提高城市竞争能力的基础，是城市发展的新的经济增长点。

城市财政属于经济学的范畴，是城市经济活动的重要组成部分，对于现代城市经济发展和社会生活有着重要的影响。严格地说，城市财政是城市政府职能得以正常发挥的经济基础和保证。在我国，城市财政的主要功能是“取之于城市，用之于城市”。现实中，我国的财政收入很大一部分是用于机关公务员的日常开支、政府形象工程建设及教育投入等，而对于城市基础设施等的投入相对过少，这说明，我国的城市政府尚未摆脱计划经济体制下城市政府直接管理经济的模式。在这种形势下，中国的城市财政收支必须进行改革，建立与政府职能转变和城市社会经济发展相适应的规范化、科学化和法规化的城市财政运行机制。

9. 城市经济发展战略

城市经济发展战略在 20 世纪 70 年代以前是区域社会经济发展战略的组成内容之一，近年来，伴随着城市经济主体地位和主导功能的日益突出，城市经济发展战略成为一个相对独立的研究领域，并成为城市经济学的重要组成内容之一。一般来说，城市经济发展战略主要是由战略目标、战略重点、战略步骤和战略措施 4 个基本要素组成的。

制定城市经济发展战略时，必须遵循以下原则：一是可持续发展原则。必须把城市经济的发展与人类的可持续发展结合起来统筹考虑、综合决策。二是弹性理论原则。在市场经济条件下，随着影响城市经济系统不确定因素和随机因素的增加，城市经济系统各指标的制定必须要有一定的灵活性和可塑性，留有一定余地，使城市经济系统更好地为社会经济发展服务。三是市场超前原则。要用超前的、长远的、发展的眼光去看待城市经济发展战略，以保证城市经济发展战略不落后于城市经济的发展。四是区域协调发展原则。必须考虑整体意识、区域意识，打破行政区划界线的束缚，改变就城市论城市的狭隘思路，把城市自身的经济活动放到整个区域经济中去考虑，不仅注重城市自身的发展，也要注重城市在整个区域经济发展中的地位与作用。

2.3　城市空间理论

2.3.1　城市空间理论概述

城镇布局是城市化的产物，城镇空间布局是区域空间布局的重要内容之一。城镇体系的空间分布包含两方面的重要内容：一是城镇体系的规模分布，二是城镇体系的区位分布。要实现城镇体系可持续发展，就要在不损害城镇体系生态进程的前提下，结合区域特点，促使城镇体系在社会和经济发展中做出持续性贡献的城镇体系发展模式。其旨在以区域为基础，兼顾发展和环境两个方面，发挥人的主观能动性，调控城镇体系的进程。

经济活动的空间结构也称经济（产业）地域结构，即人类经济活动的地域（空间）组合关系，也即是经济地域的主要物质内容在地域空间上的相互关系和组合形式。空间结构一直是空间经济学与经济地理学关注的基本问题。地域空间结构实际上是个人和社会组织空间偏好与选择的结果，是经济均衡在空间维度下的集中体现，个人和社会选择的各种要素均会对地域空间结构产生实际的影响。

1. 城市空间理论

按照城市研究对象的不同划分，可将城市空间理论分为城市内部地域结构理论和城市区域发展理论。前者主要以单一城市内部或城市个体为研究对象，后者主要以区域内城市群体或者说多个城市在地域内的分布关系为研究对象。

（1）城市内部地域结构理论

城市内部地域结构理论还可分为传统城市内部地域结构理论和现代城市内部地域结构理论。传统城市内部地域结构理论主要是伯吉斯同心圆学说、霍伊特的扇形学说、哈里斯和乌尔曼的多核心学说，主要基于城–郊二分法的城市地域结构划分，多核心学说也是围绕城市内部进行的不同功能区的空间分布。现代城市内部地域结构理论主要是迪肯森的三地带模式，塔弗、加纳和蒂托斯（E. Taaffe，B. Garner & M. Teatos，1963）的城市地域理想结构模式，洛斯乌姆（Russwurm，1975）的区域城市模式，穆勒（Muller，1981）的大都市结构模式等，开始了城区–边缘区–影响区三分法的研究，虽然已考虑要素在区域间的流动，但主要还是以单一城市内部为研究对象。

（2）城市区域发展理论

城市区域发展理论面向区域整体的城市群发展，从地区和区域上思考城市发展问题。主要有增长极理论、核心–边缘理论、点–轴理论、大都市带理论等。

① 增长极理论。法国经济学家佩鲁（Perrous）1955 年首先提出，后来法国的布代维尔（Boudeville）、美国的赫希曼（Hirschman）等人将增长极指向城市等地理空间，从而使增长极理论与城市及城市群体的形成与演化过程有机地联系起来。增长极对区域经济进行影响有 3 种方式：一是支配效应；二是乘数效应；三是极化与扩散效应。通过这 3 个方面，增长极对区域的产业发展及其空间分布与组合产生影响。增长极的形成、发展、衰落和消失，都将引起区域及城市空间结构发生相应的变化。

② 核心–边缘理论。突出代表是弗里德曼（J. Fredmann），把增长极理论与各种空间系统发展相融合。该理论认为区域可分为核心区和边缘区，二者之间发生着极化–扩散的相互作用。结合罗斯托（Rostow）的经济发展阶段理论，弗里德曼还提出区域经济演化模型，后人又对该模型逐渐完善。美国学者克鲁格曼（Krugman）还构建了一个“核心–外围”模型，分析国家内部产业集聚的成因。核心–边缘理论对区域经济发展和空间结构具有较高解释功能，得到广泛认同。

③ 点–轴理论。20 世纪 70 年代松巴特（Sombart）等提出了生产轴理论，主要内容是随着连接中心地的重要交通干线形成新的优势区位，使产业和人口向交通线集聚并产生新的居民点。20 世纪 80 年代中国学者陆大道等在此基础上，又融合了增长极理论及中心地理论等的合理成分提出点–轴理论。20 世纪 90 年代以来卡尔索普倡导的 TOD 模式，可以说是该理论的一种突出表现，即建立区域性的快速公共交通体系，引导城市和郊区沿大型快速公共交通路线进行轴向集约式发展。

④ 大都市带理论。一般认为，大都市带是由核心城市及其周边腹地组成的、内部合理分工又有机联系的、高度一体化的城市地域。1957 年法国地理学家戈特曼（J. Gottmann）提出了大都市带（megalopolis）的概念，并预言这种城市地带将成为人类居住空间新的组织形式。此后，国内外研究逐渐增多，杜克西亚迪斯（Doxiadis）、帕佩约阿鲁（Papaioannou）、霍尔（P. Hall）等人从不同角度对大都市带进行诠释；日本学者提出都市圈的概念（木内信藏，1951；山鹿茨诚，1967）；中国学者周一星等提出城市连绵区。此外，还有林奇的扩展大都市、Castells 的巨型城市等。

2. 城市空间扩展方式

城市空间扩展在不同发展阶段表现出不同的扩展方式，概括起来主要有：单核同心扩展模式、轴向带状扩展模式、多极核生长扩展模式、大城市圈扩展模式 4 种。

（1）单核同心扩展模式

以点状的城市中心全方位向外扩展（受人力或自然条件的变化会产生一定变异），使城市处于膨胀阶段，由于城市中心区活动增强和吸引力增大而发生的，其扩展形态取决于中心区的规模、功能及与周围地区的连接方式等。城市在同心圆状向外扩展的过程中，其地域功能结构也呈现出以市中心为内核的向心圆布局，与伯吉斯的同心圆模式相似。

（2）轴向带状扩展模式

引起这种扩展的主因是城市对外交通的发展。城市空间沿某一或几个方向优先发展引起了城市形态改变，表现出带状伸展。在城市轴向扩展过程中，沿线必然会生成新的生长点，向双心或多心的带状城市地域空间结构演化。与点–轴理论类似。

（3）多极核生长扩展模式

一般发生于城市向心体系形成的初期阶段，是城市地域空间进一步复杂化的表现。在不考虑自然条件的影响下，城市进入快速扩张阶段后，为满足城市功能调整及新的城市功能对空间的需求，在城市外围选择新的生长点，由此引起城市形态的改变，推动城市空间扩展，如在城市外围建设新城。这与哈里斯和乌尔曼提出的多核心模式相似。

（4）大城市圈扩展模式

第二次世界大战后，大城市迅速膨胀，城市地域空间结构日趋复杂。一方面由于中心区的扩大和城市功能的集聚，市中心与边缘区的边界趋于模糊；另一方面，伴随城市空间的扩张，外围出现大城市的副中心和卫星城市。从整个大城市地域来看，形成了更大地域范围的城市向心环形的地域结构。类似于大都市带理论。

3. 城市空间扩展动力机制

对于城市空间扩展动力机制，不同学者也以不同的理论为基础，从不同角度、采用不同方法进行了研究。本书主要从城市经济学等角度总结了几种动力机制。

① 通过对城市地租的研究来研究城市空间，认为地租或地价是城市空间形成和演化的基本动力。阿朗索（Alonso）的土地利用分区模式最具代表性，探讨了完全竞争状态下的区位均衡和城市空间的形成过程。这种研究从微观静态方面较多，对时空配置均衡运动较少。

② 通过城市经济的集聚和扩散机制来理解城市发展的动力，认为城市经济运行与城市空间结构的演变是同一个问题的两个方面，城市经济运行在空间上的表现是城市各种经济要素朝着不同的空间不断地集聚、扩散和调整的过程。该研究抓住了城市发展的本质，即城市经济发展和城市产业结构的优化进程是城市空间结构演变的内在动力。

③ 通过规模经济、聚集经济和运输成本解释城市空间扩展。Evans 认为城市是企业和企业区位的综合体，企业区位于这些企业综合体中，可以节省大量的成本，由此推出城市规模等级系统。Henderson 认为城市规模始终是由外部经济与不经济两种力量相互作用所决定的，而这两种作用力的强弱又取决于生产技术、通信和运输等条件。

④ 通过产业溢出解释城市等级体系的形成。藤田和克鲁格曼认为，随着人口规模的扩大，等级较低的产业的潜能函数值最先在临界距离处达到，低等级城市出现，但它不具有改变城市空间结构的充分大的联系效应，城市呈叉形分支结构。人口规模进一步增大，新的产业不断溢出，新的侧翼城市不断产生，最终形成等级城市体系。

2.3.2 城市空间结构演化及模型

1. 城市空间结构的含义及特点

城市空间结构是城市内人类活动与城市功能组织在空间上的投影，是城市经济、社会存在和发展的空间形式，表现了城市各种物质要素在空间范围内的分布特征和组合关系。它反映了城市资源要素的分布状况和利用程度，其主要特征包括以下几个方面。

① 城市土地利用成组成团，形成各种均质区。考察不同时期和不同城市的空间结构可以发现，尽管城市内功能区的类型和每一个功能区的均质度不同，同类型功能区在不同时代、城市发展的不同阶段的均质度也各有不同，但城市内部的各种功能总是呈现出成组成团的特征。

② 人流、物流、信息流聚集，构成城市的各级中心。在我们现实中的城市空间结构中和各种城市空间结构模型中，任何一个城市在成组成团的基础上，都有一个或数个吸引人流、物流、信息流的聚集点。在聚集点形成一个个密度高能量大的极核。在单中心城市中则形成一个极核，在多中心城市中则常常形成多个极核，而这些极核则根据性能的强弱程度形成等级差别和位置关系。这些极核一般由商业部门、服务部门和管理部门组成，以为居民和企业提供各种服务。

③ 围绕各级中心各种职能有规律的排列。不同的城市尽管城市内部职能不同，但是由市中心向外，商贸、制造业和住宅依次有规律地排列。假定城市为单中心城市，则城市的空间结构可以看成是由数个不同等级和位置的中心组成，同心圆模式可以看成是城市空间结构的基本模式，所以本书的前提假定就是样本城市为单中心城市。

④ 内涵调整与外延扩展交互作用。随着经济社会的发展，城市空间结构始终处于变动之中，这种变动有两种方式，即市区、城市建成区空间结构调整和城市地域的向外扩展。在这两种方式的作用下，城市空间逐步由小到大、由单中心向多中心、由简单向复杂演化。

2. 城市空间结构演变的影响因素

随着社会、经济和技术的发展，城市空间结构处于不断的演变中，其影响因素主要涉及以下几个方面。

（1）经济因素

经济因素是城市空间演变的主要影响因素，经济市场化使得城市空间结构的形成更加多元化和复杂化。世界经济变化的主要空间结果表现为：西欧、北美工业中心地带的许多城市的反工业化，呈现制造业空洞化；大城市圈内部制造业和服务业离心化；一些大城市成为专门的生产、处理信息和知识的世界城市化。

（2）技术因素

地理距离往往成为人们感受生活空间的制约因素，城市有形空间和无形空间在技术的影响下都发生着深刻的变化。技术缩短了相对地理距离，便利了人们的生活，但也相对削弱了人们在日常生活中对绝对距离的承受力。交通、通信及计算机技术的发展，大大改变了城市内部的联系方式与紧密程度，地理学上十分重视的距离概念发生了很大的变化，促使城市空间形态由紧凑型向松散型演化的趋势逐步显化。发达的通信技术在减小距离的同时，也促进了重要决策部门更加向市中心集中。在生产方式上，以前的大批量生产的福特式向多品种、少量定做生产的后福特制转化，使得制造业的区位选择更加自由化，往往趋向于城市的郊区或者区域的边缘部，以追求更加便宜的土地和劳动力资源。城市地域中生活条件比较好的居住区更是成为吸引高新技术产业布局的主要地区。总之，技术因素对城市空间的影响最为明显之处在于城市工业空间和居住空间的整体分散与局部聚集。

（3）人口因素

人口因素的影响主要表现在 4 个方面：① 家庭结构的变化。现代社会单身家庭、单亲家庭等非传统家庭的比例激增，而这些家庭所具有的非传统居住行为要求有非传统住宅和非传统的城市服务的供给。② 人口的负增长。其主要原因是家庭主义向消费主义的转变，双职工家庭增多，女性就业率不断提高，生育推迟，生育率得到有效的控制。城市空间结构受到的人口压力相对减小，但是家庭活动空间和经济活动空间之间的矛盾增多。③ 社会的老龄化。据有关研究，老年人的人均公共支出是儿童的 2 倍，并且老年人需要特殊的健康设施、家庭看护与特殊的交通与环境。这些需求对城市地域提出了新的要求，直接或者间接地形成了新的城市空间结构特征。④ 生活意识的变化。随着生活水平的不断提高和价值观的变化，人们逐渐厌倦大都市的喧闹而越来越向往田园生活，居住的郊区化发展及近年来西方国家城市中出现的绅士化现象等对城市的居住空间产生了深刻的影响。

（4）政策因素

经济发展政策、区域政策、城市规划及土地使用与住房分配制度、财政投资等政府政策对城市空间的形成与发展起着极其重要的作用。在西方福利国家，由于税率过高，财政不足，勤劳和存款意识的衰退，出现了“生产率低且傲慢的劳动阶层”，公共部门负担较大；在经济不景气的时候，政府对公共部门投资费用大量削减，这些都深刻地影响着城市的景观。西方国家为防止城市中心区衰退而通过地方公共投资建设办公楼、购物中心及住宅等成为城市内部空间结构演化的重要推动力。

（5）其他因素

除以上因素外，一些研究认为居民迁居是内外压力作用的结果。内部压力是由于家庭收入的增加和社会地位的提高等对住房产生的新的需求，外部压力是由于住房本身的变化和居住环境的变化及邻里社区关系的变化所引起的居住社区变动的压力。当内外压力达到迁居的门槛值时，居民就会迁居。家庭状况和社会经济地位是影响欧美和日本城市居住空间结构演变的普遍因素，而民族状况是北美城市所特有的现象，在西欧和日本城市中并不明显。在印度加尔各答和埃及开罗的研究中发现了土地利用、宗教和文盲比率等一些与西方发达国家城市不同的因素，而对中国城市的研究中并没有发现种族因素，而历史因素、城市规划和住房分配制度等成为地区分化的主要因素。

3. 城市空间结构的演变规律

城市空间结构并非是一成不变的，在一个相对的时间内它表示一种静态的结构关系，在较长时期内，则表示一种动态的地域演变过程。特别是随着现代城市流动性的增加，人口资本、商品信息及人们的技术创造、选择要求、时尚观念等都处于不停的变化之中，城市空间结构的变动频率越来越快。通过分析，我们仍然可以发现其演变存在一定的规律性。

① 长期来看，城市空间结构的演变呈现出阶段性的特征。首先分析工业化前、工业化时期及后工业化时期城市空间结构特征。通过分析可以发现，城市空间结构是随着社会生产力及经济社会的发展而演变的。

在前工业化时期，城市的空间结构主要受到人为意识的控制，与城市突出的政治功能相吻合，城市空间的自发生长居于次要地位。此时城市空间形态受地理条件影响较大，且城市空间结构演变缓慢，具有明显的封闭性，彼此间联系较少。

工业化时期城市发展的速度大大加快，规模也迅速变大，城市中出现了特定的功能分区（如中心商务区、住宅区、郊区、农业区等）。此时随着城市中社会阶层的分化出现了居住分离的局面，并且出现了郊区化的趋势。

后工业化时期，由于科学技术的发展及产业的更替，单中心城市中内部空间结构从传统的圈层式向网络式演变，并且出现了多中心城市的格局，此时还出现了大都市带、都市圈的趋势。

② 城市空间结构的演变随着经济周期的发展而呈现出周期性。城市经济的发展存在周期性，即经济复苏阶段、经济扩张阶段和膨胀失衡阶段。城市经济发展的不同阶段导致城市空间结构的变迁：经济复苏阶段以土地开发和城市基础设施建设为主要内容的城市投资活动前提展开，为经济活动的展开和城市空间结构的调整准备条件；经济扩张阶段是土地利用扩展和公共物品“瓶颈”缓解的阶段，也是城市空间结构迅速调整阶段；在膨胀失衡阶段，城市投资需求膨胀与城市供给之间存在的时滞导致城市经济转入萧条阶段；在萧条阶段，城市空间结构调整失去动力，从而变得缓慢甚至停止。

③ 城市空间由简单、单中心向复杂化、多中心发展的趋势。由于科学技术的发展解决了交通、通信等问题，从而导致社会结构的分化、社会阶层的分化及居住的郊区化。随着郊区人口的增多，制造业也开始向郊区迁移。随之商业、服务业、教育娱乐设施乃至众多公司、金融机构也纷纷在郊区出现，原来集中于市中心的多种经济活动也日益分散到郊区的各个中心点上，从而在郊区形成了功能完备的中心区，导致大城市出现了多中心的格局。

处于计划经济向市场经济转型过程中的中国城市正经历着各种深刻的变革。城市空间的变化主要表现在通过人口与工业等的郊区化而发生的空间结构转型上，即由单中心、紧凑型城市结构向多中心、分散型城市结构的转化。郊区工业园区与居住区的建设、郊区与中心区交通状况的改善等使郊区成为中国城市变化最明显的地区。另外，城市中心区的商业和服务业等职能仍然呈向心集聚的态势，许多大城市的中心商务区已初具雏形。城市中心区与郊区成为中国城市地域中变化最为活跃的两个地带。可以预见，随着城市的进一步发展，尤其是随着郊区人口与经济集聚规模的逐步增大，商业、服务业也会出现郊区化现象，而城市空间结构将向多中心的功能地域演化。

④ 从城市发展的角度来说，根据霍尔（P. Hall）的“城市发展阶段理论”，城市要经历向心型城市、郊区化、再城市化的螺旋式发展缓慢演进的道路。城市空间演变最终由集聚力和分散力作用的结果：当集聚力大于分散力时，向心型城市化就起主导作用。由于交通、通信技术的发展和“城市病”的出现，导致了郊区化的趋势，人口及就业相继迁向郊区。随着郊区人口和就业密度的降低，以及城市中心的再开发，市中心的集聚力逐步加大甚至超过郊区，于是部分人口、就业回迁向市区，开始再城市化的进程。

4. 相关模型

城市的居住空间和城市人口的就业空间，很大程度上代表了城市空间结构的演化，相关的主要理论模型介绍如下。

（1）单中心城市模型（monocentric city model）

单中心城市模型是一个描述性模型，形象描述了各种资源在城市中的分布。模型假定城市坐落于一个均质平原的几何中心，中央商务区（CBD）是城市中心的一点；所有就业机会都集中在它的 CBD；城市中所有人完全相同，居住在 CBD 外围的人每天往返一次通勤到 CBD；单位距离交通费用完全相同，交通成本完全取决于距离的远近；交通成本只考虑货币费用，不考虑时间成本；所有人都追求效用最大化。

（2）多中心理论模型（non-monocentric city model）

随着工业化的发展，交通、通信的改善及技术的进步，发达国家人口和经济活动的快速分散化促使城市空间结构由单中心向分散型、多中心演化，部分郊区已经成长为能够与城市中心相对独立的郊区中心，单中心城市空间结构的研究框架已经不能适应日益多中心化的城市地域。因此，多中心城市理论就产生了。

1933 年麦肯齐（R.D.Mckenzie）最先提出了多中心理论。该理论强调，随着城市的发展，城市中会出现多个商业中心，其中一个主要商业区为城市的核心，其余为次核心。这些核心不断地发挥着成长中心的作用，直到城市的中间地带被完全扩充为止。而在城市化的过程中，随着城市规模的扩大，新的极核中心又会产生。多中心理论也是基于地租理论，但它认为城市内土地并不是均质的，所以各种功能区的面积大小不同，空间布局具有较大的弹性。

1945 年，哈里斯（C. D. Harris）和乌尔曼（E. L. Ullman）通过对美国大部分城市的研究，对多中心理论进行了发展和完善，提出了影响城市中心空间结构的基本原则：① 有些活动要求设施位于城市中为数不多的地区，如工厂需要大量的水资源；② 有些活动受益于位置的相互接近，如工厂与工人住宅区；③ 有些活动对其他活动容易产生对抗或消极影响，应当避免同时存在；④ 有些活动因负担不起理想场所的费用而不得不布置在很不合适的地方，如仓库被布置在城市边缘地区。在这 4 个因素的相互作用下，再加上历史遗留习惯的影响和局部地区的特征，形成了地域空间的分化，从而形成了各自的核心。因此城市并不是由单一中心而是由多个中心构成的。

多核心城市理论比同心圆理论更接近实际，考虑到城市地域发展的多元结构，但是对多核心之间的职能联系讨论得比较少，尤其是没有深入分析不同核心之间的等级差别和城市总体发展中的地位，这是一个很大的缺陷。

20 世纪 90 年代，克鲁格曼建立了多中心城市空间自组织模型——边缘城市模型。据此模型得出结论：在任何满足该模型假设的城市中，无论商业活动沿地域分布的初始状态如何，都会自发地组织成为一个具有多个截然分开的商业中心的形态格局。而且对于满足假设的许多城市来说，商业活动沿地域的任何初始分布不但会演化成一个具有多个商业中心的形态格局，而且会演化成这样的形态格局，商业中心在其间大体上呈均匀分布，相互间具有一特征性的距离，该距离因模型的细节和参数而异。商业活动的初始分布越均匀，其最终的间隔距离也越均匀。

与单中心空间结构相比，多中心将吸引就业机会远离拥挤的城市中心，而家庭和企业总是周期性地通过空间位置的调整来实现居住–就业的平衡，从而使交通总量降低并且分散在更广的区域里，达到缩短通勤距离和通勤时间的目的。

（3）空间不匹配理论模型（spatial mismatch model）

1968 年，哈佛大学学者 Kain 发表了一篇研究居住（种族）隔离、黑人就业和大城市工作岗位郊区化的文章。文章指出，美国城市里黑人的高失业现象，主要是由于原来在城市内部的许多工作岗位，尤其是蓝领的生产行业的岗位已经移到郊区，而同时，美国的居住隔离的实践，使得非洲裔美国人却仍然被留在了市中心。这种工作岗位和谋职者之间存在的“空间不匹配”，导致了需求方——郊区的企业雇主们不再愿意雇用居住地在内城的谋职者（主要是非洲裔美国人）；另一方面，供给方——居住地在内城的谋职者，实际能够找到合适就业岗位的概率也在下降。

2.3.3 城市郊区化理论

第二次世界大战后，西方发达国家纷纷出现城市郊区化的现象，该现象呈现国际化趋势。我国城市经过几十年的发展，部分城市也已经出现了郊区化的趋势。

1. 城市郊区化的含义

城市郊区化（suburbanization）是城市中心区绝对集中、相对集中、相对分散以后的一个绝对分散阶段，它表现为人口、工业、商业和服务业等先后从城市中心向郊区迁移，中心区绝对人口数量呈现下降趋势。集聚与扩散是城市化的重要作用机制，从城市化的空间演进过程来看城市化最基本的形式是集中，集聚经济、规模效益是城市化的本质特征。但是城市化的过程并不全是集中，集中和分散是城市化发展不同阶段的表现形式，而郊区化就是其中的分散过程。

2. 城市郊区化的表现形式

城市郊区化一般表现为产业郊区化、人口郊区化、交通设施郊区化和居住郊区化等几个方面。产业郊区化是指各种经济活动城市职能等向郊区的扩散和延伸，并使产业结构不断地优化；人口郊区化在西方发达国家主要是指城市富裕居民为了追求优美的生产环境而向郊区迁移的趋势；交通设施郊区化是指城市主要交通干线向郊区延伸，以建立市区与郊区的快捷通道，私人交通工具拥有量大幅度上升，如美国的洲际高速道路网络的建设、日本的地铁和交通新干线的运行等；居住的郊区化是指城市居民白天在城市上班，而晚上回郊区居住的现象。在西方发达国家，居住郊区化一般都先于产业的郊区化。

3. 城市郊区化的动力

从西方发达国家“二战”后掀起的大规模郊区化浪潮来看，其主要动力来自于城市居民对生活质量的追求，交通、通信和生产技术的进步及政府的引导。一方面因西方国家的快速城市化导致社会阶层分异、贫富差距拉大，城市问题层出不穷，大城市固有的中心凝聚力逐渐丧失，富裕居民为逃避城市中心日益恶化的住房、交通等生活、工作环境，将住所、工作场所转移到环境优美的郊区，因而促使城市人口和城市经济要素向郊区转移、扩散，推动了城市的郊区化；另一方面，由于市区和郊区之间快速交通系统的建立和运输条件的极大改善，为工业、商业、服务业等城市经济活动向郊区转移提供了便利条件，而通信、公共媒体的发展，尤其是互联网技术的普及缩短了市区与郊区之间的时空距离，也有利于城市居民进一步分散化居住，同时土地级差地租和技术的进步，促使一些受生产环境条件约束的企业为了提升产业层次、扩大企业规模、降低生产成本不得不向郊区迁移，再加上政府政策的引导等因素迅速推动了城市的郊区化趋势。

2.4 城市生态理论

2.4.1 城市生态的概念

1. 生态城市的概念和特点

生态城市（ecopolis）是城市生态学家 Yanitsky 于 1987 年提出的一种理想城市模式，是环境和谐、经济高效、发展持续的人类居住区。依照 Yanitsky 的理论，生态城市应该做到技术与自然充分融合，人为创造力和生产力得到最大限度的发挥，而居民的身心健康和环境质量得到最大限度的保护。目前世界上许多城市，如华盛顿、法兰克福、墨西哥、东京、首尔、罗马、莫斯科及我国的天津、北京、长沙都开展了生态城市的研究，生态城市已成为国际第四代城市的发展目标。

与传统生态学中的“生态”相比，生态城市中“生态”的含义已发生了很大的变化，已不仅仅局限于自然生态系统的理论范畴，而是包容了自然、社会、经济等领域，与生态平衡、社会发展、经济结构息息相关。生态城的“生态”则包含了人与自然的协调关系及人与社会环境的协调关系两层含义；生态城的“城”代表了自组织、自调节的共生系统。在空间构架上，有的学者甚至将生态城市的研究空间进一步拓展，使生态城市的“城市”在地理空间上超越了行政区划的藩篱，已不再是“城市市”，而是“区域市”，是一种城乡空间的融合。由此可以看出，生态城市并不等同于自然保护主义的“绿色城市”，不是简单地增加城市的绿化面积或单纯追求优美的自然环境，而是实现低能耗、高效率、人与环境和谐共处、经济持续发展的良性循环的城市发展模式。

生态城市主要有 3 个特点，即自然、社会、经济的和谐及持续性；能流、物流、信息流及价值流的高效性；区域发展的平衡及协调性。因此，生态城市应是结构合理、功能高效和关系协调的城市。依照宋永昌等学者的观点，生态城市应做到环境清洁优美，生活健康舒适，人尽其才，物尽其用，地尽其利，人和自然协调发展，生态良性循环的城市。

2. 生态城市的规划原则

1984 年，联合国在其“人与生物圈”报告中提出了生态城规划的 5 项原则。

- 生态保护战略，包括自然保护、动植物区系及资源保护和污染防治；
- 生态基础设施（infrastructure），即自然景观和腹地对城市的持久支持能力；
- 居民的生活标准；
- 文化历史的保护；
- 将自然融入城市。

参照上述要求，在生态城市建设中，应遵循和谐、高效、环保的原则，以持续发展为准则，科学生态区划为指导，发展市场为动力，加强环保为手段，生态农业为依托，建立生态示范小区为模式，使生态与经济相互促进，相得益彰。在生态城市规划上，应考虑 3 个基本问题：一是人口问题，二是资源合理利用问题，三是解决环境污染问题。

（1）限定城市人口

建设生态城市首先应确定城市人口承载力。这里所说的承载力不是指环境最大容纳量，而是在满足人们健康发育及生态良性循环的前提下城市人口的最大限量。确定城市人口容纳量时，应既考虑人口未来增长的可能性，又要考虑满足一定生活质量的人口规模合理性。合理性与可能性曲线的交叉点即是最佳人口规模。随着地区及部门间经济合作和交流的增加，城市之间、城乡之间及不同城区之间的人口流动也随之加快。因此，在确定国际大都市、省会城市及一般城市的人口容量时，不仅要明确固定静态人口的分布规律，还应进一步分析周期性往返于城市–乡村、城市–城市之间的“候鸟人口”及城市商业区与居住区之间的“钟摆人口”的分布及涨落规律。

（2）合理规划城市景观格局

景观格局是景观元素的空间布局，是城市生态系统的一个重要组成部分。依照景观生态学理论，城市景观结构可以分为斑块（patch）、廊道（corridor）及基质（matrix）。其中，斑块是基本结构单元；廊道是线状或带状结构体；基质是具有高度连接性的大的结构体。城市景观区划遵循的原则是：① 整体优化原则。应兼顾社会、经济和环境的整体效益，既要维持生态系统的稳定，又要保证经济及居民生活水平的提高。城市规划只有抓主要矛盾才能突破城市建设的难点，例如，城市开发区的规划应以创建整体生态化城市为准则，而老城区则以综合治理、突出文化特色为准则，两者相互补充，实现生态整合。在城市规划中，还应缩小城市内部不同区域的经济水平差异，调整城乡经济结构，建立城乡复合生态系统，使城市发展以乡村为依托，乡村经济增长以城市为动力。② 功能分区原则。划分功能区首先要考虑城市的性质、特征，分析城市目前各区的主要功能、问题及城市发展的总体布局。功能分区必须做到城市生态系统物质生产、能量流动及信息传递的高效及渠道的畅通。完善和发展步行系统，建设大量室内购物中心，提高中心区环境质量。③ 景观稳定性原则。保持城市重要功能区布局及结构的相对稳定，应根据城市的承载力及经济实力合理调整城市空间布局及规模，避免由于盲目扩大城市规模而出现“城市中的乡村”现象。④ 可持续发展原则。在经济政策的制定及城市的规划上应避免以损害环境利益为代价的经济短期增长模式及不合理的城区过度开发。实现城市废弃物的就地还原或回收，避免向乡村流转，减少城市对乡村的“生态剥削”并由此导致的区域发展的不平衡。⑤ 活化边缘原则。不同系统交汇的边缘是能流、信息流流动较快的区域，搞活城乡及城市不同功能区交错带有利于区域经济的发展。

（3）调整产业结构

城市的产业结构决定了城市的职能和性质及城市基本活动的方向、内容、形式和空间分布。城市中产业结构的确立应因地制宜，按照生态学中的“共生”原理，通过对城市不同区域内的企业之间，以及工业、居民与自然生态亚系统之间的物质、能源的输入与输出进行优化，实现该区域内物质与能量的综合平衡，做到资源的高效利用。应淘汰污染严重的生产工艺，采用环境友好技术。例如，为了解决传统化学工业对环境的危害，目前工业发达国家已把希望寄托在绿色化学工业这一新兴产业。目前，绿色化学工业所要解决的中心问题是使化学反应及其产物具有以下特点：① 采用无毒、无害的原料；② 在无毒、无害的反应条件下进行；③ 具有“原子经济性”，即反应具有高选择性，有极少量的副产品，甚至实现“零排放”；④ 产品应是环境友好的。

（4）提高资源利用效率

提高资源综合利用效率，加快资源开发及再生利用的研究与推广。在城市生态系统建立高效和谐的物流、能流供应网，实现物流的“闭路再循环”，重新确定“废物”价值，减少“废物”的产生，引入诸如“大气污染税”等绿色税收体系。在工业发达国家，“低物质化（dematerialization）”，即降低工业生产过程中的物料和能源消耗已成为一种发展趋势。20 世纪 70 年代以来，各国 GNP 的物质消耗量一直呈下降趋势。最典型的例子是计算机的体积和重量越来越小，而运算能力却越来越强。随着消费者对绿色产品需求的增加及环保意识的进一步提高，在企业界建立“绿色核算体系”“生态产品规格与标准”等绿色管理理念已是大势所趋。

2.4.2 生态城市与可持续发展

可持续发展是指既满足人们需求，又不损害人类后代满足其自身需求条件的发展。可持续发展的理论思想与城市生态学中的诸多理论相吻合，例如，可持续发展思想与许多城市生态系统所遵循的生态学原理相一致，这些原理包括复合生态系统原理、物质循环与能量流动原理、系统相关与相生相克原理、系统开放原理、生态位原理及限制因子原理等。生态城市从本质上说是可持续发展的城市，也可以称为可持续城市。与传统的城市相比，生态城市的发展有明显的不同模式。生态城市强调经济的高效而不是高速，基于社会的开放而不是封闭。与“生态平衡”的提法不同，生态城市重视自然的和谐而不是平衡，一个发展中的生态系统应不断有新的组成加入、新的关系产生，不平衡是绝对的，平衡是相对的。与此相对应，可持续发展从系统观点出发，将自然、经济、社会诸因素综合起来统筹考虑，在社会、经济及资源管理中进行综合规划，强调在协调中发展，在发展中保护。

可持续城市及生态城市的概念与实践是可持续发展理论在城市规划与建设中的具体应用。从城市生态学角度来看，可持续发展的核心就是通过维持与保护城市生态系统服务功能来保护人类的生存环境。任何一个生态系统都具有其生态特性，生态城市或可持续城市的建设也应该不拘一格，每一个生态城市都应体现出其自身的区域特色。由于受地域分异、气候变差、人文历史的影响，我国各地生态城市建设应遵循生态城市的多样化原则。可持续发展的概念目前仍留有许多问题尚待探讨，可持续发展并不可能使所有的部门或行业受益，也不可能通过决策的改变及系统功能的调整而迅速实现可持续发展的长远目标。相反，在生态城市建设的初期会遇到来自不同方面的阻力。建设生态城的最终目的是依据生态学原理优化城市内部各系统之间及城市与周边环境之间的生态依存关系，提高系统的自我调节能力，在低投入、低能耗的前提下依靠科学规划实现因地制宜的持续发展。城市生态系统是否能够持续发展取决于系统自我调节功能的强弱。自然生态系统通过自然选择及种间竞争、共生而使生态系统达到相对平衡，而作为具有高依赖性的城市生态系统的稳定与持续则取决于自然、社会、经济 3 个亚系统之间的协调程度。其中，各个子系统信息的灵敏度及政府部门的决策合理性对该系统的平衡和稳定起着至关重要的作用。

思 考 题

1. 论述城市区位理论的研究目的和研究趋势。
2. 论述城市经济的作用和研究内容。
3. 城市空间的理论基础和城市空间的扩张理论包括哪些内容？
4. 城市空间的扩张方式有哪些？

5. 如何对城市空间进行规划？并给出案例分析。
6. 论述空间相互作用理论模型的优缺点及它们之间的相互联系。
7. 论述城市生态系统的特点和功能。
8. 论述城市生态和可持续发展之间的关系。
9. 论述城市生态安全的特点、内容及面临的挑战。

第 3 章

城市性质与规模

编制城市总体规划，首先要正确认识城市的性质，掌握城市的人口变化情况；对城市的用地属性和用地构成有清晰的判断和认识。本章是城市总体规划的基础，分别介绍了城市的性质与类型，对城市的人口规模和用地规模进行了分类界定，重点阐述了城市土地利用与交通的相互作用关系。

3.1 城市性质与类型

3.1.1 城市性质

城市性质是指一个城市在国家政治、经济、文化生活和社会发展中所处的地位和担负的主要职能，是由组成城市的主要基本要素的性质决定的，是城市在国家或地区政治、经济、社会和文化生活中所处的地位、作用和发展方向。

狭义的城市性质反映了一定时期内城市的主要职能，广义的城市性质包括城市的主要职能和自身发展方向两方面。城市性质对一个城市的发展方向，以及对自身的生产、生活和发展建设具有深远的影响。如北京城市总体规划（2004—2020 年）中确定的北京市城市性质为：“北京是中华人民共和国的首都，是全国的政治、经济和文化中心，是世界著名古都和现代国际城市。”

1. 城市性质的特征

① 动态特征。城市性质描述的是城市未来的职能与地位，而城市的职能和地位不是一成不变的，导致城市性质会与城市现状职能和地位存在一定的区别，甚至是较大的差别。

② 多元化特征。作为城市发展目标的一部分，城市性质伴随着城市的多元发展目标变化而变化，导致城市性质出现多元化的特征。

③ 纲领性特征。作为表征城市发展战略目标的一种方式，城市性质是对城市定位和职能的高度概括，因而具有指导城市发展的战略性意义。

④ 主、客观结合特征。对城市现状的准确描述和把握，以及实事求是的科学预测，是准确确定城市性质的基础。

2. 城市性质的作用

① 为城市总体规划提供科学依据，使城市在区域内合理发展，真正发挥每个城市的优势，从而扬长避短、促进其协调发展。

② 明确城市内部及城市所在区域范围内，重点发展项目及各部门之间的比例关系。

③ 为确定城市合理发展规模提供科学依据，使得城市职能作用得到充分发挥。

④ 可以合理利用资源，提高土地利用率。

城市内部区域多是工业用地偏多，生活用地不足，应通过确定城市性质，有计划、有步骤地进行规划与调整。明确城市性质是一项综合性和区域性比较强的工作，因而必须分析研究城市发展的历史条件、现状特点、生产部门构成、城市与周边地区的相互作用及分工等关系。

3. 城市性质的确定及分析方法

城市性质的确定，可从两个方面入手：一是从城市在国民经济中所承担的职能方面去认识，“城镇体系规划”是确定城市性质的主要依据，同时，城市的国民经济和社会发展规划对城市性质的确定也有重要作用；二是从城市形成与发展的基本因素方面去研究和认识城市形成和发展的主导因素。

城市性质的分析方法通常采用“定性分析”与“定量分析”相结合的方式，以定性分析方法为主。定性分析就是全面分析、说明城市在政治、经济、文化生活中的作用和地位；定量分析就是在定性分析的基础上对城市的职能，尤其是经济职能用一定的技术指标，从数量关系上去分析自然资源、劳动力资源、能源交通等主导经济产业部门，说明现有和潜在的优势。其中，经济职能的定量分析主要从以下 3 个方面入手：

① 分析主要产业部门在全国或地区的地位和作用；

② 分析主要部门的经济结构；

③ 分析用地结构的主次，以用地所占比重的大小来定量分析。

与城市发展战略类似，随着政治、经济形势的变化，城市性质也会发展变化，因此，每一次进行城市总体规划时，都要在调整城市发展战略的基础上，对城市性质进行校核，做必要的补充和修改。

3.1.2　城市类型

我国的城市按其性质，大体上可以分为以下几类。

（1）以工（矿）业为主的城市

这类城市的主要特征为工业生产，同时对外交通运输、行政和文化机构等也往往是组成该类型城市的因素。这类城市中有多种工业的综合性工业城市，如黄石（包含冶炼、水泥和纺织工业）、沈阳和常州等；也有以单一工业为主的城市，如钢铁工业城市——鞍山，石油工业城市——玉门等。

（2）以交通运输为主的城市

这类城市往往是因对外交通运输而发展起来的，如海港城市——湛江，内河港埠——裕溪口，铁路枢纽城市——徐州、襄阳和株洲，水路交通枢纽城市——上海、武汉等。

（3）各级中心城市和县镇

各级中心城市一般指省城或专区所在地，是省和地区的政治、经济和文化中心，如成都市为四川省省会。

县城是一个县的政治、经济和文化中心。县镇的工业主要是为农业服务的，是我国数量最多的一种小城市。

（4）特殊职能的城市

包括以风景旅游为特色的城市，如桂林、苏州等；革命圣地纪念性城市，如延安、遵义等；经济特区型城市，如深圳、厦门和珠海等。

城市的性质往往是综合性的，但同时又以某种性质为主。例如，杭州市是一个省会城市，有着一定规模的工业，但在城市性质的定义上，首先显著的定位是全国性的风景旅游城市，并未提及工业发展方面。而这并不是说杭州不发展工业，而是突出了城市的主要功能，让工业发展服从和服务于风景旅游事业发展需要。

3.2 城市人口规模

3.2.1 城市人口

城市人口是指从事非农生产的、与城市活动有密切关系的人口。20 世纪 80 年代以前，我国采用户籍管理制度中的“非农业人口”作为城市人口的数值。但在市场经济体系已基本完成的今天，这一数值显然不能准确反映“与城市活动有密切关系的人口”的实际数值，还应包括城镇集中连片部分和它周围能够享受城镇各种生活的人口。因此，在城市规划实践中，通常采用近似计算的方法来估算城市人口的现状规模，以此作为预测城市未来人口发展的基数。例如，在编制城市总体规划时，通常将城市建设用地范围内的实际居住人口视为城市人口，即在建设用地范围内居住的非农业人口、农业人口及暂住期在一年以上的暂住人口的总和。

城市人口的状态是不断变化的，但可以通过对一定时期内城市人口的各种属性，如年龄、寿命、性别、家庭、婚姻、劳动、职业和健康状况等方面的构成情况进行分析，反映其特征。在城市总体规划中，需要研究的因素包括年龄、性别、家庭、劳动和职业等构成情况，城市规划一般从以下几个角度分析研究城市人口的构成情况。

（1）年龄构成

研究年龄构成的主要目的是针对特定城市中，不同年龄构成的特点制定相应的规划内容。例如，对于幼儿、青少年人口所占比重较大的城市而言，应优先考虑各类托幼、学校设施等；对于老龄人口所占比重较大的城市，敬老院、社区医疗等设备设施则是优先考虑的对象。根据生命周期的规律性，从城市人口构成的现状出发，可以较为准确地预测出未来一定时期内城市人口构成的发展趋势，从而使城市规划有计划、有步骤地做出相应的安排。例如，在某些城市老龄化趋势明显的旧城地区，可以在规划中将现有的托幼、小学等设施规划为老年活动中心等为老年人服务的设施。在对城市人口年龄构成进行分析时，通常采用按年龄或年龄组（托儿组：0～3 岁，幼儿组：4～6 岁，小学组：7～12 岁，中学组：13～18 岁，成年组：19～60 岁，老年组：61 岁以上）绘制人口百岁图（又称人口金字塔图）的方法（见图 3–1）。

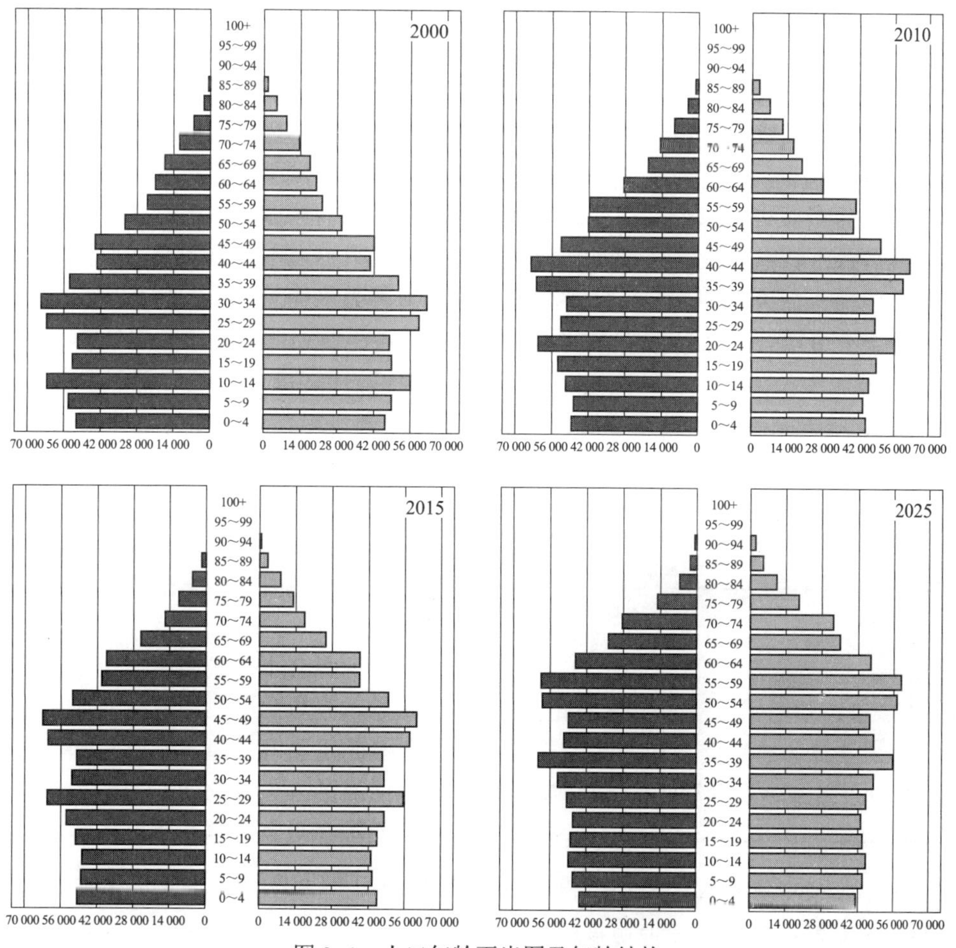

图 3–1　人口年龄百岁图及年龄结构

认识和了解年龄构成的意义包括：比较成年组人口与就业人数（职工人数），就可以看出就业情况和劳动力潜力；掌握劳动后备军的数量和被抚养人口的比例，对于估算人口发展规模有重要作用；掌握学龄前儿童和学龄儿童的数字和趋向，是制定托、幼及中小学等规划指标的依据；分析年龄结构，可以判断城市人口的自然增长和变化趋势；分析育龄妇女人口的年龄、数量是推算人口自然增长的重要依据。

（2）性别构成

性别构成是指城市人口中，男女人口之间的数量和比例关系。它直接影响到城市人口的结婚率、育龄妇女生育率和就业结构等。在城市规划工作中，必须考虑男女性别比例的基本平衡。

（3）家庭构成

家庭构成反映的是城市中家庭人口的数量、性别和辈分组合等情况，它与城市住宅类型的选择、城市生活和文化设施的配置、城市生活居住区的组织等有密切关系。我国城市家庭存在着由传统的复合大家庭向简单的小家庭发展的趋势。例如，现代城市社会中家庭成员的平均数量有逐渐减少的趋向，从而对住宅户型、面积、餐饮等服务设施的要求也会发生变化，进而影响到城市用地规模的预测、生活服务设施的配置等与城市规划密切相关的内容。

（4）职业构成

职业构成是指城市人口中，社会劳动者按其从事劳动的行业（即职业类型）划分所占总人数的比例。该指标直接反映了城市产业状况，其现状数据及对未来发展的预测均会影响到城市性质的确定、城市用地规模、各类城市设施容量和类型的计算等。根据国家统计局现行统计职业的类型分类，共包括三大产业和 13 类行业（见表 3–1）。

表 3–1　产业和行业类型

产　业	行　　业
第一产业	农、林、牧、渔、水利业
第二产业	工业 建筑业
第三产业	商业、公共饮食业、物资供销和仓储业 房地产管理、公共事业、居民服务和咨询服务业 卫生、体育和社会福利事业 教育、文化艺术和广播电视事业 交通运输、邮电通信业 科学研究和综合技术服务事业 金融、保险业 国家机关、党政机关和社会团体 期货业

对产业结构和职业构成的分析，可以反映城市的性质、经济结构、现代化水平、城市设施社会化程度和社会结构的合理协调程度等，是制定城市发展政策与协调规划定额指标的重

要依据。在城市规划中，应提出合理的职业构成与产业结构建议，协调城市各项事业的发展，达到生产与生活设施配套建设，从而提高城市的综合效益。

（5）劳动构成

劳动构成是指城市人口中从事工作的劳动人口比例。根据居民参加工作与否，计算劳动人口与非劳动人口（被抚养人口）分别占总人口的比例；劳动人口又按工作性质和服务对象，分为基本人口和服务人口。因此，城市人口按劳动构成，可分为以下 3 类。

① 基本人口：指在工业、交通运输及其他不属于地方性的行政、财经、文教等单位工作的人员。它不是由城市的规模决定的，相反，它对城市的规模起着决定性的作用。

② 服务人口：指在为当地服务的企业、行政机关、文化机构、商业服务机构中工作的人员。该指标随城市规模的变化而变化。

③ 被抚养人口：指未成年的、没有劳动力的，以及没有参加劳动的人员。该指标随职工人数的变化而变化。

研究劳动人口在城市总人口中的比例，调查和分析现状劳动构成是估算城市人口发展规模的重要依据之一。其中，劳动人口分类与城市人口规模的关系如表 3–2 所示。

表 3–2 劳动人口分类与城市人口规模的关系

人口分类	小城市 （50 万人以下）	中等城市 （50 万～100 万人）	大城市 （100 万～500 万人）	特大城市 （500 万～1 000 万人）	超大城市 （1 000 万人以上）
基本人口	32%～36%	30%～34%	28%～32%	26%～30%	
服务人口	12%～16%	14%～18%	16%～20%	18%～22%	
被抚养人口	50%～55%	50%～55%	50%～55%	50%～55%	

对城市未来人口规模进行科学、合理的预测是一切城市规划编制的基础。预测城市未来人口规模，是以城市现状人口为基数，按照一定的增长速度计算出逐年的城市人口规模。由于城市现状人口规模较容易获取，因此，对人口增长速度的预测和选取就显得尤为关键。城市人口增长主要由自然增长和机械增长组成。

城市人口自然增长是指一年内城市人口因出生和死亡因素所造成的人口增减数量，即一年中出生人口数量减去死亡人口数量的净增值。这一数值与年平均总人口数值之比称为城市人口自然增长率，且通常以千分率来表示，如下：

$$城市人口自然增长率=\frac{本年出生人口数-本年死亡人口数}{年平均人口数}\times 1000（‰） \quad （3–1）$$

因为影响城市人口自然增长率的出生率和死亡率在现代和平时期较为稳定，且具有一定的规律性，尤其是在我国长期执行计划生育政策的情况下，导致大部分城市的人口自然增长率通常保持在 6‰～8‰。同时，西方国家的一些城市，以及我国的上海等城市中，人口增长率甚至呈现负数。因此，城市人口自然增长率可以通过对城市历年人口统计资料的汇编分析、相似城市间的类比分析及对生育观念和生育政策的解读做出比较正确的预测。

城市人口机械增长是指一年内城市人口因为迁入和迁出所导致的人口增减数量，即一年中迁入人口数量减去迁出人口数量的净增值。该数值与年平均总人口数值之比称为城市人口机械增长率，通常以千分率来表示，如下：

$$城市人口机械增长率=\frac{本年迁入人口数-本年迁出人口数}{年平均人口数}\times 1000（‰） \quad （3-2）$$

城市迁入人口主要有两个来源：一是由其他城市迁入，二是由农村人口转化而来。后者实质上是城市化在某个特定城市中的具体表现。在城市化高速发展的时期，在大量中小城市中，由农村人口转化而来的城市人口是城市人口机械增长的主要组成部分。同时，由于城市人口的机械增长受到国家城市化、城市发展政策、城市社会经济增长和大型经济建设项目的影响，会表现出一定程度的不确定性，因而是城市人口预测工作中的重点和难点。

城市人口增长包含了人口自然增长和机械增长两部分。城市人口增长数值与城市全年平均总人口数之比，称为城市人口增长率，亦称城市人口平均增长速度。

3.2.2 城市的等级规模

城市人口规模是城市规模的重要组成部分，指的是一个城市现状或一定期限内人口发展的数量，即生活在一个城市中的实际人口数量，与城市发展的区域经济基础、地理条件、建设条件和现状特点等密切相关。

按照城市人口规模对城市等级进行划分，各个国家不尽相同，甚至存在较大的差别。通常联合国机构的出版物中多以 2 万人作为区分城市与镇的界限，视人口 10 万人以上的城市为大城市，100 万人以上的为特大城市。

我国的城市规模等级分类主要有传统和新标准两类。传统分类：特大城市，100 万人口以上；大城市，50 万～100 万人口；中等城市，20 万～50 万人口；小城市，20 万人口以下。此外，许多地区没有达到设市建制的标准，由于非农人口比重较大，工商业比较集中，也属于城市的一种城镇居民点。《中国中小城市发展报告（2010）：中国中小城市绿色发展之路》显示，我国中小城市数目已达 2 160 个，56%的地级以上城市为中小城市。同时，绿皮书指出，城市化的高速发展使原有的城市规模划分标准已经不适应现实的需要，为此，绿皮书依据中国城市人口规模的现状，提出了全新的划分标准：

- 超大城市——城市人口 1 000 万以上；
- 特大城市——城市人口 500 万至 1 000 万；
- 大城市——城市人口 100 万至 500 万，其中 300 万以上 500 万以下的城市为Ⅰ型大城市，100 万以上 300 万以下的城市为Ⅱ型大城市；
- 中等城市——城市人口 50 万至 100 万；
- 小城市——城市人口 50 万以下，其中 20 万以上 50 万以下的城市为Ⅰ型小城市，20

万以下的城市为Ⅱ型小城市。

3.2.3 城市人口规模预测方法

城市人口预测是遵循一定的规律，对城市未来一段时期内的人口发展动态所做出的判断。在正常的城市化过程中，随着城市社会经济的发展，尤其是产业发展对劳动力产生的需求（即可以提供就业岗位），城市人口不断增长。所以，整个社会的城市化进程、城市社会经济的发展，以及由此而产生的城市就业岗位是城市人口增减的根本原因。

在传统的计划经济体制下，经济增长与产业门类的设置和比例是事先人为确定的，因此，城市人口预测是一个封闭的系统，是按照明确的前提假设而进行的。在计划经济体制背景下，较为常用的人口预测方法主要有劳动平衡法、职工带眷系数法等。但随着社会经济的发展，人口流动性的增大，传统的劳动平衡法和职工带眷系数法已变得不再适用，一些新的预测方法，如线性回归法、移动平均法、指数平滑法、马尔萨斯模型和 logistic 曲线模型等方法得到广泛应用。下面主要介绍线性回归法的含义和应用。

（1）一元线性回归法

一元线性回归法预测的基本思想是，按照两个变量 X、Y 的现有数据，把 X、Y 作为已知数，根据回归方程来寻求合理的 a、b，进而确定回归曲线；再把 a、b 作为已知数来确定 X、Y 的未来演变特征。一元线性回归方程为：$Y=aX+b$。一元回归模型在短时期内具有很好的精度，但对中长期的预测，由于置信区间的扩大导致误差变大。所以一元线性回归法一般适用于人口数据变动平稳、直线趋势较明显的预测。

（2）多元线性回归法

整个人类社会系统是由人口和其他多种要素组成的，同时各要素之间是相互联系、相互影响及相互制约的。因此，可根据人口和其他多要素之间的定量关系，来预测未来不同发展阶段的人口数量。模型可表示为：$Y=b_0+b_1x_1+b_2x_2+\cdots+b_nx_n$，利用最小二乘法来估计偏回归系数 b_0，b_1，$\cdots$，b_n。多元回归分析法的原理是：通过研究人口数量的变化和相关经济社会变量的关系，来探讨人口变化的规律，从而预测人口变化的趋势。它的优点是考虑了人口发展与社会经济之间的密切关系，通过探索它们之间的关系来间接推算人口走势，比较符合实际。缺点是人口与社会经济变量之间并非直接的关系，而且各变量之间又相互关联，选择最佳的指标、模型相对比较困难。

上述城市规划中对城市未来人口规模的预测，是一种建立在经验数据之上的估计，其准确程度受到多方面因素的影响，并且随着预测年限的增加而降低。因此，在实际城市人口规模预测中，多采用以一种预测方法为主，同时辅以多种方法校核的方式来确定人口规模。应注意到，某些人口规模预测方法不宜单独作为预测城市人口规模的方法，但可以作为校核方法使用，以下列举了类似的几种方法。

（1）比例分配法

该方法是当特定地区的城市化进程按照一定的速度发展，且在该地区的城市人口总规模基本确定的前提下，按照某一城市的城市人口占该地区城市人口总规模的比例确定城市人口规模。我国现行的城市规划体系中，各级行政范围内城镇体系规划所确定的各个城市的城市人口规模，可以看作是按照这一方法来预测的。

（2）类比法

该方法是通过与发展条件、阶段、现状规模和城市性质相似的城市进行对比分析，根据类比对象城市的人口发展速度、特征和规模来预测城市人口规模。

（3）环境容量法

由于某些城市所在地区受到自然条件的影响，如水资源、可建设用地规模等的限制，当人口规模达到一定程度时，若人口进一步增长，则增加的经济效益低于改善环境所需投入时的人口，被认为是该城市的极限人口规模（或称总计人口规模）。

上述关于城市人口规模的讨论，仅包含了在城市中有固定居住地点的人群，但事实上，城市中还有大量的临时性人口，如不同目的性质的出差、探亲访友、旅游等人群。他们虽然不长期居住在城市中，但在城市活动中会占用一定的城市设施资源，尤其是对于一些特大型中心城市和旅游城市来讲，这个问题尤为明显。关于流动人口规模的评估，虽有相关的专著进行研究，但具体应如何计算尚无定论，所以在实践中倾向于将其规模乘以一个小于 1 的系数折算为城市人口规模。

同时，在城市规划实践中，应充分认识城市人口规模预测的局限性。一方面，可将根据不同方法预测和校核得出的人口规模数值作为一个大致范围看待，而非过分追求数值本身的精确程度；另一方面，在考虑城市建设用地规模及城市各类设施的建设时，应有意识地降低时间因子的作用，按照人口增长的实际情况，动态性地设定城市设施建设目标。

3.3 城市用地规模

3.3.1 城市用地的概念

城市用地是城市规划区范围内赋予一定用途和功能的土地的统称，是用于城市建设和满足城市机能正常运转所需要的土地。如城市的工厂、住宅、公园等城市设施的建筑活动等，都需要土地来承载，而且各类功能用途的土地经过规划配置，成为城市整体和有机的运营功能。

通常所说的城市用地，既是指已经建设被利用的土地，也包括已列入城市规划区域范围内、尚待开发建设的土地。除此之外，广义的城市用地，还可包括按照城乡规划法所确定的城市规划区内的非建设用地，如农田、林地、山地和水面等所占的土地。为了满足城市功能多样性的要求，城市用地可以进行高度的人工处理，也可保持某种自然的状态。

城市用地规划是城市规划的重要内容之一，同时也是国土规划的基本内容。通过规划实践，具体地确定城市的用地规模、范围，并划分土地的用途、功能组合及土地的利用强度等，以臻于合理地利用土地，发挥土地的效用。

应认识到，我国虽然国土辽阔，但可用的土地并不多。随着人口的增加，大量土地用于非农用途，导致全国可耕地面积逐年减少，由1949年的人均耕地面积1 800 m^2（2.7亩）降到2008年的900 m^2（1.35亩）。因此，合理利用和节约土地资源，应引起我们的高度重视，也应作为一切经济活动，包括城市规划在内的所有土地规划行为的重要原则。

3.3.2　城市用地属性与用地价值

城市用地不能只被简单地看作是可以进行城市建设的场所。土地利用的社会化和城市化过程，不断强化了土地的本质属性，也赋予和拓展了它的社会属性。这些属性已使得城市土地在城市发展、土地经济和城市规划与建设中扮演着越来越重要的角色。

1. 城市用地属性

（1）自然属性

城市用地的自然属性，具有不可转移性，即有着明确的空间定位，导致每块用地具有相对的地理优势或劣势，以及土壤和地貌特征等。同时，还具有耐久性和不可再生性，土地不可生长或毁失始终存在，可能变化的只是人为地或自然地改变用地的表层结构或形态。

上述城市用地的自然属性，是用地各自具有的自然环境性能的附着与不可变更的特性，将会影响到城市用地的选择、城市用地的用途结构和建设的经济特性等方面。

（2）社会属性

如今地球上绝大部分的土地已经有了明确的隶属，意味着土地已依附于一定的拥有地权的社会权力，包括公有和私有两种形式。在不同的社会形态下，政治和社会权力均不同程度地是地权的延伸和表达，城市用地的集约利用和社会力量的控制和调节，特别是在土地公有制的条件下，会明显地反映出城市用地的社会属性。同时，城市用地的社会性，还反映在当土地作为个人、社会团体或政府的置产时所起到的储蓄作用。当土地或房屋连同土地作为产业投资而民间化或普遍化时，所具有的社会性作用得以另一方面的显示。

（3）经济属性

城市用地的经济属性，是通过土地自身的价值被社会认可下体现出来的，也体现在土地利用过程中能直接或间接地转化为经济效益的特性上。比如，土地的肥瘠导致农产的丰歉；或者土地的位置和形态的可利用程度，均可转化为城市规划的技术经济或工程经济表现。

同时，城市用地还可根据土地的利用方式，开发出土地的经济潜力，比如通过不同的城市用地结构、改变土地利用途径等，使得土地的价位产生差异。或者增加土地的建筑容量、完善土地的基础设施条件等，以提高土地的可利用方式，从而转化为经济建设效益，彰显出土地的经济效益。

（4）法律属性

在商品经济背景下，城市用地因归属于土地的范畴，所以是一项资产，由于它的不可转移的自然属性，所以应归之于不动产的资产类别。城市用地产权的国有或集体所有，或者我国所实行的地权中部分权益转让等社会隶属形式，都应经法定程序得到立法的支持，所以城市用地具有明确的法律属性。

2. 城市用地价值

城市用地因具有土地的属性，所以是一项资源，因而具有相应的价值，城市用地的价值主要体现在两方面。

（1）使用价值

在城市用地之上，可以施加各种城市建设工程，用作城市活动的场所，因而具有一定的使用价值。同时，该价值还可因人为地对用地进行加工，产生深度和广度的延伸，比如对地形地貌的重新塑造，使之具有景观的价值功能；对用地上层和下层空间的开发利用，使之具有多层的利用功能，从而扩大原有土地的使用价值。城市用地的形状、地质、区位，以及土地所附有的建筑设施等状况，均会影响到城市用地的使用价值。

（2）经济价值

当城市用地作为商品，或者因某方面的权利而有偿转移进入市场后，就彰显出了它的经济价值，并且以地价、租金或费用的形式表现出来。因城市用地的自然状况或者在城市中的地理位置差别，会表现出不同的价值，比如北京市中心城区的地价比之郊区，可能会相差几倍或几十倍。同时，因地价、租金或费用的市场自我调节机制，城市用地的利用结构和其价格会产生相互依赖和制约的关系。

新中国成立后我国实行土地国有化政策，将土地无偿供给集体、单位和个人使用。在经济改革的过程中，也曾以征收土地使用费的方式，来体现土地的经济价值。从 1987 年年底起，部分城市开始将土地使用权从土地所有权中分离出来，并进行公开有偿地、有期限地转让土地使用权，并将其作为一项经济活动。该项决策经过法定过程，现已得到普遍推行。通过对土地市场的营运，土地的经济特性得以充分发挥，同时也对城市用地起到了调节作用。上海市是我国较早开展城市土地使用权有偿转让的城市，经过 10 多年的实践，土地市场已逐步发育和完善，土地有偿转让所得的收益，为推进城市建设和城市发展发挥了重要作用。

3.3.3 城市用地的分类及构成

1. 城市用地的分类

城市用地根据其担负的城市功能，具有不同的用途，导致城市用地在城市的历史发展过程中具有不同的分类方法和用途名称。随着城市功能的变异和增减，城市用地的分类也会随之改变和增减，即使具有相同的名称，也可能会有不同的含义。

早年间我国城市用地按功能划分有住宅区、工业区、商业区及文教区等类别。我国台湾的台北市于 1983 年颁布的土地分区管理规定中，将城市用地分为住宅、商业、工业、行政、文教、仓库、风景、农业和保护等 9 种用途。

城市用地的分类方法，世界上各个国家并不一样，比如日本将城市街区的用途地域分成了 8 种，包括：① 第一类居住专用区域；② 第二类居住专用区域；③ 居住区域；④ 近邻商业地域；⑤ 商业地域；⑥ 准工业地域；⑦ 工业地域；⑧ 工业专用地域。

为了使城市用地分类具有统一的划分方法与名称，并具有法定性，我国新颁布的《城市用地分类与规划建设用地标准》（GB 50137—2011）中将城市用地分为城乡用地分类、城市建筑用地分类和城乡用地附加分类 3 个部分。其中，城乡用地分类适用于市域内全部土地，共含 3 门类，10 大类，25 中类；城市建筑用地分类适用于规划中心城区范围内的土地，共含 9 大类，29 中类和 57 小类；城乡用地附加分类是按土地使用的政策属性进行的划分和归类。表 3–3 列出了城市建设用地的大类项目。

表 3–3 城市建设用地分类（大类）

代码	用地名称	内　　容	说　　明
R	居住用地	安排住宅和相应的服务设施的用地	分为一、二、三、四类居住用地
P	公共管理与公共服务用地	居住区及居住区级以上的行政、文化、教育、卫生、体育等机构和设施的用地，不包括居住用地中的社区服务设施用地	包括行政办公用地、文化设施用地、教育用地、医疗卫生用地、体育用地
C	商业服务业设施用地	居住区及居住区级以上的各类零售商服、商业性办公、研发设计等综合设施用地	包括商业设施用地和商务设施用地
M	工业用地	工矿企业的生产车间、库房及其附属设施等用地，包括专用的铁路、码头和道路等用地，不包括露天矿用地	包括一类工业用地、二类工业用地、三类工业用地
W	物流仓储用地	用于物资储备、中转、配送、批发、交易等的用地，包括货运公司车队的站场等用地，但不包括加工用地；包括大型批发市场用地	包括普通物流仓储用地、特殊物流仓储用地
S	城市交通用地	市级、区级和居住区级的道路、枢纽站场、静态交通设施等用地	包括城市道路用地、交通枢纽站场用地、静态交通设施用地
U	市政公用设施用地	市级、区级和居住区级的市政公用设施用地，包括其建筑物、构筑物及管理维修设施等用地	包括供应设施用地、环境设施用地、安全设施用地、殡葬设施用地、其他市政公用设施用地
G	绿化与广场用地	市级、区级和居住区级的公共绿地与广场等开放空间用地	包括公共绿地、广场
X	不确定用地	以控制为主的备用地	

在城市规划中的详细阶段，城市用地还可进一步细分。在用地名称上，除相同功能性质的仍然沿用以外，还需要增加新的用途分类。比如上述总体规划用地分类中的居住用地，在详细规划阶段中，居住小区又可细分为住宅用地、道路用地、绿地和公共服务设施用地等，通常会使用到上述用地分类中的小类。

城市用地分类的标准化与规范化，有利于城市土地的利用和管理。且不同城市之间、不同规划方案之间还可进行类比，以便规划指标的定量统计与分析。

2. 城市用地的构成

城市用地的构成，是基于城市用地的自然和经济区位特征，和城市职能所形成的城市功能组合和布局结构，而呈现出的不同结构形态。城市用地的构成，按照行政隶属的等级，宏观上可分为市区、地区和郊区等；按照功能用途的组合，可分为工业区、居住区、市中心区和开发区等。

同时，城市用地的构成根据某种功能的需要，还可以有按用途而相容的多用途用地，构成了混合用途的地域。因不同规模的城市具有不同的功能，所以体现出不同的形态，如大城市和特大城市，由于城市功能的多样化而变得复杂，在行政区划上，通常具有多层次的隶属关系，比如市辖县、建制镇和一般镇等，在地理上则有中心城市、近郊区和远郊区等。

3.3.4 城市用地规模及影响因素

城市用地区划是城市用地规模的直接体现，城市地域因具有不同的使用目的和使用方式，所以需将其划分为不同的范围和区块，以体现一定的用途、权属、性质等。在城市规模确定的实践中，需要了解和考虑种种既定的，或是相关专业可能做出的各类城市用地的区划界限与规定，以用作规划的依据，或者是规划需与之匹配和协调的工作内容。通常情况下的城市用地规模区划有以下几种。

1. 城市用地规模区划

（1）用途区划

根据城市规划中对城市用地所确定的功能与性质，对土地进行划分，使得每块土地都具有一定的用途，比如用于工业生产的称为工业用地，用于绿化的称为绿化用地等。随着城市用地规划的深化，土地的用途还可以得到进一步的细化。

（2）行政区划

根据国家行政建制等相关法律文件所规定的城市行政区划系列，如市区、郊区、县、乡、镇和街道等的区划。此外，还包括特别设置或临时设置的，具有行政管辖权限的各类开发区、管理区等。城市用地的行政区划性质和界限，是城市用地规划和城市管理规划的基本依据。

（3）地价区划

土地以商品的形式进入市场，是通过地价的形式来体现土地的区位、环境、性状等的价值。为了优化土地利用、保障土地所有者的合法权益和规范土地市场体系，需要对城市用地进行价值的鉴定，由此做出对城市用地的价格或租金的区划。例如，北京以 2014 年 1 月 1 日为基准期日，按居住、商业、办公、工业 4 种用途，将全市土地划分为 12 个级别，在此基础上，还细分了区片，并在城六区和规划新城首次尝试划分更细致的街区地价。

城市现状及规划的用地功能区划和城市的用地结构，是制定用地地价规划的基本依据，同时，城市的各项建设设施也要充分考虑地价的因素，从而做出合理的规划布局。

（4）房地产权属区划

房地产权属区划是指根据房产或地产所有权所进行的权属土地区划，如国有土地、集体所有土地，或者按照地块权属的地籍区划等。此类土地区划因涉及业主的所有权益，因而是城市用地规划需要参照和慎重对待的重要内容。

上述城市用地规模区划中，行政区划和地权区划通常会有明确的立法支持，如用途区划等专业性区划可以看作城市规划和专业规划的结果，在被法定化后，也具有法律性质。

因上述各类不同的区划界限、范围和数量等都是可变动的，所以在城市总体规划中，既要考虑各种区划的作用及所涉及的各方权益，必要时也可根据规划的合理性提出调整建议。

2. 影响因素

城市发展规模一直是我国城市总体规划编制和审批关注的焦点。在我国经济转型阶段，通过人口规模来预测用地规模存在着较大的不确定性，并不能完全适应现代的城市管理需要。对城市土地的需求进行预测，就需要对影响城市建设用地增长的因素进行分析，归结起来，主要有以下几方面的因素。

（1）经济发展状况

经济增长是城市变化的主要动力，城市用地实际上是一个综合性的经济问题。经济发展的周期性决定了城市空间扩展模式的周期性变化，经济的高速增长必然导致城市的外延式扩张，而缓慢的增长则与城市的内部填充相对应。比如我国宁波市，以宁波中心城区的单核心蔓延生长为主，城市用地的扩展主要体现在内部的填充，城市规模较小，扩展的速度相对较小。进入21世纪以后，宁波市政府提出的城市东扩政策开始实施，城市东扩步伐的加快分别在甬江边和鄞州中心区开辟了高科技园区——北区和南区，各大高校逐步在其中聚集，形成的高级生产与服务中心。老城区向东蔓延迅速，城市用地规模不断扩展。

（2）产业结构变化

产业结构的变化是城市空间扩展的直接动力，产业集聚（集聚经济）提高了生产的效率，增加了城市的规模效益，从而大大促进了城市经济的发展。这是由各产业及各产业内部的各行业用地标准和土地需求量不同所导致的。例如：某个城市第二产业比重的增加，则城市扩展的工业导向性会更加明显；第三产业的发展会导致城市外围工业区的建设和商业住宅区的拓展尤为显著，城市的金融、贸易、服务等产业的快速发展扩展了城市的商贸服务区。

（3）政策导向

政府对城市用地的供给主要通过制定并实施各项政策来进行。在诸多政策中，较为直接地影响用地规模的政策有土地税收、征地及耕地保护政策等，这些政策分别从行政、经济和法律等方面对城市用地规模产生重大影响。例如：开放式的户籍制度使得郊区人口城市化速度加快，进一步增大了城市人口；住房分配制度向住房市场化的转变，使得房地产业迅猛发展，居住用地比例迅速攀升。

（4）交通因素

交通运输的格局和成本是影响城市经济活动空间聚集或扩散的主导因素。在城市的核心区和边缘区已经形成，并且在具有现代化交通和通信设施的条件下，交通运输与经济活动的地域聚散更加密切相关。通常情况下，一个城市的交通枢纽和人流聚集地往某个方向延伸，各类城市用地也会沿这些交通通道向外拓展。

（5）城市人口规模变化

城市人口的增加对城市化和城市用地变化产生了最直接的影响。城市人口的增长，使得城市居住用地和其他基础设施用地变得更为紧张，为解决这方面的矛盾，只有通过扩展城市用地加以解决，而城市用地的增长又进一步促使人口向城市区域集聚，二者相辅相成，最终导致城市用地规模呈现跨越式增长。

3.4 城市土地与交通

3.4.1 城市土地与交通系统的相互关系

城市土地是城市各种经济、社会活动得以实现的载体，各类性质的土地利用在城市内的分布，决定了城市居民日常生活的地点。同时，城市居民的各种日常活动通常分布在不同的城市空间中，进而要求交通系统提供基础设施和交通工具来克服距离上的障碍，以实现不同目的的日常活动。交通可达性在空间上分布的强弱，是决定居民为达到某种目的而选择特定地点参与活动的要素之一，同时又是促使土地利用变化的原因之一。

1. 城市土地利用与交通系统关系

城市交通是城市系统中一个复杂而又重要的子系统，是现代城市社会经济发展的动脉和联系各行业的纽带，承担着城市人流、物流的有效移动和运转功能，是城市兴旺繁荣和有序发展的象征。城市土地是大城市社会经济活动的载体，其空间分布相对来说是静态的，所以各相对独立的功能小区在客货流等方面主要是通过交通这一环节来实现的。

城市土地利用是城市交通需求的根源，决定了城市交通源和居民的交通出行方式。同时，城市交通所具有的水平又会对城市空间结构、城市规模产生影响。对一个城市来说，它所拥有的土地资源是有限的，因此如何使这些有限的土地资源实现最佳的利用效益，使得城市保持健康和稳定的发展，是城市发展中所面临的重要问题。所以，城市交通与土地利用的互动关系，是关系城市可持续发展的重要问题。

城市交通系统与城市土地利用存在着相互联系、相互制约的循环作用和相互反馈的关系。首先，城市土地利用是城市交通需求的根源，决定了城市交通源、城市交通量和交通方式，从宏观上规定了城市交通的结构和基础。不同的城市土地利用状况，要求不同的城市交通模式与之相适应。例如，单中心同心圆模式的土地利用具有一个集中、强大的城市中心，城市发展的主导因素是交通系统，使得城市中心交通需求量大，而远离城市中心的交通量需求小，交通需求的分布极不均匀。所以，这种土地利用模式要求有高运载能力的交通模式与之相适应，如公共交通系统。而多中心分散组团模式的城市既有强大的市中心，又有多个次级中心，交通需求分布比较均匀，次级中心之间的交通需求需要放射状交通网络的建设支持。城市交通网络一般分为3个层次：一是市中心路网，以发达的公交网络系统为主；二是环路，主要功能是引导和疏解进出市中心的交通；三是强大的放射状道路，主要功能是便于市中心活动的集散和满足各个分散的次中心之间的交通互连。

其次，城市交通系统具有的实际运行水平会对城市空间结构、城市的发展规模产生较大影响，从而影响城市土地利用状况，特别是城市交通可达性对城市经济、商业和文化活动用地的空间分布具有决定性作用。沿交通线发展是城市发展的普遍现象，道路交通是组成城市物质实体的骨架，各类不同性质的用地是依存在这些骨架上的肌体。交通线路使得城市的内聚力沿交通线辐射出来，在我国许多大城市都可以看到城市沿交通线发展的实例。

城市中的土地利用与开发，总希望使得土地利用的效率越高越好，尤其是黄金地带，更成为投资者们的趋向。但这样的开发模式，必然导致出行成本的增加，从而对交通设施提出了更高的要求。同时，随着可达性的增加，更会吸引人们对该地区增大在人力和物力方面的投入。当城市的某些交通设施发展到达一定程度后，是难以再扩建以增加通行能力的，所以当土地的开发超过一定强度以后，其所吸引的大量交通量会导致某些路段出现拥挤现象，会使得已开发区域因其可达性下降，土地使用的边际效益乃至整个城市的运转效率下降，结果则会导致城市的发展偏离可持续发展的方向。所以，要实现现代化城市的可持续发展，必须在城市的总体规划中充分考虑土地利用与交通发展的协调关系。

编制城市规划时，必须实现城市交通规划与土地利用规划的协调与统一，两个规划相互反馈，达到城市土地利用与交通系统的相互协调。以城市交通建设引导土地利用开发是疏解城市中心人口、优化土地利用布局和协调土地利用与交通系统的重要手段之一。同时，我国大城市的交通发展模式应以集约土地的、绿色的公共交通为主导，用以支撑土地利用高密度集中开发。

2. 城市土地利用交通模型发展

如何使城市土地利用结构与交通系统实现协调发展，从交通问题日益突出后就引起了各国政府的重视，不同领域的专家学者也从不同角度进行了研究。对土地利用交通系统模型技术的探讨是伴随着现代城市交通规划理论的诞生而开始的，并在城市交通规划、交通技术及土地利用规划技术的不断更新和城市问题日趋严重的情况下得到重视和发展。

城市土地利用交通模型有别于城市增长模型和交通模型，该问题最早是基于交通模型中的社会物理范畴（重力模型）而开展的。后来随着城市经济学家、社会学家和地理学家等研究的深入，逐渐将土地利用与经济引入模型当中。所以，我们今天提到的高级模型是包含城市土地与交通的混合模型。

古典经济学派区位理论的研究者们应用经济分析方法研究了理想市场模式下的经济活动区位选择及其地域空间分布特征，形成了农业区位论、工业区位论和市场区位论等理论，其中对交通系统和土地利用关系的探讨是该理论中的重要研究内容，同时成为研究交通系统与土地利用关系的基础理论之一。

美国于 1971 年提出了“交通和土地发展”的研究课题，揭开了土地利用和交通系统综合研究的序幕，而且越来越多的学者对土地利用和交通之间的相互关系产生了极大兴趣。例如：研究新开设一条公交设施对土地使用及其价格的影响；寻求利用交通设施促进城市发展的方法；寻求避免交通工具对环境产生不良影响的方法；或是研究局部土地利用给周边交通和环境带来的影响等。

对城市土地利用与交通系统模型方面的研究日趋成熟，得益于著名的“劳瑞重力模型”，它是城市土地利用与交通相互关系的基础。劳瑞模型的突出贡献在于将土地利用和交通作为一个系统，并具体地体现到了土地利用设施和规划中。然而，该规划过程并没有体现出优化的概念。

Willsom（1964）将优化概念引入到了土地利用与交通规划中，用信息熵的概念构造了策略模型的熵最大模型。其中，熵最大的具体含义演化为城市交通出行总费用最省，或者总出行距离最短等。

随着研究的深入，城市土地利用交通模型仍然面临着巨大的挑战。当前随着关于环境问题争论的增多，模型需要引进新的环境要素，使得对模型的分析研究更加复杂。传统的交通四阶段出行需求模型已不能完全适应模型的要求，使得政策制定者和规划实施者面临更大的挑战，并对规划人员提出了更高的要求。此外，由于当前用于土地利用交通模型的空间数据过于粗糙，所以不能用来较好地模拟社区范围内的出行需求，使得基于更高分辨率的 GIS 空间数据的分析也面临较大挑战。

土地规划和交通规划是城市规划的核心，二者规划的好坏和协调程度直接影响到了城市的生态、功能发挥和可持续发展状况。但是，由于部门条块的关系和规划理念、方法的差异，土地规划和交通规划之间存在着较大的鸿沟和出入，并造成土地规划和交通规划在实际城市规划中缺乏足够的协调，导致交通出现拥挤和城市扩张。虽然欧美发达国家采用了土地利用和交通规划一体化模型来协调、整合和模拟土地利用、交通规划和城市发展，但这些模型在中国高速的城市化和工业化过程中未必可行。所以，我国在借鉴相应的经验教训时，应针对中国的实际情况，建立具有中国特色、符合中国实际情况的土地利用、交通规划和城市发展一体化模型。进行此类城市土地利用交通整体规划模型设计和试验需要大量的财力、物力和人力，适合像我们这样拥有很多城市的大国的国家级研究机构牵头进行。对于实现城市的可持续发展而言，这类研究很有意义，因此值得我们投入财力和人力进行适合中国国情的研究与开发。

3. 我国城市交通发展的特点与土地利用历程

城市交通是城市各项社会产业赖以生存和发展的基础条件，也是维持社会正常生活不可或缺的基本要素。我国城市交通的发展恰是社会经济发展的真实写照，从我国交通发展的历程来看，可以分为 4 个阶段。

① 20 世纪 80 年代以前，中国交通主要以市际交通为主，几乎没有城市交通的概念。城市交通工具主要是公共汽车和步行，加上少量的自行车，所以城市交通是一个很遥远的概念，城市基础设施的管理体现为建设管理。

② 20 世纪 80 年代初期到中期，随着改革开放的深入，中国城市进入大规模建设时期，城市化进程加快。伴随着城市住宅建设，城市道路建设也开始起步，此时的城市交通与 20 世纪 80 年代以前基本相同，依然是公共汽车、自行车和步行，但自行车的数量急剧增加，成为城市交通出行的主要交通工具之一，且公共汽车乘客比例开始下降。管理上，城市规划的作用逐渐被认识，许多城市纷纷成立规划管理机构，城市交通管理开始被重视。

③ 20 世纪 80 年代后期到 90 年代初，摩托车、单位客车和出租车大幅度增加，道路上开始出现拥挤，同时机动车交通量迅速增加。在经济发展较快的大城市，城市道路上半数机动车是出租车；中小城市的摩托车数量出现了爆炸性增长。同时，城市政府开始进行大规模的道路建设，这期间，全国城市道路建设投资超过了新中国成立以来道路建设投资的总和，使得城市高等级道路建设达到了空前的规模。交通拥挤在大城市也开始出现，城市开始意识到公共交通的重要性，许多城市开始把目标瞄准轨道交通。国家开始注重交通投资的管理，而城市交通的重点放在了道路交通设施建设和交通管理上，交通规划逐步受到重视。

④ 20 世纪 90 年代中期以来，伴随着国家汽车产业政策的颁布，中国的汽车产业基地建设初具规模，国产汽车的生产开始转向轿车，城市私人汽车也开始大量出现。在经济发达的大中城市，交通特征明显改变，交通堵塞加剧、空气污染严重、停车问题突出，公共汽车交通运行速度在部分中心城市下降到几乎与步行相同的地步，交通问题成为许多城市的头号问题。此时，城市管理者将重点解决方案集中到了轨道交通建设上，但轨道交通建设的周期长、投资大；道路建设因融资渠道难以稳定保障，以及拆迁费用巨大不得不放慢脚步，且在交通拥挤的地区已无地建设道路，人们开始转向关注交通需求管理。

从上述我国城市交通的发展历程来看，高速的城市化进程、流动人口大量涌入城市、城市机动车辆爆炸性的增长、交通政策乏力、交通建设和管理无序，使中国城市在短短的十几年内对交通问题的概念从无到有，而且这种高速度的交通发展模式仍将持续下去，城市交通问题将更加严峻。

与之类似，我国对城市土地利用方式的认识也经历了较为曲折的过程。新中国成立初期，我国在城市土地利用中承认土地的经济价值，城市实行地政管理，土地节约依靠经济杠杆，并全面推行城市规划。1954 年起，开始取消向财政上缴土地使用税制度，全民单位无期无偿使用国有土地，并以行政划拨方式使用，至此开始了 20 余年城市土地无偿使用的历史。

1957—1965年，城市先是继承了无偿使用的恶果，建设开始铺摊子，随之又“三年不搞规划”，走向另一极端，即限制城市合理发展，限制土地增加和非农业人口增长。1966—1978年，城市用地继续趋紧，“见缝插针”建设，使得土地管理废弛。至此的前30年，城市以“先生产，后生活”原则进行建设，以落实国家的国民经济计划为目的，并由此产生了城市经济效益低下和城乡差别的扩大。自1978年以来，国家开始经济体制改革，城市经济体制由计划经济向市场经济转变。1979年，财政部批复的《使用城市公地应否收取租金及公房变价收入如何处理》一文，开启了中国城市土地使用制度变革的序幕。1988年，国家颁布了《城镇土地使用税暂行条例》，城市土地使用费和土地使用税的征收确立了中国城市土地有偿使用的基本模式。1989年，宪法修正案规定“土地使用权可以依照法律的规定转让”，土地资源在城市经济中的地位得到肯定。1990年，颁布了《中华人民共和国城镇土地使用权出让和转让条例》，城市土地市场化得到法律的确认。

改革开放以来，城市建设用地逐步扩展，城市基础设施建设和环境建设逐步得到重视和加强，城市发展建设用地总量和人均水平有了较大幅度的提高。当前我国城市人均建设用地具有两个特点：城市人均用地与城市规模等级成反比；城市间人均用地水平差异较大。城市建设逐步走上了有序进行的轨道，城市用地结构进行了合理的调整，在城市各项用地中，人均指标提高最快的为绿地、道路广场用地、市政公用设施用地和公共设施用地。城市人均居住面积、道路面积、公共绿地面积、商业设施及社会服务设施和水平均有了大幅度提高。城市用地结构的变化很大程度上反映了改革开放以来，城市中心作用的增强和人们居住环境质量的提高。我国城市土地使用制度由无偿无期限地使用，向有偿有期限使用的转换，建立了用地的自我约束机制，促进了城市土地的合理利用。

4. 我国城市交通与城市土地利用现状及问题

我国城市交通面临的问题主要体现在：车多路少，现状道路已无多大潜力；车速下降，交通拥挤堵塞趋势正在恶化；公共交通步履维艰，汽车和摩托车增长势头迅猛，给城市交通带来结构性的变化。我国大城市所面临的各种交通问题集中反映在大城市过度密集的市中心区，近年来更有恶性循环的趋向。而这些交通问题中，交通拥挤是最为突出、最为普遍的问题。由于城市交通需求急剧增加，而交通设施的建设则比较缓慢，这种交通供求关系的不平衡必然导致交通拥挤。另外，潜在交通量的存在和城市空间的限制，使得城市中心区对道路空间的需求必然大于供给，其结果自然会产生交通拥挤。当前我国大城市的交通拥挤主要是由于交通需求远远超出了城市交通的供给，并主要表现在土地利用形态和交通结构两个层次上。

城市土地利用决定了城市交通的需求规模和需求模式，从宏观上规定了城市交通结构、城市交通设施应有的建设水平和可能的布局形态。反之，城市交通布局对城市具有诱导性和先驱性，影响到城市土地利用和开发。在城市化快速发展时期，我国城市土地利用也存在不少问题，城市土地作为生产要素在城市经济中的调控作用没有得到合理的发挥，土地利用没有达到最优化状态，潜在效益也远未得到释放。

城市土地使用中的问题，主要体现在以下几方面。

（1）城市土地利用结构不合理

从城市土地利用现状看，工业用地比例偏高，道路广场用地、公共绿地比例偏低，生活、商业、公共设施用地少，造成土地配置不合理，内部比例失调。究其原因，主要是地方政府片面注重经济发展，缺乏战略眼光，忽略了城市发展与居民生活环境的改善。

（2）城市土地利用规模失控

城市用地增长过快，扩展模式呈“摊大饼”式的圈层结构，城市外延扩展，占用大量耕地。

（3）忽视内涵挖潜，集约利用程度低

许多城市旧城区建筑陈旧，基础设施落后，土地产出率低，长期处于低效利用状态，土地潜在闲置和浪费现象严重。

（4）城市土地利用的方向失控

主要表现在房地产开发中高档宾馆、酒店、大型商场、人造景点、高尔夫球场等设施的兴致过热，而城市居民所需经济用房的开发建设不足。与之相配套的绿地、体育场地、停车场地等公共设施的建设更显不足，造成土地利用结构新的不平衡。

（5）城市用地功能布局混乱，空间结构不合理

在城市用地的空间布局中，优地没有得到利用，行政办公和工业用地占用城市中区位优越的土地，使得土地的区位优势未能得到充分发挥。

改革开放以后，在城市土地利用中又过分夸大区位效益，导致某些城市中心的商务化和非居住化现象，工厂企业和城市居民纷纷向城郊迁徙。但由于受区域经济发展程度的制约，城市中心区并不能集聚起高密度、高强度的金融、商贸等功能，其结果不仅达不到调整用地布局结构、提高土地利用效益的目的，反而会造成城市土地资源和空间资源利用上的更大浪费。

同时在城市建设中，还片面强调“金角”“银边”，把商业设施或营业性公共设施建设在道路交叉口的4个角上，从而产生新的交通源，使原来已相当复杂的交叉路口的交通情况更加复杂化。

（6）城市土地利用强度不合理

城市土地开发利用的强度过高，高容积率、高密度地进行开发不仅使城市整体效益不高，而且造成基础设施不堪重负和严重的环境问题。在一些大城市，市中心区大多变成了容积率的堆积，建筑物由低层向高层、超高层发展。市区建筑和人口过密，不仅是产生一切城市病的根源，也是治理环境恶化难以逾越的障碍。

5. 土地利用诱发城市交通问题

当前我国城市交通出现持续紧张局势既有经济、体制上的原因，也有交通建设本身的原

因，但产生城市交通问题的根源则是城市土地利用。城市土地利用是交通产生的“源”，交通需求的性质、数量与分布，交通供应的配置数量与等级，都决定于土地利用的功能、布局与规模。人类社会经济活动的空间独占性和关联性，即生产与消费、供给与需求的普遍存在并在空间上分离，决定了作为空间主要联系方式之一的交通运输联系存在普遍性，即城市活动必然要产生交通，而正是交通系统在支持和影响着城市土地利用及其相关的活动。寻根探源，交通“流”的“源”就是土地利用，有土地利用才有居民出行、车辆出行，才有客流和货流；没有土地利用规划，就没有交通需求的预测。土地利用实际状况的改变，意味着交通流量、交通流向及交通流速的改变。

社会经济的发展决定了一定的土地利用形态和布局与之相适应，同时一定的土地利用格局下产生了支撑它的一定的交通结构。因此，可以将土地利用格局看作交通需求一方，因为它在很大程度上决定了交通出行的总量和时空分布特点。我们也可以将交通结构看作交通供给一方，因为一定的交通结构基本上决定了交通系统所能承受和支持的交通量，这样，土地利用格局和交通结构之间是否协调发展将反映出交通需求与交通供给之间是否平衡，反映到道路系统上就是道路交通是否拥挤。例如，广州市带状组团式的城市特征与其公共交通不完善、路网联结度低的交通结构之间就存在着矛盾。

城市产业结构的调整改变了城市土地使用布局。第三产业迅速发展以致其在整个产业构成中所占比重大幅度上升，以及这类新开发区的崛起，使维持了几十年甚至上百年的城市土地使用布局发生了根本性变化。这一变化无疑会导致城市交通源、流分布状况的改变，使城市交通空间容量的需求明显增大，而且必然对原有的交通网络布局及交通方式构成产生新的要求。我国大多数城市受早期计划经济体制的限制，城市土地无偿使用，价值规律在土地利用中的作用大大减弱，城市中心区往往占据了大量的机关、工厂，严重阻碍第三产业的发展，同时降低了城市土地利用的效率。随着产业结构的调整和经济发展，城市土地从无偿划拨到有偿转让及土地价格的区位级差，这些机关、工厂面临着拆迁的问题，这就有可能使城市中心区的交通状况发生改变。城市中心区重建与改造的速度大大加快，城市土地使用布局的迅速改变，这既有可能使城市中心区交通源、流分布及交通方式等发生根本改变，也为城市中心区路网的再创与更新提供了绝好的机会，但结果带来的却是中心区超强度的开发。由于城市中心区单位土地面积经济回报率很高，受经济利益的驱使，开发商总是进行高密度、高容积率开发，大量的商业建筑吸引了大量的人流、车流，造成中心区超负荷运转，交通拥挤不堪，环境质量恶化。

我国城市在早期快速发展过程中，由于缺乏城市总体规划的指导，城市建成区的功能分区不合理，显得杂乱无章，且相互影响。随着现代城市进行的一系列大规模改造活动，一些不适合的产业首先从中心区置换出来，使得居住区与工业区之间的距离拉大，延长了通勤距离与时间，增大了城市上下班高峰期的交通流。这种城市功能分区的不均衡也加剧了城市交通的恶化。例如，旧城改造规模庞大的广州、上海等特大城市，旧城改造时大量居住人口的外迁，而新开发区又未能及时提供相应的就业岗位，造成职工上下班时间大大延长，每天高峰时间的交通堵塞所浪费的社会财富难以估量。

20 世纪 80 年代以来，土地的有偿使用和房地产业的兴起，刺激了城市土地的开发。房地产商为了获取更多的利润，往往追求高强度的开发，导致了建筑的高密度化，使得人口密度骤增，交通量更为集中。另外，由于我国城市现状道路网密度普遍较低，低密度的道路网难以承受高强度的土地开发，加剧了交通供求不平衡的尖锐矛盾。

随着我国城市化进程进一步加速，城市人口的增加带动城市规模迅速扩大，经济开发区、居住小区不断向市郊扩张，造成出行距离的增加，出行距离分布趋于进一步分散，路网交通强度进一步增加。且郊区发展到一定程度就会对中心区形成屏障作用或交通瓶颈作用，造成中心区进出困难，异城出行的绝大部分时间花在出城和进城上。同时，如果城市无节制地向郊区发展，中心区交通压力将会越来越大，生活环境也会被破坏，如无得力措施，可能出现小区居民外迁，商业活动冷落，导致中心区衰落。城市外围低密度、“摊大饼”式的发展，使土地未能集约利用，造成资源浪费，同时加大了交通基础设施配套的负担，这种松散布局也人为地延长了出行时间，出行方式的选择也将呈现多样化的态势。由此形成的需求差异性及收入水平的提高，必将刺激私人小汽车的迅速增加，若不加以适当地引导和控制，必然会引起城市交通结构进一步畸形变化。

城市经济的迅猛发展及城市化进程的加快，我国城市内部用地结构也发生着变化。在城市小区改造过程中，小区的土地利用性质、功能和利用强度发生着巨大变化。随着住房制度和劳动用工制度的改革，人们的就业观念和住房观念发生了根本变化，居民择业自由、选择住址自由必然带来居民分布的重新组合，使居民组合与分布发生质的变化。这些变化改变了原有居民出行生成的发生点和吸引点、发生强度和吸引强度，导致居民出行流向、流量及方式选择的变化，从而破坏原有的交通平衡，并有可能在路网上产生新的交通问题。

在我国城市土地利用中，道路广场用地比例普遍偏低，用地面积不够，人行道、非机动车道、机动车道往往不能严格分开，人流、车流相互干扰、混杂，增加了交通事故的发生率，阻碍了交通的通畅运行，加剧了城市交通的混乱状态。此外，在交通规划中对停车场地规划不足。大城市中心区，由于人口和建筑密集，且以高层建筑为主，原有以非机动车为主时期的规划标准、城市结构和城市用地均已无法满足机动车停车的需要。即使是一些新建的住宅小区和商业设施，对停车场地也往往估计不足，造成停车困难。

近年来中国一些大城市在旧城改造的过程中，往往突破规划控制指标，侵占城市绿地、广场，导致建筑与人口过度密集。这种密集的土地利用使市区人流、车流集中，从而加剧了城市交通拥挤和环境污染状况。在市场经济体制下，开发商、业主出于对自身利益的最大追求，总是选择有利可图的区位，尽可能提高容积率，而且在市场化初期往往带有较大的盲目性，并将社会公共利益放在次要位置，或者根本忽视。交通基础设施是社会公共设施，往往受到挤占、蚕食；城市局部地区交通需求过分集中，道路及交叉口交通不堪重负；居住区停车供应不足，车辆出入困难，公交场站无处布设。由于开发商追逐高额回报率，而地方政府又往往热衷于城市经济发展的短期效应，以至于城市中心区高强度开发的势头十分强劲，这种势头如果得不到合理控制，超过了交通资源条件所能提供的能力，必然影响中心区的交通质量。结果，交通拥挤会大大削弱城市建设与经济发展的后劲。

上述城市土地利用的不合理造成了今日我国城市交通的困难局面。由此可见，产生城市交通问题的根源在于城市土地利用。城市交通与城市土地利用的关系使得人们越来越重视研究城市交通与城市土地利用的相互作用，注重城市交通与城市土地利用的协调，注重城市土地利用规划和城市交通规划的优化。

3.4.2 不同交通方式下的城市土地利用

1. 交通方式与城市形态

城市机动性、交通的相对可达性和指向性的相互作用机理表明，因交通技术创新引起城市机动性的变化决定了相对可达性，从而使城市形态及空间拓展受到交通指向性的作用而发生变化。

19 世纪中期以来，世界上城市交通经历的几次较大变化，导致客、货发生空间位移过程中时间和费用的巨大节省，也对城市空间形态及空间拓展产生了深刻的影响。最初，步行、马拉车时代与封闭式城市结构：城市星状形态及环形结构的重建，城市空间半径和可达性小，建筑梯度小，城市结构集聚性强。电力应用到交通上之后，电车时代与半封闭、半开放型城市结构：电力货车和有轨电车的广泛使用导致城市空间形态第一次最剧烈的演变，城市扇形模式开始出现，城市空间半径不大；而可达性逐渐提高，城市影响区范围逐渐扩大。市际和郊区铁路发展阶段与逐渐开放的城市结构：城区和郊区铁路的建设拓展并强化了城市的扇形模式，沿着主要铁路线，距离城市更远的郊区走廊迅速增长，按照收入水平高低排列的典型的“串珠状”居住地分布模式开始形成。汽车阶段与开放型的城市结构：汽车的发明与发展对城市空间形态冲击最大、影响最深，汽车以其无与伦比的灵活性、方便性和舒适性帮助居民第一次摆脱在居住、出行等方面对轨道交通的依赖，加速了城市郊区化的进程。高速公路与环形路快速发展时期与开放分散的城市结构：城市化地区建筑梯度不明显，城市形态开放分散，城市形态多核模式开始出现，逆城市化现象开始出现并日益明显。

在城市形态的集中与分散、集聚与扩散的演化中，交通虽不是最根本的决定因素，但它作为一个极其重要的影响因素作用于城市空间演化的始终。

交通干线构成了城市发展的最优方向，形成城市扩散的伸展轴。由于沿交通线发展可以较好地利用交通上的便捷性，保持和市中心的密切联系。同时，由于交通沿线具有相对较好的水、电等基础设施，城市沿轴推进可以获得较好的经济效益。交通对城市的影响还体现在运输速度上，交通工具的变革促使运输速度不断加快，从而缩短了城市内外联系的时间，形成一种和城市内聚力相抗衡的扩散力。如私人小汽车的广泛使用开始了大规模的郊区化时代，促进了城市人口和工业向郊区扩散，市区急剧向外蔓延，从而使城市伸展轴延伸到更远的地区。

2. 交通方式对城市用地布局及密度的影响

各种交通方式有着各自不同的特点，它和城市土地使用的相互关系不可分割。步行交通适于短距离活动，是城市形成初期的主要交通方式，城市用地比较紧凑、密度很高，在现代城市则适于紧凑布局的区域，如高密度的居住区、商业区、娱乐区等；自行车作为私人交通，适于步行范围以外的中短途出行，由于体力关系，距离以 4～6 km 为宜，这种方式不会引起城市密度过度降低，是公共交通有益的补充；私人机动车，包括摩托车、小汽车，出行距离大，不受体力影响，适于各类距离的低密度分散活动，促使城市布局向分散、低密度的方向发展；公共交通，包括公共电汽车、地铁、轻轨等，适于建筑、活动密集地区中长距离的交通运输，对规模效益要求高，一般与城市中心联系紧密，有促进市中心向高密度、大范围地区发展的作用。沿线路及站点的可达性高，使城市活动密集度由内而外递减，能引起城市以较高密度地向外放射性发展，各站点与枢纽形成蔗状密集区，这种布局也会促进公共交通的使用。各种交通方式各有其优势，而且城市居民的需求呈现多样化，所以城市布局最好能够满足多方面、多层次的交通需求。

各种交通方式对城市用地布局和密度的影响，在一定程度上也体现在城市人口密度上。根据联合国《人均环境评论》的资料，按交通方式与城市密度的关系，世界城市可以分为以下 3 类，如表 3–4 所示。

表 3–4　交通方式与城市密度、城市类型划分

城市类型	人口密度/（人/km^2）
小汽车城市	1 000～3 000
公交城市	3 000～13 000
步行城市	13 000～40 000

不难看出，城市交通方式与城市用地形态的形成有密切关系，交通工具的发展和道路条件的改善，减小了居民对居住地与工作地因距离受交通条件的制约，进而影响着居住和就业岗位的地点及数量，大大拓展了居民的选择范围，引起城市空间用地布局和密度发生着深刻变化。城市主要交通工具的活动量越大，城市内聚力越强，所形成的城市也多呈紧凑布局的形态，如公共交通产生密集的土地利用，而私人小汽车在某种程度上促进城市分散化。

我国的许多城市在特定的经济条件下形成了紧凑的城市形态和高密度用地混杂的开发模式，形成了特有的交通方式和结构，不同的城市中心之间通过高效的公共交通系统连接起来，人们可以通过这种交通工具便捷地到达城市各个地区。这种“紧凑”的城市布局将能最大限度地利用城市空间，并可将对汽车的依赖降低到最低程度，从而达到减少污染、保护环境的目的。

如上所述，城市交通系统与城市土地利用存在相互联系、相互制约的循环作用和相互反馈关系，在城市中不同的交通方式对土地利用的影响又各具特点。

3. 轨道交通与土地利用互动关系

随着经济的发展和城市轨道交通的大量建设，轨道交通与沿线土地利用相互关系的重要性显得越来越重要。

1）轨道交通与土地利用的互动关系

（1）轨道交通塑造紧凑城市空间形态

轨道交通吸引或带来大量客流，并以车站为集散中心使车站地区成为高密度活动区；又因为交通上的便利使附近地区因市场“供给”及“需求”关系的变化导致地价上涨；更由于地价的上涨使得土地利用趋于集约使用方式，并在轨道交通沿线或站点周边形成紧凑的城市空间形态。

（2）轨道交通提高土地利用强度，影响土地利用价值

城市土地的高强度开发必然导致大量人流、车流的产生，这对用地周边及所处区域的道路系统将造成压力。轨道交通可以快速有效地疏解交通压力，有利于支撑城市高密度开发。轨道交通的建设对沿线区域社会、经济产生巨大的辐射带动作用，不仅为市民的出行提供运输服务，而且引导城市形态演化，对城市用地布局和土地开发产生巨大的影响。但是，交通的改善对沿线周围土地和不动产的价值有正、反两方面影响：一方面其便利性、可达性的改善提高了服务范围，因此，提升了土地的价值；另一方面，由于轨道交通常常产生噪声、空气、视觉等污染，这又贬低了周围土地和建筑设施的价值。

（3）轨道交通改变土地利用性质，优化土地使用功能

城市中的交通形式同土地开发模式紧密相连。如法国里昂市政府规划部门曾在旧城东侧开辟了一个新区，由于第一条地铁只通过新区，于是出现了新区健康发展、旧城日渐萧条的局面；而当经过旧城的第二条地铁建成后，旧城又焕发了生机，恢复了往日的繁荣。实践证明，轨道交通的建设不仅强化了城市中心的金融、贸易、服务业等功能，还使轨道交通沿线的土地利用发生分异，使各种类型的土地利用沿着轨道交通呈带状分布。由于轨道交通的建设提高了交通可达性，所以轨道交通扩大了人们的生活范围，缩短了人们出行的时间和距离，因此激发了人们选择远离中心市区居住的意愿，从而使居住用地与工作用地在地域上分开，并疏散了部分中心城区的人口。而商业及服务业功能由于轨道交通带来的大量客流和可达性的改善，将在轨道交通沿线影响区域范围内高度聚集，最终实现土地资源的优化配置。

2）土地利用与轨道交通互动模式

目前，土地利用与轨道交通互动模式主要有 3 种。

（1）香港地铁的“地铁+物业”互动模式

香港地铁公司自 1975 年成立以来，其发展大致经历了公用事业单位阶段、私营化阶段及异地扩张阶段。目前香港地铁公司是世界上运营效率最高、盈利情况最为理性的地铁公司之

一，其核心的盈利模式可总结为“地铁＋物业”的组合。在香港地铁公司的利润结构中，物业开发的比重占到一半以上，可以说物业开发在平衡地铁建设的现金需求、改善负债结构、搭建融资平台等方面发挥了中流砥柱的作用。如果剔除物业开发利润，单靠车票收入，香港地铁公司也很难盈利。

所谓“地铁＋物业”开发模式，就是以地铁为核心，沿线开发新的社区为配合，形成一种良性循环。地铁建设方便了出行，缩短了时距，形成车站附近的大量客流，由此蕴藏的巨大商机对房地产开发构成吸引。同时，开发后的房地产又积聚了更多的客流，对地铁运营的票务收入起到支撑作用。

在“地铁＋物业”的实践过程中，香港政府授予地铁公司物业发展权，地铁公司通过全盘规划、项目招标、施工监督、收益分享等措施把握了整个开发价值链上增值较大的拿地、规划设计、经营管理等环节，而将成本较高、风险较大的施工建设环节主要交给开发商操作。

在政府、地铁公司、开发商 3 个主要市场参与者中，地铁公司扮演了“向上承接政府战略，向下启动市场资源”的角色，成为整合政府与市场资源的平台。而香港地铁公司之所以能成为这一平台，其核心就是围绕地铁沿线土地物业开发权，充分实现规划升值。

（2）以轨道交通引导城市发展的模式

根据轨道交通塑造城市空间形态的特殊作用，将轨道交通走向与城市发展方向结合起来，通过轨道交通串联城市重要功能区，并使轨道交通站点和城市各级公共中心有机结合，依托大容量的快速交通系统及站点设置形成多核心的城市空间结构。通过综合交通换乘系统将各个节点连成网络，形成疏密有度的城市生长模式，实现轨道交通和土地利用的集约化。

这方面的成功案例是著名的哥本哈根指状规划。哥本哈根拥有 170 万人口，其中城区人口 50 万。早在 1947 年，该市就提出了著名的“手指形态规划”，该规划规定城市开发要沿着几条狭窄的放射形走廊集中进行，走廊间被森林、农田和开放绿地组成的绿楔所分隔，在以后的几十年里，该规划得到了很好的执行。发达的轨道交通系统沿着这些走廊从中心城区向外辐射，沿线的土地开发与轨道交通的建设整合在一起，大多数公共建筑和高密度的住宅区集中在轨道交通车站周围，使得新城的居民能够方便地利用轨道交通出行。同时，在中心城区，公交系统与完善的行人和自行车设施相结合，共同维持并加强了中世纪风貌的中心城区的交通功能。哥本哈根以轨道交通为依托的 TOD 发展模式是建立在整个区域层面上实施的，而不仅仅限于某个小区或者轨道交通站点，在这样的整体区域内实施 TOD 模式，可以使得 TOD 规划取得非常明显的效果，充分发挥规模效应，形成整合的优势，从而改变整个区域的用地形态和居民出行特征，促进区域的可持续发展。

（3）联合开发模式

联合开发是基于城市轨道交通及土地利用而发展起来的一种新的资源经营及利用模式。资源经营，是指通过市场化运作方式对轨道交通相关资源的开发与经营所获取的收益，来弥补轨道交通巨大的建设资金和运营成本；资源利用则是指站在城市建设主体的角度，明确城市轨道交通各个资源要素之间的相互约束，通过对资源的调用和协调，达到资源收益最大化和成本最低的利用目标。

这方面日本的经验很值得我们借鉴。日本城市轨道交通的建设资金筹措途径主要有政府补助方式、利用者负担、收益者（或原因者）负担、发行债券、贷款 5 大类。从建设主体上看有民间资本、民间与国家或地方公共团体（相当于我国各级地方政府）、国家或地方公共团体 3 类。其中，由各级政府等公营部门和私营部门共同出资组成的轨道交通企业，国际上称之为第三部门，它是为了建设经营社会效益较好、但完全依赖私营企业又难以实现自负盈亏的轨道交通而设立的半公半私的轨道交通企业。

日本轨道交通企业采取的是以铁道为中心，以房地产及租赁业、购物中心等零售服务业、公共汽车业、出租车业、旅游观光、宾馆设施等共同发展的经营模式。其中，最主要的经营战略是土地经营和铁道经营同时进行的战略。日本铁路企业的土地经营类型主要可归纳为 3 类：以铁道为轴心的沿线开发型、土地开发主导型、与铁路完全无关在沿线以外地区开发经营型。铁路公司负责规划土地，自然以追求最大经济效益为目的。它的效益目标包括两个方面：一是土地经营效益最大化；二是为铁路提供尽可能多的客流，使铁路投资能够赢利。由于交通方便程度不同，越靠近车站物业价值越高。在追逐利润的目标驱使下，房地产自然地向车站集中，形成车站建筑密度高，向外围逐步降低的趋势。这种布局反过来对铁路经营也极为有利。为充分利用铁路的派生价值，铁路公司还经营其他与铁路共生的商业项目，包括百货商店、体育场馆、游乐公园、宾馆等，许多项目直接围绕在车站周围，它们既可以利用铁路的客流，又能够为铁路提供客流。不少铁路公司还经营接驳公共汽车线路，为铁路在更大范围内集散客流。虽然公交线路本身亏损率较高，但有助于维持公共交通方式的支配地位，保护铁路的客流强度，提高铁路公司的整体利润水平。铁路公司还特别注意以极优惠的方式吸引各类学校、医疗中心、邮局、图书馆、消防局及其他政府机构。因为这些机构不仅能够增加当地的房地产吸引力，还可以为铁路提供非高峰时间客流。上述设施的存在，使铁路各站实际上成为沿途的社区中心。

4. 城市道路系统与城市用地布局关系

城市道路系统的布局形式主要包括 4 种类型，即方格网式、环形放射式、自由式和混合式。在城市形成及发展的过程中，这 4 种类型的城市道路系统一般都具有相对的稳定性，与城市的用地布局之间存在着一定的关系。通常城市的道路系统规模与城市的发展水平是保持一致的，随城市规模扩大而增大；而对于任何新增的土地使用，都会产生新的出行活动，要求提供必要的交通设计，尤其以道路为根本。

（1）方格网式

方格网式道路网是最常见的一种路网布局，几何图形为规则的长方形，即每隔一定的距离设置接近平行的干道，在干道之间布置次要道路，将用地分为大小适合的街坊。具有典型方格网式路网布局的城市，如西安（见图 3–2）、北京旧城，还有其他一些历史悠久的古城，如洛阳、山西平遥、南京旧城等。

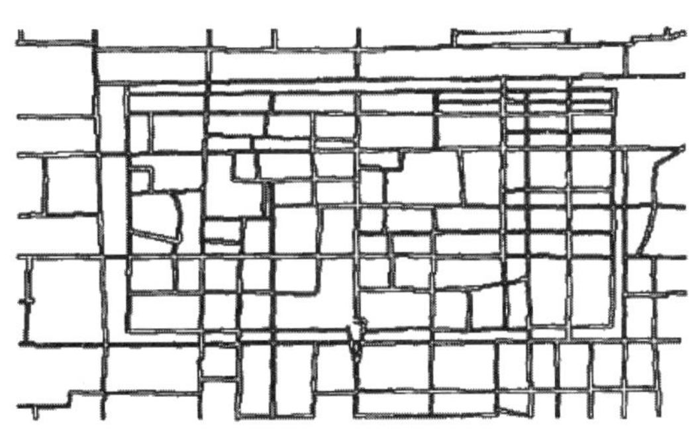

图 3–2　西安城墙内路网布局图

这种结构的优点是：① 布局整齐，有利于建筑布置和方向识别；② 交叉口形式简单，便于交通组织和控制。缺点是：道路非直线系数较大，交叉口过多，影响行驶速度。

方格网式干道一般适用于地势平坦的中心城市和大城市的局部地区。方格网式的道路网络容易形成相对均匀的土地开发强度，土地的交通生成也较为均匀，便于处理土地使用与交通之间的关系。但土地使用的向心性不够，对于某些希望突出公共性的用地开发效益可能会有所影响。

（2）环形放射式

环形放射式道路网一般都是由旧城中心区逐渐向外发展，由旧城中心向外映出的放射干道的放射道路演变成放射式城市，再加环路形成的。目前，这种路网结构的原始形式已经越来越不适应城市的发展，随着城市的发展，路网的形式也在不断的发展中。但是环形放射式道路网作为一种路网的基本形式，对我们进行城市规划、路网评价等的研究都具有重要意义。具有环形放射式道路网形式的典型城市在国内有天津、成都（见图 3–3）等；国外的莫斯科、巴黎也是这种典型路网城市的代表。

图 3–3　成都市中心城区综合路网规划图

这种结构的优点是：① 有利于城市中心与其他分区、郊区的交通联系；② 网络非直线系数较小。缺点是：街道形状不够规则，存在一些复杂的交叉口，交通组织存在一定困难。

环形放射式道路网一方面容易使中心区交通需求高度集中，造成中心区的土地开发强度过高，另一方面则容易形成不规则的用地形状。所以处理土地使用与交通之间的关系遇到的困难会比方格网式的道路格局困难得多。

（3）自由式

自由式道路网以结合地形为主，道路弯曲无一定的几何图形。我国许多山区城市地形起伏大，道路选线时为减少纵坡，常常沿山麓或河岸布置，形成自由式道路网。如我国的重庆市就是典型的山城，由于所处山岭地区，为顺应地势的需要就采用了典型的自由式道路网（见图 3–4）。青岛、珠海等城市均属于临海城市，顺着海岸线建城使得道路的选线受到很大的限制，同样也形成了自由式道路网。自由式道路网一般适于一些依山傍水的城市，由于地理条件受限而形成。

图 3–4　重庆市路网布局图

这种结构的优点是：① 能充分结合自然地形；② 节省道路工程费用。缺点是：道路线路不规则，造成建筑用地分散，交通组织困难。

自由式道路网非直线系数大，不规则的街道多，开发用地比较分散。

（4）混合式

混合式也称综合式，是上述 3 种路网形式的结合，既发扬了各路网形式的优点，又避免了它们的缺点，是一种扬长避短、较合理的形式。随着现代城市经济的发展，城市规模不断扩大，越来越多的城市已经朝着这个方向发展。如北京（见图 3–5）、南京等城市就是在保留原有路网的方格网基础上，为减少城市中心的交通压力而设置了环路及放射路。而无锡、温州等城市也是结合地势综合运用了方格网式、自由式和环形放射式等多种路网形式而形成“指状”“团状”等综合的路网形式。混合式路网布局一般适于城市规模较大的大城市或特大城市，混合式路网的合理规划和布局是解决大城市交通问题的有效途径，但是如果交通规划不合理、交通管理不科学都会引起新的交通问题。

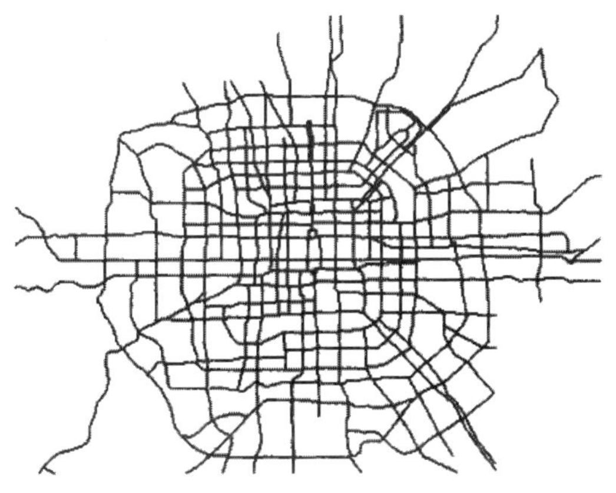

图 3–5 北京路网布局图

3.4.3 城市土地开发与交通系统协调发展

城市土地开发与城市交通协调发展必须遵循“以人为本”和“可持续发展”的原则。按照“以人为本”的原则，城市土地开发和城市交通系统应尽量为城市居民提供人性化的生活环境，满足居民生活的个性化和自由化要求。无论是以公共交通为主体还是以私人小汽车交通为主体的城市交通系统，交通设施的“人性化”规划设计都是必需的。

“可持续发展”是指既满足当代人的需要，又不对后代人满足其生存能力构成威胁。“可持续发展”包括 3 方面内容：环境可持续、经济可持续、社会可持续。按照这一原则，城市土地使用应高密度开发，城市交通系统应以公共交通为主体发展。尽管随着城市居民追求个性化和自由化生活的渴求越来越强烈，从而在一定程度上激发了小汽车交通的使用，但科学引导小汽车的合理使用，从而使城市向“可持续”的方向发展是毋庸置疑的。

1. 城市土地开发与交通系统协调发展内涵

基于上述结论，协调的城市土地开发与城市交通系统应具有的内涵是：在一定的历史及社会经济条件下（对应一定的城市规模和人口密度），城市土地开发和城市交通系统发展应符合城市规模、城市结构和城市发展模式的根本要求；能够构建居民所希望的生活方式；城市空间结构、用地功能布局与城市交通系统相匹配，并与城市的特点和要求相适应；城市宜居宜业，土地开发及交通系统具有“以人为本”和“可持续发展”等特征；有利用城市实现高效率、低能耗、低污染等目标，能够促进舒适、节能、环保的可持续城市的建立和发展。

由于城市之间所存在的巨大差异，在内涵上对于协调给出了一个普适的宏观层面定义。为了具体化内涵，有必要对城市规模、城市结构和城市发展模式进一步定义。城市土地系统和城市交通系统由于包含的内容和功能过于繁多，并且由于各功能的不可缺失造成两者关系的研究复杂。但根据“可持续发展”原则，成功的土地使用和交通协调发展的城市应具有以下主要特征。

（1）城市土地特征

城市土地使用应具有的主要特征是：能够促进可持续交通系统的建立、发展和高效利用。可持续交通系统是指安全、舒适、低能耗、低污染的交通系统。

城市结构和土地开发能够促进可持续交通系统的建立和发展。城市结构应具有集中性或相对集中性（分别对应“单中心”和“多中心”城市空间结构），能够促进可持续交通系统的建设和发展。其主要表现为：在交通走廊上或在区域内部（例如，对于北京市，是指新城内部、中心城的中心地区、各边缘集团内部、各功能区）职住趋于平衡；城市土地混合开发程度高，居住地点靠近就业地点；公交换乘方便；有利于步行、自行车、公共交通等可持续交通方式的建设和发展。

城市用地功能布局能够促进可持续交通系统的高效利用。城市用地功能布局应能够促进城市交通系统各项功能的高效发挥，使各种可持续的交通方式得到大力发展并实现高效利用，进而促进城市交通发展战略和目标的实现。其主要表现为：城市交通设施在交通高峰期间的空间利用效率高，不存在潮汐交通问题；城市土地开发的性质和强度能够为公共交通尤其是大容量快速公共交通系统（轨道交通及地面大容量快速公共交通（BRT））提供客源支撑。

（2）城市交通特征

城市交通系统的主要特征是：能够支撑土地开发，并引导土地开发实现 TOD 开发模式。TOD 开发模式是指以公共交通作为城市主导交通方式，以公共交通来引导城市用地开发。

城市交通系统能够有效支撑土地开发。城市交通系统应围绕城市空间结构及用地功能布局进行规划和建设，各种性质的土地开发应能够通过交通系统实现紧密联系。城市交通系统应能够有效地支撑和服务于城市空间结构和城市用地功能布局，达到服务的高效和便捷。其主要表现为：交通的通达性和可达性好；交通系统的承载能力与土地开发的性质、强度及布局相匹配。

城市交通系统能够引导城市实现 TOD 开发模式。城市交通系统能够在不同的交通子系统之间及各子系统内部实现互补、平衡与调节，能够引导城市实现 TOD 开发模式。其主要表现为：以大容量快速公共交通系统支撑和引导紧凑、高密度、高强度的土地开发；公共交通与其他交通方式之间有效衔接，换乘方便；中长距离的交通出行以公共交通为主导出行方式。

2. 城市土地开发与交通系统协调发展要素

从前述可以看出，城市土地开发与交通系统实现协调发展需要多种要素的共同作用。这些要素既包括城市土地开发与城市交通系统规划及建设的理念、目标及方法，也包括为实现城市土地开发与交通系统自身机能的有效发挥而采取的一系列政策、体制机制和制度等。

因此，研究和制定合理的城市土地开发与交通系统协调发展的手段与措施，需要从城市土地开发与交通系统的规划、建设与管理、政策、体制与机制等方面一一着手，而不是仅仅关注其中的某一环节。

（1）协调的城市用地规划与交通规划

城市的科学发展和建设，必须以科学的城市用地规划及交通规划为基础和前提。同样，城市土地使用与交通系统的协调发展和建设，也必须以协调的城市用地规划及协调的城市交通规划为基础和前提。

（2）科学有序的城市土地开发及交通系统建设与管理

城市土地开发及交通系统建设与管理，是城市土地规划及交通规划的实施环节，也是协调的城市用地规划及城市交通规划能否起到预期应有的功能和作用的关键环节。只有进行科学有序的城市土地开发及交通系统建设与管理，以真正实施和落实城市用地规划及交通系统规划，协调的城市用地规划及城市交通规划才不至于成为一纸空文，协调的城市土地使用与交通系统才会成为可能和现实。

（3）严格和可行的规划实施保障政策

与协调的城市用地规划及交通规划编制工作相比，规划的实施工作更具难度和挑战性。这是因为，规划一般是以相对理想的城市社会、经济发展条件及发展政策与制度为基础和前提的，规划的实施与城市现有的政策和制度等因素之间的协调与相互支撑程度，往往与人们所预想的存在一定差距。因此，必须建立严格和可行的规划实施保障对策，用于保障协调的城市用地规划及城市交通系统规划的科学实施。

3. 城市土地开发与交通协调发展规划评价指标体系

城市土地开发与交通规划方案的协调性评价既不是单纯地评价土地使用，也不是单纯地评价交通系统，而是综合评价规划方案实施后是否有助于实现该城市或区域的发展目标，例如促进土地集约化程度、提高交通系统效率与服务水平、加强生态环境保护等。规划评价体系在综合评价分析土地使用规划与交通规划二者的协调关系方面为城市规划编制和审批管理提供了重要的技术手段，对进一步提高城市规划编制及审批管理水平有重要的推动作用。

国内外学者对于城市交通与土地利用之间的关系进行了大量的研究，建立了大量描述交通与土地利用关系的模型，但基于两者之间协调发展的定量评价研究并不多见。

1996 年，芝加哥在进行芝加哥大都市区规划时以新增的就业和居住人口数作为规划方案的约束条件，形成 3 个不同的土地使用与交通系统的方案，并通过土地与交通模型，输出评价指标，采取评估矩阵的方法进行评估。在评价方案中输出指标非常多，其中能够反映土地使用和交通协调的指标如表 3–5 所示。

表 3–5　芝加哥评价指标

指　标　借　鉴	目　　标
新增的土地耗费面积	土地消耗
平均土地使用密度	
人均小汽车出行距离	环境污染
小汽车总出行距离	

续表

指标借鉴	目标
人均通勤时间	职住平衡
通勤延误	交通服务水平
非小汽车通勤比例	多模式的交通选择
步行或公交分担率	
单位城市化面积交叉口数量	
现有与规划的公交车站 1/2 英里内的家庭数与总家庭数比例	公交服务水平
现有与规划的公交车站 1/2 英里内的就业机会	
公交客车线 1/4 英里内的家庭数和就业机会	

比利时布鲁塞尔在利用 TRANUS 土地使用与交通整合模型评价土地使用与交通方案之间的协调程度时，选取的评价指标如表 3–6 所示。

表 3–6　布鲁塞尔评价指标

指标借鉴	目标
出行距离	可达性
公交和私家车的速度/距离比较	多模式的出行选择
公交客流量	
公交覆盖范围	
自行车出行分担率	
小汽车出行比例	
出行花费（分不同收入）	
拥堵发生概率	交通服务水平
公共空间活动满意程度	宜居性
噪声影响范围内的居民人口比例	
每车公里车辆耗费的能源	环境能源
平均每小时到达某区位的公交数量	区位公平

根据国内外经验，在进行大都市区规划时，首先应确定城市区域的发展目标，然后通过计量经济学模型，预测规划年的人口和就业岗位数。然后以此为依据形成多种方案。最后通过评价指标对其进行优劣对比，确定最终规划方案。最终规划方案的综合效用指标并不总是最优的，但是基本满足土地与交通协调发展的目标，又具有可实施性。国内外经常采用如表 3–7 所示指标评价土地使用与交通协调程度。

表 3–7　评价指标汇总

评价对象	评价目的	指 标 借 鉴
土地集约使用		新增的土地耗费面积
		平均土地使用密度
		公交站点覆盖的家庭数
交通服务水平	提高交通服务水平	通勤延误
		高峰小时拥堵路段长度
		拥堵发生概率
		机动车平均车速
	公交服务水平	现有与规划的公交车站 1/2 英里内的家庭数与总家庭数比例
		现有与规划的公交车站 1/2 英里内的就业机会
		公交客车线 1/4 英里内的家庭数和就业机会
		离车站的距离在步行距离范围内的家庭
	多模式的交通选择	公交乘客数
		非小汽车通勤比例
		步行或公交分担率
		各模式平均出行时间和距离
		单位城市化面积交叉口数量
职住平衡		人均通勤时间
		出行费用
		跨行政区之间的交通出行量
宜居	改善公共空间多样化利用	公共空间活动满意程度
	减少噪声影响	噪声影响范围内的居民人口比例
环境	能源有效利用	每车公里耗费的能源
	减少空气污染	人均小汽车出行距离
		人均车英里数
		小汽车总出行距离
区位公平		平均每小时到达某区位的公交数量

思 考 题

1. 什么是城市性质？如何确定城市的性质？

2. 城市人口按劳动构成分，如何进行分类？
3. 如何计算城市人口自然增长率和机械增长率？
4. 我国城市用地分为几大类？
5. 城市用地评价主要体现在哪些方面？
6. 什么是城市土地利用？
7. 什么是土地评价？
8. 城市交通系统和城市土地利用存在什么关系？
9. 轨道交通与土地利用的互动关系体现在哪里？
10. 什么是 TOD 开发模式？

第 4 章

城镇体系规划

在城市总体规划纲要阶段，就应该原则确定市（县）域城镇体系的结构和布局。通过合理组织体系内各城镇之间、城镇与体系之间及体系与其外部环境之间的各种经济、社会等方面的相互联系，运用现代系统理论与方法探究整个体系的整体效益。本章分别介绍了城镇体系规划的概念及基本特征、规划历程及编制流程，分析了城镇系统规划所面临的问题及对策，重点阐述了城镇体系组织结构模式及编制内容。

4.1 城镇体系规划概述

4.1.1 城镇体系的基本概念

城镇体系也称为城市体系或城市系统，出现于 20 世纪 60 年代，美国学者邓肯（Duncan）在其著作《大都市与区域》中最早提出城镇体系的概念。邓肯认为，城镇体系是在特定区域范围内，由众多形态及职能不同却又相互联系的城市组成的集合体，其中中心城市起着主导作用。国内学者关于城镇体系的代表性概念，如顾朝林提出，城镇体系是一个国家或一个区域范围内由一系列规模不等且职能各异的城镇所组成，且具有一定的时空地域结构，它是相互关联的城镇网络有机整体；谢文蕙将城镇体系定义为一定区域范围内的不同等级规模、各种类型、有着密切的空间相互作用关系的城镇群体组织，是经济区的“骨骼系统”；宋俊岭提出，城镇体系是在一个相对完整的区域或者国家范围内，由规模结构不同、职能分工各异、相互依存、紧密联合的城镇群构成的集合体。

城镇体系的概念经过多年来学者的不断探讨界定，目前大致统一指“在一定地域范围内，以中心城市为核心，由不同的等级规模、职能分工各异、空间相互制约、相互依存、联系密切的城镇所构成的有机整体”。城镇体系被定义为区域的骨架，但并非简单地把一个城市作为一个区域系统进行研究探讨，而是以区域内部的城镇群体作为研究对象。

近年来，城镇体系规划的重要性日益得到重视。在2008年1月1日实施的《中华人民共和国城乡规划法》（见图4–1）中明确规定：“国务院城乡规划主管部门会同国务院有关部门组织编制全国城镇体系规划，用于指导省域城镇体系规划、城市总体规划的编制。”城镇体系规划既是城市规划的组成部分，又是区域国土规划的组成部分。根据《城乡规划法》和《城市规划编制办法》的相关内容，我国已经形成一套由国土规划—城镇体系规划—城市总体规划—城市分区规划—城市详细规划等组成的空间规划系列。城镇体系规划处在衔接国土规划和城市总体规划的重要地位。

图4–1 中华人民共和国城乡规划法

城镇体系规划要达到的目标：通过合理组织体系内各城镇之间、城镇与体系之间及体系与其外部环境之间的各种经济、社会等方面的相互联系，运用现代系统理论与方法探究整个体系的整体效益。城镇体系规划一方面需要合理解决体系内部各要素之间的相互联系及相互关系，另一方面又需要协调体系与外部环境之间的关系。

4.1.2 城镇体系规划历程

1. 国外城镇体系发展

在国外，城镇体系研究始于20世纪四五十年代。维宁（Rudyard Vining）是当时最多产的作者，他撰写了一系列有关区域体系和城市增长方面的文章，从经济学角度研究了城镇体系对城市发展的意义，从理论上论证了城镇体系的合理性，在概念和方向上都成为后来城镇体系研究的先驱。20 世纪 50 年代，爱德华·阿克曼提出“新地理学”必须和空间系统联系起来的观点之后，贝塔朗、拉舍夫斯基创立的一般系统论原理被引入地理学的领域。1954 年贝里（B. Berry）用系统论的观点研究城市人口分布与服务中心等级体系的关系。

20 世纪 70 年代，城镇体系的研究进入高潮，研究内容不断深入，研究方法不断更新，数学方法、动态模拟技术得到广泛应用。1977 年哈格特（P. Haggett）从相互作用、网络、节点、等级体系、界面、扩散等方面研究区域城镇群体的过程。特别值得指出的是，这一时期的城镇体系研究已关注不同地区、不同国家、不同发展阶段的对比研究。到 1978 年加拿大地理学家鲍恩和西蒙斯合编的《城市体系》一书问世，集中了有关方面的各家学说，反映了这一时期城镇体系的研究水平。

进入 20 世纪 80 年代，城镇体系的研究中心开始转向发展中国家城镇体系研究，并把它们与城市相结合进行研究，如布利策（Blitzer，1988）等人曾就 30 年内（1960—1989）有关第三世界中小城市的研究文献进行了综述，并由环境和发展国际研究所出版。他们认为，中小城市对迎合快速城市化，经济、社会和政治转变及提供最优的人类居住区是很适宜的，即中小城市与大多数农村人口和农村企业相联系，对制造业产品和基础设施的有效利用非常有利；中小城市是大区域或地区行政中心时，对高层政府的资源分布和相关政策实施非常有利；国家政府给予中等城市更高的优先权，避免国家在少数几个城市保持工业、服务业、人口（城乡迁移）和政府机构过分集中的局面；中小城市对限制大城市内城市扩展具有潜在作用。进入 20 世纪 90 年代之后，在发达国家，城镇体系研究从空间结构演化转向自然资源最大限度集约利用研究，研究范围也从一个地区、一个国家转向跨区域、跨国家乃至全球视野。

2. 国内城镇体系发展

我国城镇体系规划的雏形可以追溯到新中国成立初期制定的“第一个五年计划”，但对城镇体系和城镇体系规划的研究，则刚刚起步于 20 世纪 70 年代末 80 年代初。由于受当时的体制、经济发展理论和方法的局限，我国城镇体系规划的根本目的就是要使国家的资源得到均衡配置。因此，城镇体系规划的着眼点就在于确定城市的性质和规模。所谓性质，就是可以配置何种产业；所谓规模，就是可以发展到多大的规模。我们可以看到，改革开放 20 年我国区域经济发展战略分别经历了珠江三角洲、长江三角洲、大西北、东北 4 大区域的开发建设，已经取得了巨大的成功。中央在国民经济和社会发展第十一个五年规划纲要中又决定开发天津滨海新区和中部地区，这都足以说明国民经济和社会发展规划对我国社会各项建设事业的宏观指导作用。随着中国的经济对外开放，经济体制得到不断地改革与发展，中国的城镇体系研究和城镇体系规划也在不断的发展和变化之中。

20 世纪五六十年代，根据五年计划国家布置了大量的基础设施，确定了各个区域的发展特色。20 世纪 70 年代末 80 年代初，以落实国家和地方政府重点建设项目为主要目的。20 世纪 80 年代中期以后，随着改革开放力度的加大，市场机制对经济和社会发展的作用越来越明显，成为研究和确定城市性质的重要手段和依据；但当时，规划还带有闲置资源、资本“计划外”流动的意图。在这一阶段，市场机制在经济和社会发展中的作用愈加重要，城镇发展动力和方向开始多元化，城镇体系规划把市场纳入研究框架，但本质仍是“大行政，小市场”。受计划经济的影响，加上对市场经济的认识不清，城镇体系规划没有主动迎合市场，而是抵抗市场。当时国家对大城市的急剧发展感到恐慌，采取了抑制大城市发展的城镇化方针。1980年，国务院批准转发了《全国城市规划工作会议提要》，提出“控制大城市规模，合理发展中等城市，积极发展小城市”的方针。1989 年，《中华人民共和国城市规划法》正式提出“国家实行严格控制大城市规模，合理发展中等城市和小城市的方针”。为贯彻这个方针，城镇体系规划与城市总体规划结合，成为研究城市规模和城市性质的重要手段及依据，其本质在于控制大城市发展规模，这与市场规律相抵触，因此很多城镇体系规划出现规模“一破再破”的现象，规划修编成为常态。尽管存在上述问题，但是这一阶段的城镇体系规划仍然发展迅速。1989 年实施的《中华人民共和国城市规划法》正式将城镇体系规划纳入法定规划框架内。根据该法，我国城镇体系规划包括全国、省、自治区和直辖市层面的城镇体系规划，以及各地级市、县市级总体规划内容框架内的城镇体系规划。城镇体系规划在各级空间层面全面渗透，开启了城镇体系规划的黄金时期。

20 世纪 90 年代以后，随着社会经济的发展，市场经济体制逐步确立，多元化倾向促使人们正确地认识城镇与区域发展的客观联系和城镇发展建设的客观条件，城镇体系规划开始重视城镇发展条件评价，开始研究城镇发展多重机会。城镇体系规划得到了长足发展，创新很多。各级政府纷纷围绕某些制约区域发展方面的重点，编制区域内的各类区域规划，有城乡一体化、城乡规划、城市发展群、区域战略规划等，新称谓使人们无所适从，但其内在属性仍然脱离不了城镇体系规划的范畴。此外，由于对大城市规模控制的失败，《中国二十一世纪议程》修改了城市化方针，提出适当控制大城市人口增长过快的势头，发展大城市的卫星城市，积极发展中小城市与大力发展小城镇，体现了对市场的迁就与妥协。市场的发展导致资本多元化，人、物质及财富的流动更加自由，城镇发展情况更加复杂。1995 年以后，省域及以下层级的城镇体系规划广泛开展，它们都更加重视对城镇发展条件的评价，研究城镇发展的多重机会。在这个时期，城镇体系规划在方法和理论上都已经定型，“三结构一网络”（城镇规模、城镇职能、空间结构和市政交通设施网络）的规划框架得到认可。

进入 21 世纪，随着我国市场经济体制日益完善，政府职能的转变，“城市人民政府的主要职责是抓好城市规划、建设和管理”已深入人心，各级领导对城市规划、建设和管理工作十分重视，城市规划编制工作普遍开展和深化，城市规划法制不断完善，规划实施管理进一步提高，城市规划形势很好。在微观层面，市域、县域的城镇体系规划往往成为中心城市发展的辅助性规划，对中心城市以外区域的规划指导性较差，其地位受到质疑。在中观层面，许多新空间现象涌现，如都市圈、城市群、城市经济区和全球城市等，掀起了跨城市的区域规划热潮。在宏观层面，由于我国区域经济发展不平衡的格局长期存在，市场力量难有作为，因此开始第一次编制全国层面的城镇体系规划，省域层面的城镇体系规划地位进一步凸显。

在此背景下，《中华人民共和国城乡规划法》取代了《中华人民共和国城市规划法》，对城镇体系规划的范畴进行了调整，取消了直辖市层面的城镇体系规划，增加了全国城镇体系规划的内容。2005 年，中国城市规划设计研究院组织编制了第一版《全国城镇体系规划（2005—2020）》，揭开了我国新一轮城镇体系规划编制的帷幕，特别是中央关于《中华人民共和国国民经济和社会发展第十一个五年规划纲要》的颁布实施，作为规划纲要下的专业规划之一的城镇体系规划前景十分广阔，城镇体系规划肯定会有一个美好的明天。

我国城镇体系规划演变历程如表 4–1 所示。

表 4–1　我国城镇体系规划演变历程

时　　期	调控手段类型
20 世纪 50 年代至 60 年代中期	强调控
20 世纪 60 年代后期至 70 年代中期	失控（经济建设停顿期）
20 世纪 70 年代后期至 80 年代初期	指示（经济建设恢复期）
20 世纪 80 年代中期以后	调控逐步引入市场经济因素
20 世纪 90 年代初至 21 世纪	弱调控
21 世纪至今	多元调控

注：强调控：中央高度集权（包括政策、资金），区域经济发展通过国家强有力的干预实现。

弱调控：国家一般不对规划作集中处理，也不强调区域安排，各种规划由区域或城市自行编制。

多元调控：国家对规划实行统一领导，有意识地适度干预和总体协调。

4.1.3　城镇体系基本特征

城镇体系的基本特征包括以下几个方面。

（1）关联性

城镇体系内部各个城镇之间存在合理的分工合作及密切的社会经济联系，关联性是城镇体系最为重要的一个特征，它们既依赖于区域发展，又反作用于区域，促进区域社会经济的发展。城镇体系内部一个城镇或者部分城镇的变化，会通过城镇间互相制约、互相依赖的关系影响到其他城镇的发展。早在 1960 年，哈肯第一次提出城镇体系的概念时，就是源于各城镇之间的分工和联系，可以把它们当作一个系统进行相应的分析。当子系统间的关联足以束缚子系统本身，而使系统的总体在客观上显示出一定结构时，系统才能趋于有序。

（2）整体性

城镇体系是以区域内部的城镇群体作为研究对象，由城镇及联系通道等多个要素按照一定的规律进行组合而形成的有机整体。由于存在交互作用及反馈效应，其中任意一个组成要素发生变化，都可能影响到整个城镇体系的格局。与此同时，城镇体系的组成要素的相互作用还产生某些新的体系性质，这种性质不是各城市要素的性质总和，其量的整体性在于整体效益大于各要素效益之和，其质的整体性在于体系内各城镇的有机联系和结构决定，而不同于各个城镇具有新的总体功能。

（3）层次性

该特征与城镇体系内部各城镇规模及地位作用存在密切的联系。城镇体系是一个复杂的系统，一般由次级系统组成。次级系统又可能派生出许多子系统，子系统又由许多城镇组成，具有明显的层次性。这种层次性，既与城镇规模的等级序列相关，也与地域内各城镇的区域地位和作用相联系。每个层次都是较高一级层次的组成部分，而这个层次本身又是较低一级的系统，由每个层次的中心及其腹地组成。在我国，根据人口聚集的数量，可以将城镇分为超大城市、特大城市、大城市、中等城市和小城市。各级中心城市的腹地范围既有专有部分也有共有部分，因此，各城市辐射面往往交叉重叠，具有浸润性的模糊特点。

（4）动态性

城镇体系形成之后并不是长久不变的，而是随着时间的变化发生阶段性的改变，也就是说城镇体系始终处在不断发展、不断演化的过程中，当外界的环境与内在的因素变化时，都可能使城镇体系的职能组合、规模结构、空间布局等发生改变。首先对于任何一个城镇体系来说，它总存在一定环境，处于体系孕育、产生、发展、成熟、衰退和消亡的变化过程中，与外部环境之间总有物质、能量和信息的交换。其次，各种各样的人流、物流、信息流不停地在城镇体系内外流动。就城镇体系内、外流而言，前者比后者的数量大、频率高、错综复杂。城镇体系内各个城镇职能、规模及布局形态也随着地域物质、能量和信息的变化处于不断变化之中。

（5）开放性

耗散结构理论认为，系统宏观有序结构的形成和维持必须保持在开放的条件下，不断地使系统与外界进行能量和物质交换，使系统负熵流增加，迫使系统从无序向有序转化。由于商品和市场经济的发展，现代化的城镇具有开放型的特点。由于城镇体系是城镇群的有机组合，同样也必须顺应商品和市场经济的发展和体系的有序转化，形成对外开放系统。体系内不仅经常发生能量的输入和输出，而且十分注意发展横向经济联系。不仅发展地域内城镇之间的相互联系，而且也要注意发展地域之间的相互联系。

4.1.4 城镇体系规划的特点及作用

城镇体系规划作为国民经济与社会发展规划的组成部分，主要是结合国土资源开发和生产力总体布局，提出规划期人口城镇化水平、途径和城镇空间分布格局，也涉及城镇体系等级规模、职能分工、发挥中心城市的吸引辐射等问题，对城镇发展具有比较宏观的指导意义。

1. 城镇体系规划的特点

（1）地域性

城镇规划的地域性，一方面是指规划必须从自身拥有的资源赋存、技术水平、资金实力、现状基础条件等实际情况出发，绝不能好高骛远，主观随意地描绘发展蓝图；另一方面，城镇的发展不是孤立的，它作为乡域、镇域的经济中心，是大城市与乡村联系的中间环节。城镇的发展规划离不开大城市对它的辐射带动作用，同样也更需要其所根植的广大农村为它提供充足的原材料、劳动力和发展空间。任何一个城镇的建设和发展都不能脱离区域经济这个大背景，前者因后者而产生和发展，后者是前者发展的基础和腹地。

（2）综合性

城镇在规模上与大中城市相比虽然较小，但正所谓“麻雀虽小，五脏俱全”，城镇也是一个复杂的动态开放系统，由众多的子系统组成，如经济系统、基础设施系统、生态环境系统、科教文化系统、社会系统及防御安全系统等。各个子系统都有自身的发展要求和发展规律。这些子系统的发展和完善，是整个城镇现代化建设中不可缺少的有机组成部分。可见，城镇规划是一项综合性很强的规划，其重要任务是尽可能地协调并满足各子系统在发展中的合理要求，服务于各子系统，促进各子系统的健康发展，以达到整个城镇的经济、社会发展与人口、资源、环境的协调、可持续发展。

（3）政策性

城镇规划关系到城镇各行业及广大居民的切身利益，政策性很强，必须体现国家和地方的相关政策。尤其是规划中关于城镇性质、规模、布局、发展方向、产业配置、用地安排等内容，都不是单纯的技术和经济问题，它直接关系到国家或地区的生产力发展水平和人民生活水平，关系到城乡关系的和谐和城镇化的健康发展等一系列政策问题。

（4）前瞻性

城镇规划是对城镇未来发展的预见和安排，这要求规划必须要有前瞻性。城镇作为一个开放的动态系统，影响其发展的因素众多而复杂，包括社会、经济、自然、政策、文化、技术等。尤其是在新的经济全球化背景下，市场经济条件的变化更为复杂，要科学预测未来发展情景，就显得更加艰巨而不确定，这就要求城镇规划要认真探索和尊重城镇发展的客观规律，并密切结合城镇发展的现实情况，在许多影响因素难以明确的情况下，规划要留有余地，以便适应未来经济社会的多样化发展。

2. 城镇体系规划的作用

（1）城镇体系规划是城镇建设和管理的龙头

城镇规划是规划编制机构根据当地的经济、社会发展目标和客观规律，对城镇在一定时期内的发展建设高瞻远瞩所做出的综合部署和统筹安排，是各项土地利用和建设必须遵循的指导性文件。它站得高、看得远、涉及面广，具有全局性、综合性、系统性、科学性和可持续发展的显著特点，是政府根据法定程序制定的关于城镇发展建设的最直观的蓝图和指南。因此，在市场经济条件下进行现代化城镇建设更需要切实加强和充分发挥规划的龙头作用和地位。

（2）城镇规划是国家对其发展进行宏观调控的手段之一

在市场经济条件下，由于建设项目投资的多元化、多样化，单靠计划来进行宏观调控的办法已经不能适应，城镇中任何要素的作用都需要与市场机制的运作相结合才能得到发挥。

在市场机制运行的过程中有必要建立诸多“游戏规则”，这些规则并非市场的对立物，恰恰是为了保障市场的有效运行，可见这些规则本身是市场发展的产物。城镇规划也是这些规划中的一个，因此，城镇规划在本质上是国家制度的一个组成部分，是为维护社会发展和稳定服务的；同时基于对“市场”的认识，国家从社会利益出发对市场进行干预，城镇规划便又是其可以利用的一种手段。在这种意义上，城镇规划是国家对城镇发展进行宏观调控的手段之一，也有利于制约市场经济发展过程中在建设项目方面盲目性、利己性及单纯经济效益与眼前利益的倾向和行为。

（3）城镇规划具有优化资源配置的作用

节约和合理利用城市土地及空间资源是我国城市规划工作的基本原则，综合考虑全局与局部、近期与远期、发展与保护、地上和地下等各个方面的关系及经济效益、社会效益、环境效益、生态效益，进行多方案比较、可行性研究和科学论证，经过优胜劣汰，筛选出合理可行的最佳方案，是城乡规划本质的经济效益，减少不必要的浪费和失误。因此，城镇规划对城镇用地和各项建设而言，具有点土成金、引导投资、指点开发、变废为利、优化利用空间资源的能动作用。在市场经济条件下，对政府有效地把握城镇发展和开发建设的取向、尺度、时机和策略，指导投资者、开发商、建设单位正确地进行投资、开发和建设，获得比较好的回报，具有十分重要的意义。

（4）城镇可持续发展有赖于加强规划的整体调控

城镇可持续发展涉及合理的城镇规模、建设用地的集约化、资源再生、环境保护等诸多方面，其根本宗旨是立足长远、渐进发展、保持自然，达到城镇体系内的生态平衡。目前，我国的城镇可持续发展已经面临严重考验，东中部一些城镇的生态问题已给当地的经济社会发展、居民生活造成了很大的影响。要改变这一状况，必须加强规划的整体调控，尤其在全国各地城镇建设步伐明显加快，一个大投入、大建设、大发展的热潮正在形成之时，一定要坚持可持续发展的原则。

（5）城镇规划是政府部门管理的法律性文件

近年来，我国城乡规划法规体系不断健全，使我国城乡规划工作有法可依，走上了法制化的轨道。批准的城镇规划具有法律效力，是保护城镇历史文化、自然环境等的有效手段。在市场经济条件下，由于开发商和投资者受经济利益驱动，追求高经济效益、利己性和商业化倾向，不仅难以为社会提供公益设施，甚至还要挤占风景名胜、文物古迹、园林绿化、市政道路、文化用地等优势资源。通过城镇规划的规范性、强制性和约束力来规定开发商和投资者的行为规则，就可以起到保护城镇的历史文化、自然环境和社会公益事业的作用，保证城镇的各项建设事业全面、合理、有序地健康发展，提高城镇的整体素质，完善城镇的整体功能。

4.2 城镇体系组织结构模式

城镇体系是一定地域范围职能各异、规模相等的一系列城镇，在经济上互相联系，生产上分工协作，发展上相互协调，是形成地域经济综合体的核心部分，也是地域内外自然经济、社会和政治多种因素综合作用的结果。地域城镇体系的组织结构主要包括等级规模结构、地域空间结构、职能组合结构和网络系统结构。

4.2.1　等级规模结构

所谓地域城镇体系的等级规模结构，即城镇体系内上下不同层次、大小不等规模的城镇在质和量方面的组合形式。地域城镇体系规划最重要的任务之一，即合理安排各级城镇的数量，使整个体系得到有机协调的发展。根据我国不同类型的城镇化地区，地域城镇体系的等级规模分布具有明显不同的特征。

1. 弱核型城市体系

以东营市域体系为例（见图 4–2），山东省东营市域位于渤海湾黄河入海尾间摆动的扇形

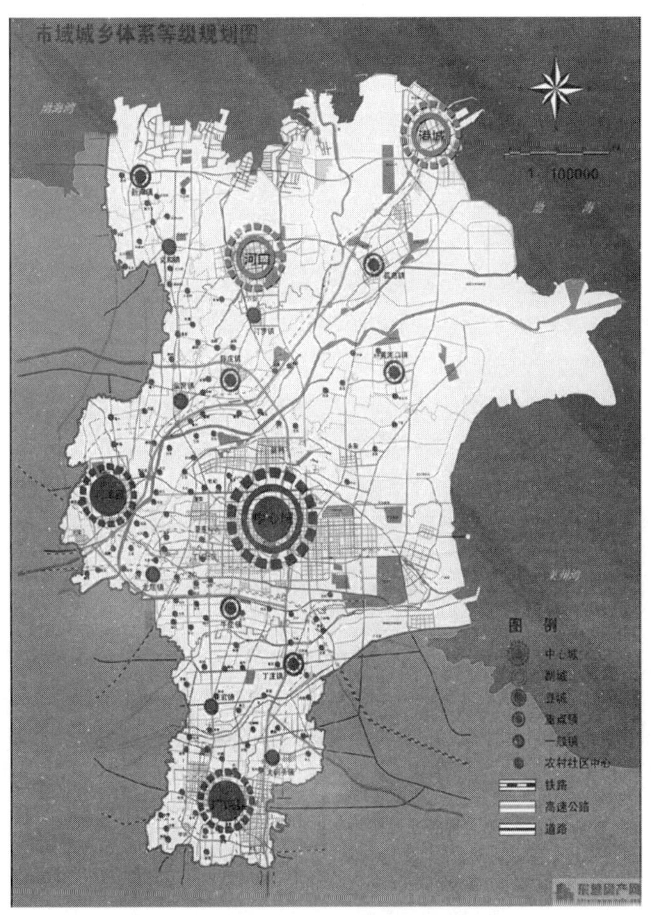

图 4–2　东营市域城乡体系等级规划图

地带，是我国第二大油田分布地区。由于地域开发历史较晚，目前正处于地域城市化前期。地下矿藏开采是地域城镇体系形成和发展的根本因素，交通线的建立是地域城镇发展的先导。现代城市仅东营市一个，城镇数量少，而且规模也相当小。

2. 首位城市型城市体系

（1）单核体系

以烟台市域体系为例，烟台（见图 4–3）位于山东半岛，城镇历史悠久，农业发达，是我国以行政中心为主的城镇体系类型，城镇化已进入向大城市发展的时期。整个地域陆路交通为尽端式布局，海上运输形成了整个地域得天独厚的交通优势。这种面向海洋、背靠腹地的开敞区域态势，制约了地域城镇体系的形成和发展。早期行政中心的设立对城镇的发展曾有深刻影响，而其对今后的影响将逐步消失。现状城镇体系等级规模系列以烟台市为中心，环绕 116 个城镇，城市首位度达 5.62，今后城镇布局、交通优势、地域劳动分工、市场经济对于地域城镇体系的等级规模系列的形成将起综合作用，等级规模特征将趋向于小城市发展时期，但中心城市烟台仍占主要地位。

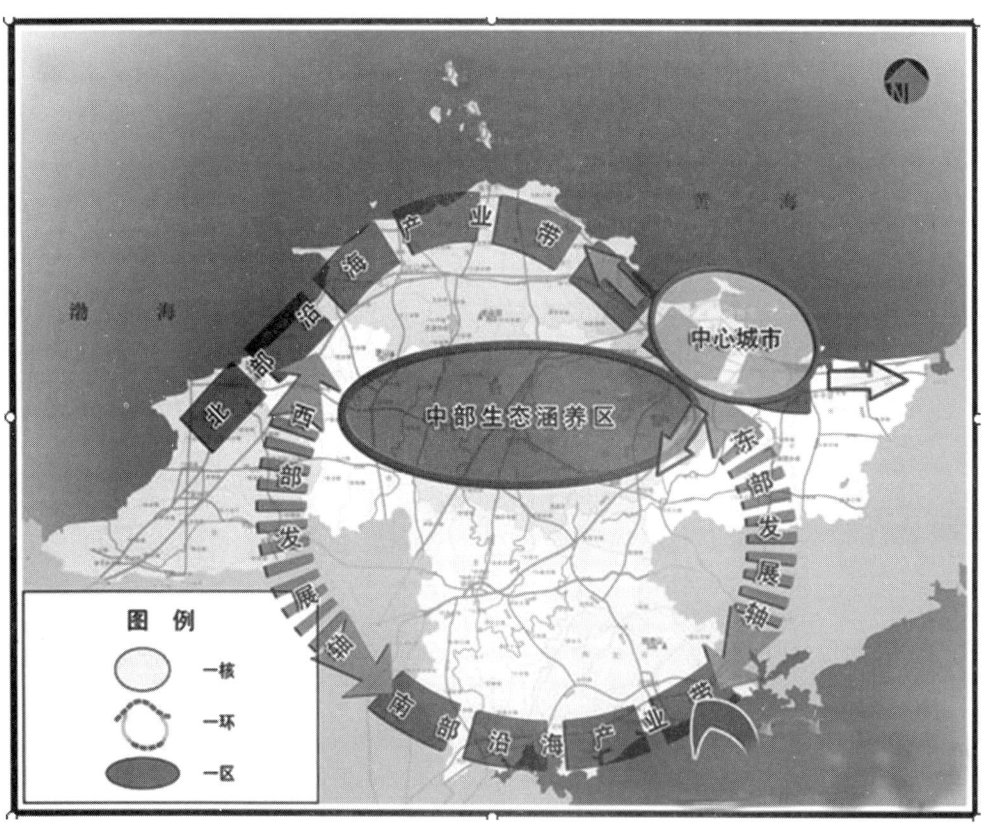

图 4–3　烟台市域图

（2）强核体系

以上海城镇体系为例（见图 4–4），上海是我国最大的经济中心，也是我国重要的交通枢纽、科学文化基地和外贸基地。长期以来，城市经济由核心向外辐射，生产、技术、通勤和经济的联系密切，本区已经形成了一个相对完整的城镇体系。

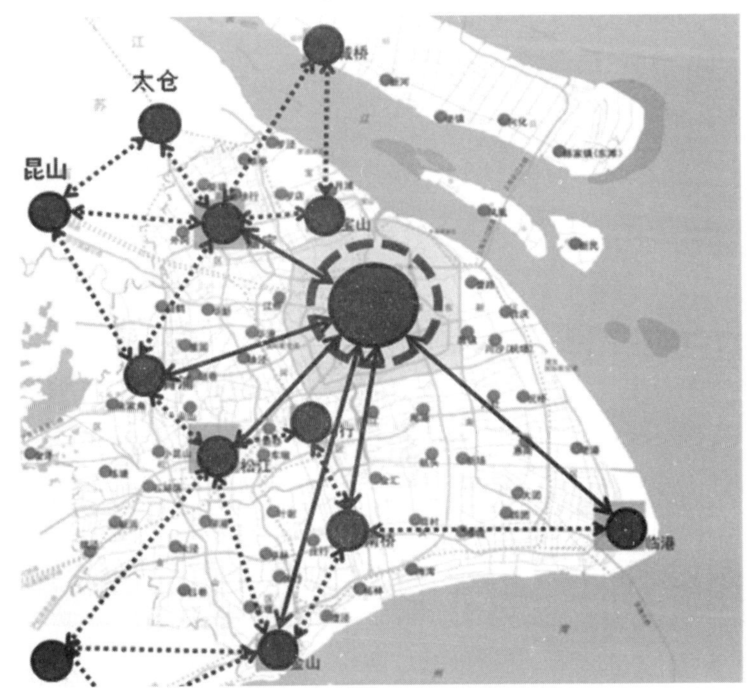

图 4–4　上海城镇体系

3. 均衡型城市体系

（1）单心多核体系

这里以珠江三角洲城镇体系为例。“珠三角”概念首次正式提出是在 1994 年 10 月 8 日，广东省委在七届三次全会上提出建设珠江三角洲经济区。“珠三角”最初由广州、深圳、佛山、珠海、东莞、中山、江门 7 个城市和惠州、清远、肇庆三市的一部分组成。后来，“珠三角”范围调整扩大为由珠江沿岸广州、深圳、佛山、珠海、东莞、中山、惠州、江门、肇庆 9 个城市组成的区域，这也就是通常所指的“珠三角”或“小珠三角”。“小珠三角”面积为 24 437 km^2，不到广东省面积的 14%，人口为 4 283 万人，占广东省人口的 61%。后来香港和澳门先后回归祖国，2003 年 7 月泛珠江三角洲地区概念（即知名的“9+2”经济地区概念）在国内正式提出来，“泛珠三角”包括珠江流域地域相邻、经贸关系密切的福建、江西、广西、海南、湖南、四川、云南、贵州和广东 9 省，以及香港、澳门两个特别行政区，简称“9+2”（见图 4–5）。“泛珠三角”面积为 200.6 万 km^2，户籍总人口为 45 698 万人，GDP 总值为 52 605.7 亿元。其中，9 省区面积占全国的 20.9%，人口占全国的 34.8%，GDP 总值占全国的 33.3%。

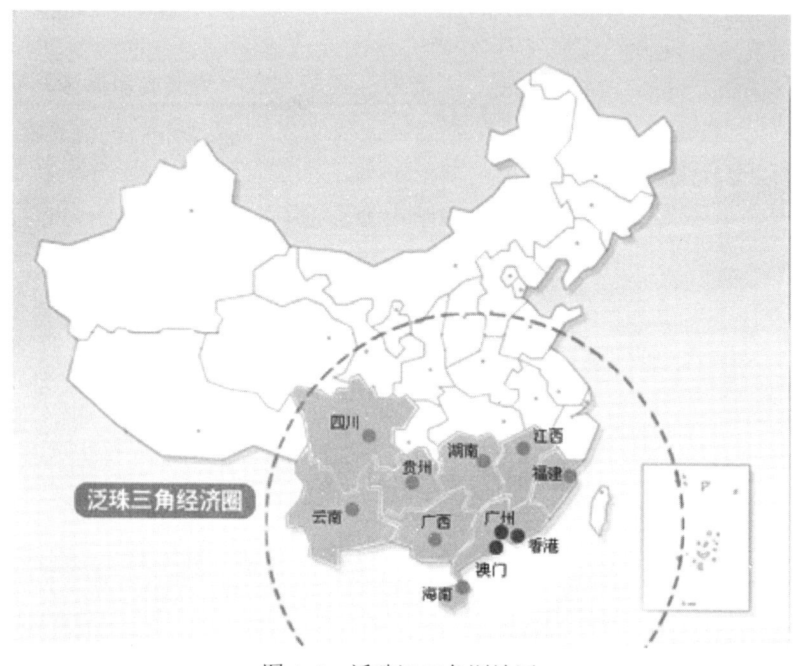

图 4–5 泛珠江三角洲地区

珠江三角洲城镇体系的特征可描述成以广州、深圳为龙头，一批大中城市为骨干，以遍布三角洲内的中小城镇为依托，利用发达的交通网络连通广大城乡范围的城镇一体化格局。珠江三角洲内城市群的空间分布格局由内圈层和外圈层组成。内圈层面积只占三角洲范围的 1/4，而人口却占一半以上，人口密度达到 1 000 人/km^2。该层集中了三角洲内大部分的大城市、海港、机场、铁路和高速公路等基础设施，经济比较发达，金融、外贸、房地产等第三产业活跃，成为珠江三角洲高新技术产业、城镇发展的核心地带及对外联系枢纽。外圈层在经济发展水平、大城市个数、交通设施等还不如内圈层，但具有土地资源和旅游环境的优势。该层承担了三角洲经济区与内地的联系及向周边扩散和辐射的功能，也是内圈层持续发展的回旋余地。内圈层与外圈层之间形成发展走廊。

珠江三角洲由 3 大都市区组成：① 中部都市区。以广州市为中心，包括佛山市、肇庆市等，是联系全国、全省的铁路干线、公路干线、航空、港口的交会点，也是三角洲与外界联系的交通枢纽和门户。② 东部都市区。以香港–深圳市为中心，包括东莞市、惠州市等，外向型经济发达，是全国对外经济联系的“窗口”和最大的出入口岸，也是珠江三角洲经济走向国际化的前沿地带。③ 西部都市区。以澳门–珠海市为中心，包括中山市、江门市等，是全国著名的侨乡，也是华南商品农业生产基地，自然资源和人文资源都比较丰富，航运和海运条件好。三大都市区内部组织和结构都由核心区和外圈区组成，通过发展轴线连成一个整体。

（2）多核型城市体系

以苏锡常城镇体系为例，苏锡常（见图 4–6）是指沿袭吴文化传统的苏南 3 座城市，即苏州、无锡、常州，地处太湖流域和长江入海口的金三角地带，物产丰富，交通方便，历史悠久，经济繁荣，文化发达，工业基础雄厚，是我国人口高度稠密、经济最富庶的地区。过去尽管行政中心的设置，陆路交通网的布局对地域城镇的发展起过重要影响，最近市场经济对地域城镇的规模系列将起到决定性作用。现城镇体系发展处于中等城市迅速增长时期。

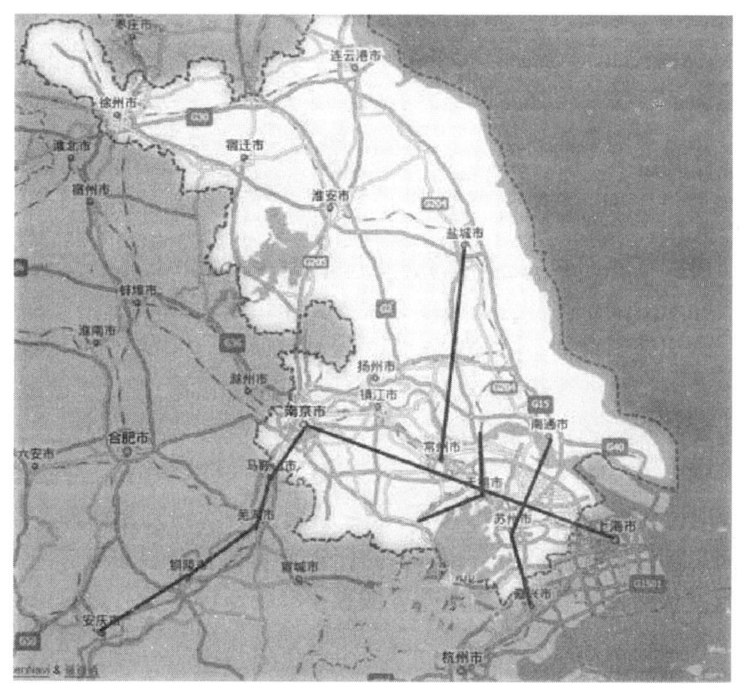

图 4–6 苏锡常地区

从地域城镇体系发展历程来看，具有弱核体系、单核体系、单心多核体系、多核体系和强核体系 5 个不同的发展阶段，体系内城镇的等级–规模分布具有以小城镇发展、大城市发展、小城市发展、中等城市发展和均衡发展的基本特征（见表 4–2）。

表 4–2 地域城镇体系等级–规模分布特征

城镇化时期	特 征
城市化前期	不仅城镇数量少，而且一般规模小
大城市发展时期	虽然各级城镇的数量和规模可能都有增加，但相对来讲，少数地理位置优越的城镇更快地发展起来，在相当长时期内形成大城市人口集中增长的趋势，形成几个首位城市

续表

城镇化时期	特　征
小城市发展时期	小城市得到充分发展，但大城市仍占主导地位
中等城市发展时期	中等城市迅速增长
均衡发展时期	大中城市人口增长速度逐渐放慢至低于城镇人口增长的平均速度，小城市、小城镇人口比重呈上升趋势，城镇体系发达

4.2.2 地域空间结构

所谓城镇体系的地域空间结构，是指城镇体系内各个城镇在空间上的分布、联系及组合状态，一般从分布密度、连接形式和空间形态特征 3 个方面来表示。城镇体系空间布局是区域自然环境、经济结构和社会结构在空间上的一种投影，反映了一系列的规模不等、职能各异的城镇在空间的组合形式（低水平均衡阶段、集合发展阶段、集聚扩散阶段、高水平网络化发展阶段）。城镇体系空间规划布局的具体工作就是把不同职能和不同规模的城镇落实到空间，综合考虑城镇与城镇之间、城镇与交通网之间、城镇与区域之间的合理结合。

由于城镇体系的发展机制表现在集聚与辐射两个方面，城镇体系布局形态分为集中和分散两类。其中集中又可分为集中型、集中–分散型，分散也可分为分散型和分散–集中型多种。

1. 集中的地域空间结构

集中布局式城镇体系地域空间结构，其发展仅仅看作核心城市的扩大，近远郊工业区和工业交通城镇的增加城市用地集中而封闭，中心城市相对稳定。集中–分散型布局式城镇体系地域空间结构注意地域经济的均衡发展，把地域城镇的发展看作数量的增加，并结合现代交通和大型配套企业布局城镇，布局以集中为主，集中之中又注意分散中心城市的压力。

（1）集中块状结构

城市中心区和外围功能区组成单块集中紧凑用地，卫星城镇相对不发育，这类城市空间结构最为紧凑，一般是新城围绕核心区呈圈层扩展而形成的，如沈阳、北京（见图 4–7）等。

（2）连片带状结构

由于河谷、滨海地带等自然条件的影响，城市中心区和外围功能区连片向两侧拉长，卫星城镇和其他方向的外围功能区均不发育，如哈尔滨、兰州（见图 4–8）等。

（3）连片放射状结构

由于自然条件或者交通条件等因素限制在各个方向表现出不确定性，导致城市外围各种功能区围绕中心区呈不均等连片集结，若干方向较为发育，若干方向较为不发育，总体呈放射状，如合肥（见图 4–9）。

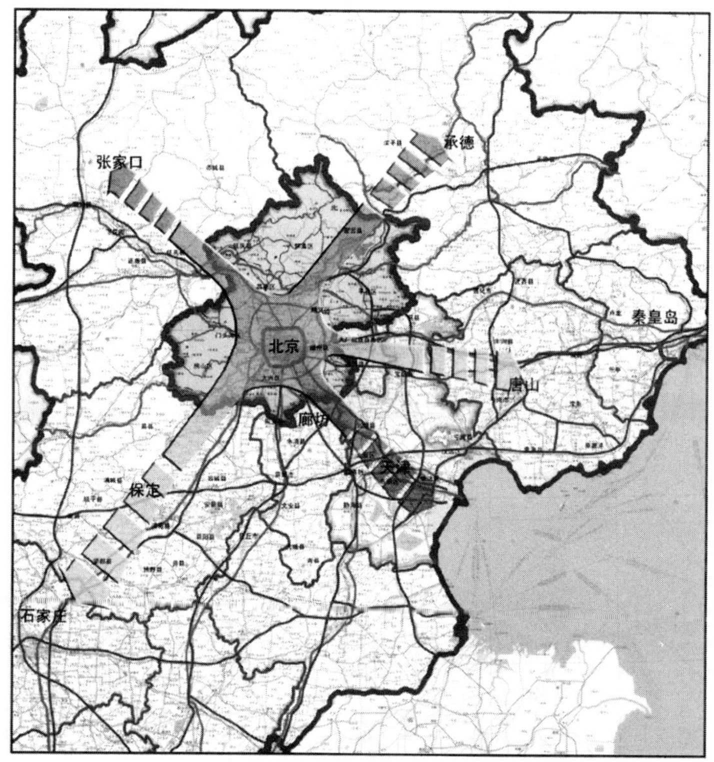

图 4–7 北京空间布局规划图

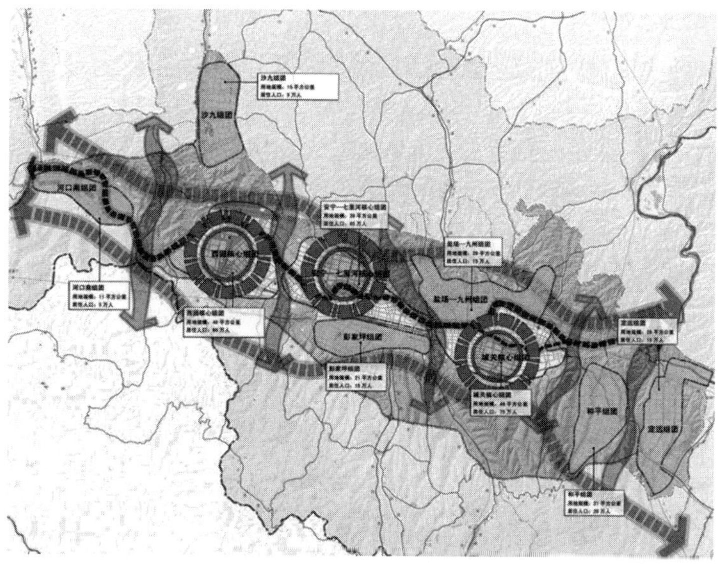

图 4–8 兰州空间结构规划图

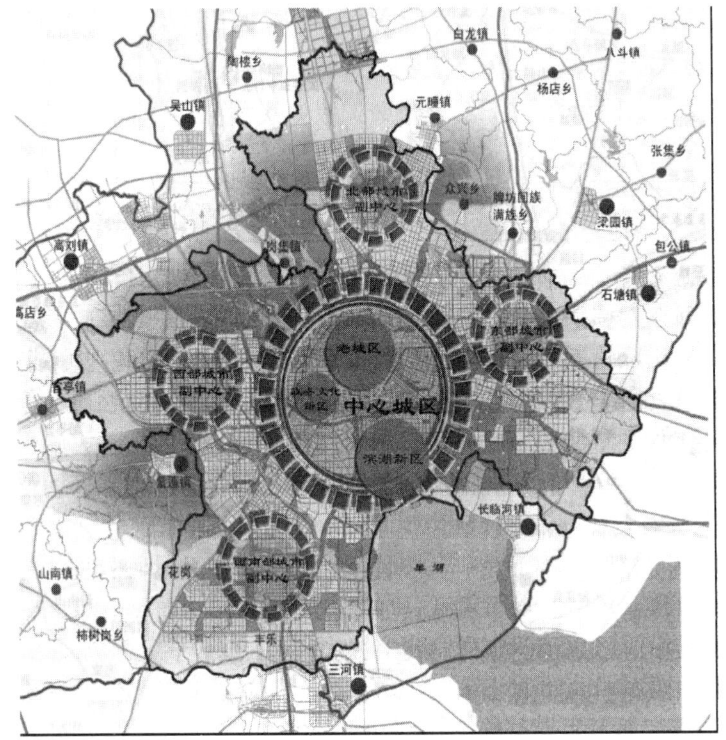

图 4–9 合肥空间布局规划图

2. 分散的地域空间结构

分散布局城镇体系改变了过去地域城镇体系集中型发展的一般概念，是“梯度理论”“超越理论”等地域经济发展模式的具体体现，把地域内城镇的发展视为地域经济空间的梯度变异，要么“浸润发展”，要么“跳跃发展”，建立在现代交通流、信息流、资本流基础上，呈轴向或群集的城镇体系发展模式，其布局形式分为分散型和分散–集中型两种。

（1）双城结构

城市中心区分置于两个独立地块，各自形成了特定的外围功能区。这主要是由于城市发展政策和工业布局等而形成的空间格局，如湛江和包头等。

（2）一城多镇结构

城市中心区和部分外围功能区形成中心城区，另一部分外围配置在相应的卫星城镇中。主城区是城市的经济、文化、政治中心，而卫星城镇则具有某种专业职能，如连云港、个旧等。

（3）分散型城镇结构

集中的城市为分散的若干核心城镇所替代，各类外围功能也分置于各自的核心城镇和卫星城镇。这类城市的空间格局最为松散，如淮南和大庆等。

（4）带卫星的大城市结构

城市中心区的外围功能区高度集中发育，并在城市周边地区逐渐形成较为发展的卫星城镇。这是城市规划干预和引导城市发展而出现的一种典型的城市空间格局，如上海等。

综上所述，我国城镇体系的地域空间布局结构已表现为单一中心到主次中心、多中心组群结构，由自给自足封闭型转为有机联系开敞型结构的变化趋势。城镇体系地域空间结构规划布局究竟采取何种空间结构形态，需根据各地地理条件、经济和社会发展基础、生产力发展水平和各类城镇的性质与规模等进行具体的论证。

3. 变异型城市体系

近些年来，一些城市密集地区正在经历着城市体系结构的质变，走廊城市和网络城市得到发展。这类城市的发展主要在于高效的基础设施走廊将知识密集中心和大都市联系在一起。一方面，城市体系的地域空间结构开始形成“走廊式城市（corridor cities）”结构。这些新城市区已经不是明显的核心，而是多中心的城市蔓延地区；另一方面，由于多中心结构的演变，这些城市体系被认为是一种新兴的“网络城市”。这种网络城市的不同节点结合形成独一无二的弹性交流环境。经济学家将网络城市看成是一种市场区域竞争的异质产物。它们的多中心结构和功能弹性滋生出新的垄断优势。

4.2.3 职能组合结构

城镇是地域经济发展的产物，其职能和类型反映了地域经济发展的特点，不同的地域发展条件、发展基础和发展过程，导致了地域城镇体系内城镇职能类型组合的地域差异。地域城镇职能类型组合是地域特定时期固定的经济布局和人口移动规律共同作用的结果，与地域城镇化进程和地域劳动分工深度密切相关。按行政等级和管辖范围可以分为全国、省域、市域、县域城镇体系类型。此外，还有以特殊的地理区域和经济区域为对象的，如沿海、沿江、边境地区城镇体系类型等。

城市有不同的等级，不同的等级意味着不同的分工。城市的等级是由市场决定的。不同的城市等级有不同的服务功能。按照新古典经济学理论，大城市尤其是特大城市国际交易成本比较低，它的主要作用是国际交易的平台。中等规模的城市是区域交易的中心和增长极，在区域经济发展中具有中心城市的作用。小城市是周边集镇的交易平台，集镇又是周边农村农副产品的交易平台和服务中心。

按照区域的经济类型，我国地域城镇体系的城镇职能类型组合分为以下几类。

（1）行政中心型城市体系

该类型城市主要由行政区的中心组成，以大城市、特大城市为中心，中等城市为主体，小城市为依托与郊区工业镇、远郊卫星城镇结合的以现代工业发展为主体、乡镇为基础的城镇体系。

（2）矿产资源型城市体系

该类型城市体系一般都是由矿产城市组成的，其职能类型组合相对简单，不仅表现在各城镇本身职能单一，而且城市经济结构以采掘为主，城镇间职能分工与协作相当脆弱，并且在同等城镇中职能雷同者占多数。

（3）农业型城市体系

在农业发达地区，地域城镇体系的职能类型组合多具有二元化特征，一方面它承袭了旧中国遗留下来的地方行政中心，另一方面它接受了现代交通、科学技术及乡镇企业发展带来的冲击遗存。总的看来，这类地区职能类型组合比较完整，行政中心、集市贸易城镇和以农副产品加工为主的城镇占多数，它们之间除了上下之间联系密切外，左右分工协作一般都很差。

（4）加工工业型城市体系

加工工业型地域城镇体系的职能类型组合比较复杂，不仅表现在上下级城镇的联系密切上，而且城镇间的横向联系和协作分工也相当完善。如上海地域城镇体系，已经建立了比较齐全的工业门类和方便的协作联系，并且发展成为我国的经济、科技、文化中心之一和重要的国际港口城市。城镇职能类型组合以加工型卫星城镇为主体。

（5）边境型城市体系

跨越城市的出现使沿边界地带经济日渐活跃，与全球经济系统连接起来。促进这种类型城市体系发育的主要因素是边境城市在不同社会制度、不同经济发展水平下形成对商品和服务交换的支配，在边境地区迅速发展成为移民区，它的主要城市为外来商品和服务进入边境的门户，这样的门户城镇也迅速发展起来。以深圳为例（见图 4–10），紧邻香港的区位优势，新兴产业不断崛起，综合经济实力雄厚，外贸出口强劲，国际化程度不断强化，城市规模超常增长，市场经济发展程度高等，但从长远角度来看，《深圳 2030 城市发展策略》认为

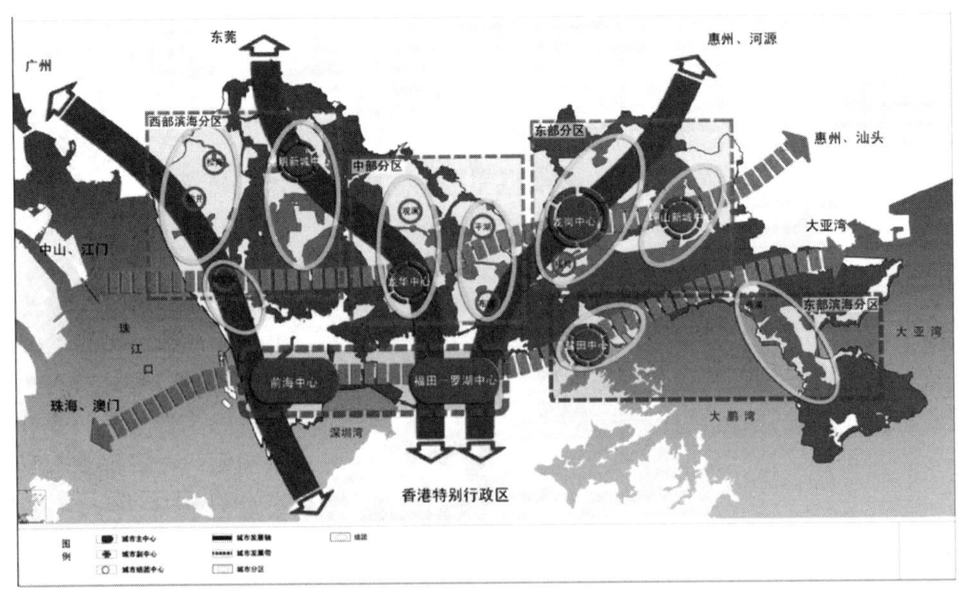

图 4–10　深圳市城市总体规划

深圳将会面临着城市发展模式与空间资源有限的矛盾，城市发展面临着激烈的区域竞争和生态环境压力，提出在未来 30 年着力“建设可持续发展”的先锋城市这一战略定位。根据这一发展策略还提出第二轮基础设施网络建设计划，如生态计划——建设宜居型生态城市；重塑计划——优化城市空间、改善城市发展环境；海湾计划——彰显滨海城市特色；新城计划——改善城市二元结构、整合优化城市空间、推进产业结构升级；深港双城计划——依托香港，走向国家化和共同繁荣；自东部发展计划——建设国际休闲旅游度假区等。

（6）跨国型城市体系

跨国型城市体系的发展主要在于制造业和专门服务业的主要公司的分支机构的多国网络化。由于跨国公司服务企业已经发展成包含专门化的地理和机构联系的巨大多国网络，使得跨国公司和银行能够使用这一网络为使用者提供服务。一方面，跨国公司的分支结构和市场在全球经济一体化条件下需要利用发达的信息和通信技术；另一方面，规模经济原理使不太多的跨国公司的地位进一步加强，并在一些关键区位加强了公司间的横向联系。许多这类公司发展到能够控制国家和国际市场关键份额的地步。此外，由于外国直接投资服务业的快速增长，也进一步促进了这类公司总部的高度集聚化。例如，北京市在 2005 年 1 月 12 日通过《北京城市总体规划（2004—2020）》，提出“两轴–两带 多中心”空间结构和以交通为导向的土地利用的开发模式（见图 4–11），其中“多中心”就是指北京市域范围内建设多个服务

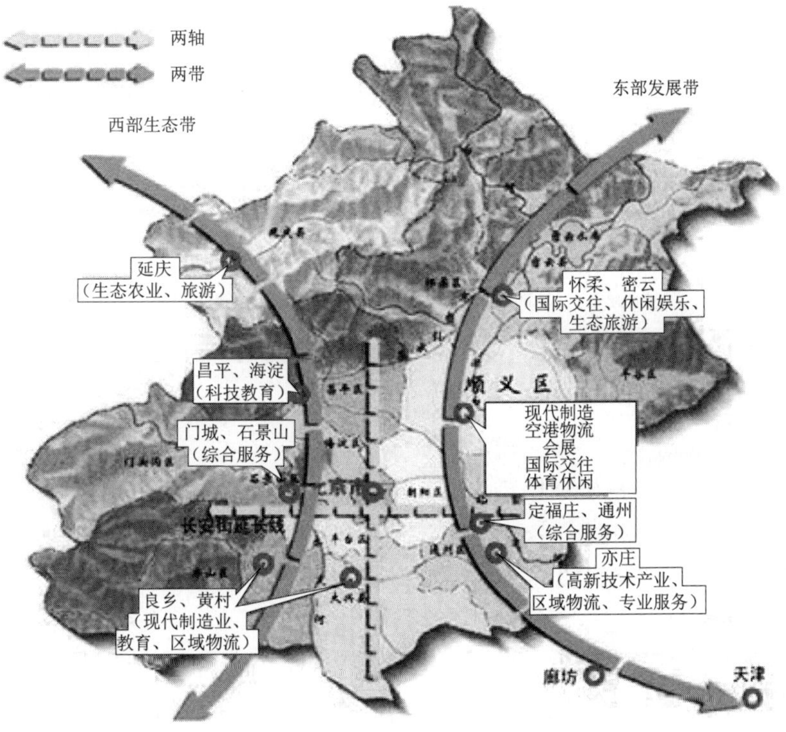

图 4–11　北京发展模式——两轴、两带、多中心

全国、面向世界的城市职能中心，它们包括中关村高科技核心区、奥林匹克中心区、中央商务区、海淀山后地区科技创新中心、顺义现代制造业基地、通州综合服务中心、亦庄高新技术产业发展中心和石景山综合服务中心八大城市职能中心区。

4.2.4 网络系统结构

由于社会分工和商品经济的发展，出现了工业和商业，在地理空间上形成了社会经济活动中的焦点，产生了近现代城市和城镇体系。这个城镇体系在规模结构上有大、中、小城市，在生产上有综合性的城市和以某种职能类型为主的城市，在影响范围上有全国性的、区域性的、地方性的中心城市和小城镇。但是由于土地、自然资源、人口是面状分布的，社会经济活动不可能都集中在一地，在城乡分离、城镇之间、城市之间的经济联系形成一种上下有机联系、左右分工协作的网络系统结构。由于社会经济联系和性质上的不同，地域城镇体系的网络系统结构呈现多种形态：有发生在过程中的，也有发生在流通过程中的；有从上到下的纵向联系，也有经济单位之间的横向联系。城镇体系规划最终的目的就是要形成城乡通开的网状有机开放系统。所谓地域城镇体系的网络系统，即是指在社会再生产过程中，围绕不同经济中心开展经济活动所形成的城乡通开的网状有机系统。

地域城镇体系的网络系统组织大致可以分为以下几种。

（1）产业经济网络

在地域城镇体系内，各城镇工业企业按照自愿、平等、互利和扬长避短，择优发展的原则统一布局，制订产品开发计划，实行行业对口领导，以骨干企业为依托发展城乡企业之间的多种形式的经济联合，有组织、有步骤地走向县城、乡镇扩散城市工业或县城、城市集聚深度加工工业。例如，内蒙古兴安盟乌兰浩特市，水土资源丰富，生物资源种类繁多，生态环境优良，是一块绿色天然的净土，为食品工业尤其是绿色食品加工提供了良好的基础。国家农业部发布的《全国优势农产品布局规划》中将兴安盟列入了优质专用小麦、专用玉米、高油大豆、肉羊肉牛和奶牛 5 个优势带，兴安盟食品工业（食品制造业、食品加工业和饮料制造业）已经形成了一定基础，产业经济网络可以按照种植业和养殖业与相关乳业、食品加工、医药制造、服装制造等行业进行组织，形成种植业产业链和养殖业产业链。

（2）交通运输网络

交通运输是沟通城市间生产和流通的先决条件。地域城镇体系规划布局应建立以城市为中心，小城市为节点，形成一条运输通道、城镇之间及城乡之间紧密联系的有机整体，成为地域经济的先导网络。城镇间运输网络具有多种形式（见图 4–12），运输网络布局在适应地域城镇发展的同时，布局最便捷的网络具有多种网络系统。

（3）区域间商品流通网络

地域城镇体系规划布局将城乡两大市场有机地结合起来，按经济合理流向形成以城市为依托，重点集镇为骨干，大、中、小城镇的多层流通网络系统，城镇体系的网络系统规划也在于组织好地域城镇体系内商品批发流通和集市贸易两个网络。

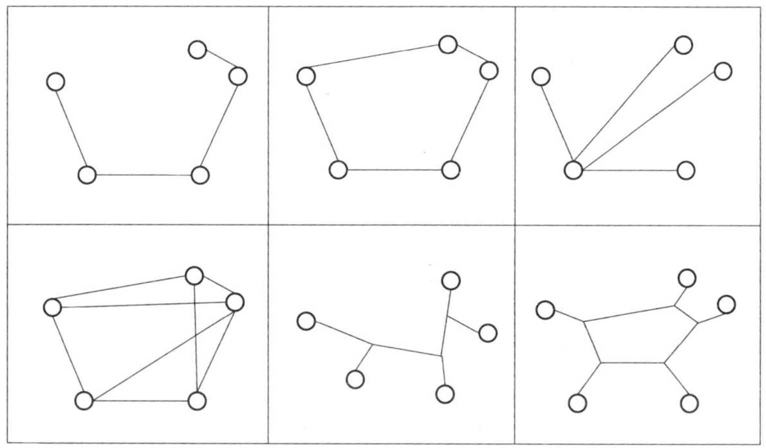

图 4-12 城镇间运输网络图式

（4）城镇网络

城镇网络规划，就是按照国家和地方国民经济和社会发展的总要求，从市域的具体条件出发，在全市范围内，按照城镇总体规划要求，确定各自城镇的发展方向、城镇性质、城镇规模和总体布局等，并综合成为一个以中心城市为依托，以各级城镇为节点，组成经济上相互联系，职能上互有分工，规模上具有等级系列特征的综合城镇体系网络。此外，地域城镇体系规划应逐步建立、健全文化教育和医疗卫生网络。在有条件的地区也可组建城乡信息网和金融网络，形成一个城乡通开、有机联系的城镇网络系统。

4.3 城镇体系规划编制与内容

4.3.1 城镇体系规划编制内容及基本原则

城镇体系规划编制的目的是综合评价城镇发展条件，制定区域城镇发展战略，预测区域人口增长和城市化水平，拟定各相关城镇的发展方向与规模，协调城镇发展与产业配置的时空关系，统筹安排区域基础设施和社会设施，引导和控制区域城镇的合理发展与布局，指导城市总体规划的编制。

城镇体系规划一般应包括下列内容：① 综合评价区域与城市的发展和开发建设条件；② 预测区域人口增长，确定城市化目标；③ 确定本区域的城镇发展战略，划分城市经济区；④ 提出城镇体系的功能结构和城镇分工；⑤ 确定城镇体系的等级和规模结构；⑥ 确定城镇体系的空间布局；⑦ 统筹安排区域的基础设施、社会设施；⑧ 确定保护区域生态环境、自然和人文景观及历史文化遗产的原则和措施；⑨ 确定各时期重点发展的城镇，提出近期重点发展城镇的规划建议；⑩ 提出实施规划的政策和措施。

城镇体系规划基本原则包括：

① 有利生产、方便生活、促进流通、繁荣经济，使各项建设合理分布和协调发展；

② 合理用地、节约用地，充分挖掘原有小城镇用地的潜力，严格控制占用耕地；

③ 从实际出发，制定建设标准，合理利用现有设施，逐步改造提高；

④ 近、远期相结合，以近期为主，提高近期建设规划的完整性和对远期发展的适应性；

⑤ 保护环境，防治污染，消除公害，创造良好的生态环境；

⑥ 结合自然条件、历史文物和传统特色，创造优美协调、具有地方风格的小城镇景观。

4.3.2 城镇体系规划编制流程

1. 编制阶段划分

城镇体系规划的编制流程与区域规划、城市规划相似，可以分为以下几个阶段。

（1）规划工作准备阶段

规划工作准备阶段包括：组织规划队伍，规划内容分工负责；收集基础资料，查阅规划区域的背景资料；选择与规划区域相适应的规划理论和方法，准备调查提纲和表格，准备区域的工作底图，供实地调查和方案构思用。

（2）实地考察与收集资料阶段

根据城镇体系规划编制所包括的范围和特点不同，实地考察与调查可分为全调查、抽样调查、典型调查和案例调查。收集资料的方法主要有访谈法、问卷法、观察法等几种。

（3）分析预测阶段

分析是在实地调查、收集资料和访问座谈的基础上，对城镇体系历史、现状、区域发展条件、城镇建设条件等进行分析，分析现状、特点和存在的问题，总结城镇发展的历史过程、发展的优势条件等，并进行城镇发展条件综合评价。预测的内容包括人口劳动力预测、区域城镇化预测、区域发展方向预测、区域产业发展战略预测、资源利用需求预测、交通运输预测及城镇体系远景发展预测等。其中，前两项是城镇体系规划的基础条件。

（4）规划方案的构思阶段

先确定城镇体系的规划目标、规划原则、规划指导思想，然后再对城镇体系规划的基本内容提出意见与建议。城镇体系规划的基本内容即城镇体系组织结构的规划布局，包括城镇体系的职能类型结构、规模等级结构、空间结构。

（5）评估阶段

与有关部门协调规划方案、编写规划报告和编制规划图件阶段。在多种方案汇报和系列图件绘制的基础上，组织专家对方案的合理性与科学性进行评审。

（6）规划成果编制阶段

通过专家评估后，城镇体系规划就可以进行成果编制及制作。城镇体系规划成果要按照住房和城乡建设部《城镇体系规划编制审批办法》第十五条的要求编制文本、图件、说明书和基础资料汇编。

（7）规划成果实施阶段

城镇体系规划成果经上级人民政府批准后，应促进编制单位进行规划成果宣传和普及教育，认真实施规划文本中的各项条款。

2. 编制流程

一般而言，城镇体系规划流程如图 4–13 所示。

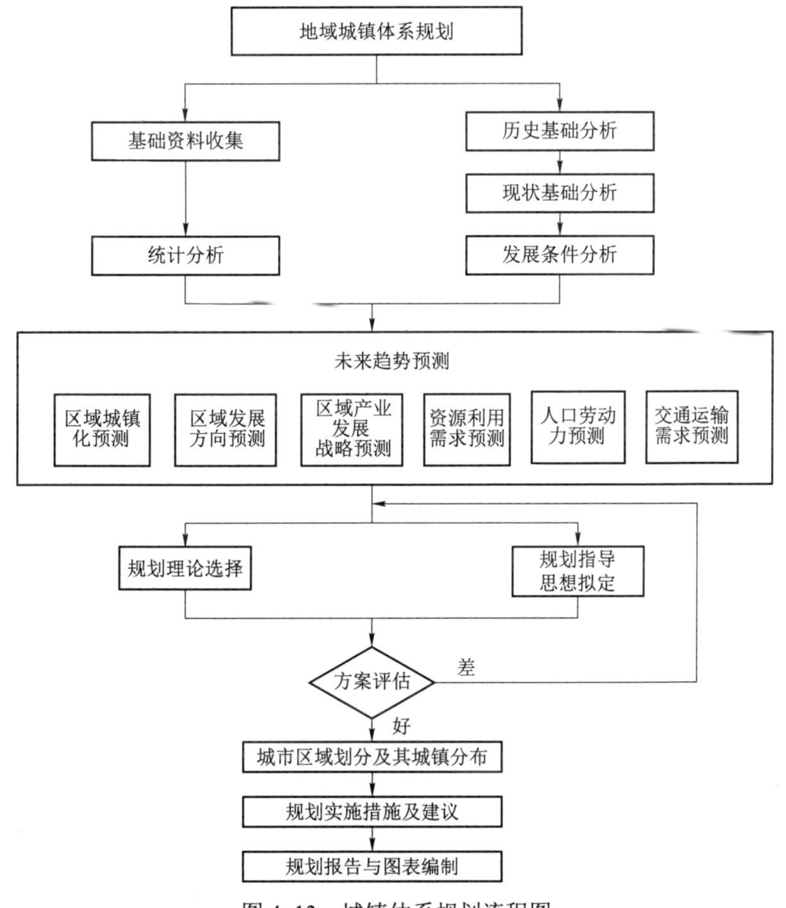

图 4–13 城镇体系规划流程图

4.3.3 城镇体系规划的主要内容

城镇体系规划的区域范围一般按行政区划定，规划期限一般为 20 年。城镇体系规划一般分为全国城镇体系规划、省域（或自治区域）城镇体系规划、市域（包括直辖市、市和有中心城市依托的地区、自治州、盟域）城镇体系规划、县域（包括县、自治县、旗、自治旗域）

城镇体系规划 4 个基本层次。

全国城镇体系规划，由国务院城市规划行政主管部门组织编制。省域城镇体系规划，由省或自治区人民政府组织编制。市域城镇体系规划，由城市人民政府或地区行署、自治州、盟人民政府组织编制。县域城镇体系规划，由县或自治县、旗、自治旗人民政府组织编制。跨行政区域的城镇体系规划，由有关地区的共同上一级人民政府城市规划行政主管部门组织编制。

1. 全国城镇体系规划

（1）明确国家城镇化的总体战略与分期目标

落实以人为本、全面协调可持续的科学发展观，按照循序渐进、节约土地、集约发展、合理布局的原则，积极稳妥地推进城镇化。与国家中长期规划相协调，确保城镇化的有序和健康发展。根据不同的发展时期，制定相应的城镇化发展目标和空间发展重点。

（2）确立国家城镇化的道路与差别化战略

针对我国城镇化和城镇发展的现状，从提高国家总体竞争力的角度分析城镇发展的需要，从多种资源环境要素的适宜承载程度来分析城镇发展的可能，提出不同区域差别化的城镇化战略。

（3）规划全国城镇体系的总体空间格局

构筑全国城镇空间发展的总体格局，并考虑资源环境条件、人口迁移趋势、产业发展等因素，分省区或分大区域提出差别化的空间发展指引和控制要求，对全国不同等级的城镇与乡村空间重组提出导引。

（4）构架全国重大基础设施支撑系统

根据城镇化的总体目标，对交通、能源、环境等支撑城镇发展的基础条件进行规划。尤其要关注自然生态系统的保护，它们事实上也是国家空间总体健康、可持续发展的重要支撑。

（5）特定与重点地区的规划

全国城镇体系规划中确定的重点城镇群、跨省界城镇发展协调地区、重要江河流域、湖泊地区和海岸带等，在提升国家参与国际竞争的能力、协调区域发展和资源保护方面具有重要的战略意义。根据实施全国城镇体系规划的需要，国家可以组织编制上述地区的城镇协调发展规划，组织制定重要流域和湖泊的区域城镇供水排水规划等，切实发挥全国城镇体系规划指导省域城镇体系规划、城市总体规划编制的法定作用。

2. 省域城镇体系规划

（1）规划纲要

① 分析评价现行省域城镇体系规划实施情况，明确规划编制原则、重点和应当解决的主要问题。

② 按照全国城镇体系规划的要求，提出本省、自治区在国家城镇化与区域协调发展中的地位和作用。

③ 综合评价土地资源、水资源、能源、生态环境承载能力等城镇发展支撑条件和制约因素，提出城镇化进程中重要资源、能源合理利用与保护、生态环境保护和防灾减灾的要求。

④ 综合分析经济社会发展目标和产业发展趋势、城乡人口流动和人口分布趋势、省域内城镇化和城镇发展的区域差异等影响本省、自治区城镇发展的主要因素，提出城镇化的目标、任务及要求。

⑤ 按照城乡区域全面协调可持续发展的要求，综合考虑经济社会发展与人口资源环境条件，提出优化城乡空间格局的规划要求，包括省域城乡空间布局、城乡居民点体系和优化农村居民点布局的要求；提出省域综合交通和重大市政基础设施、公共设施布局的建议；提出需要从省域层面重点协调、引导的地区，以及需要与相邻省（自治区、直辖市）共同协调解决的重大基础设施布局等相关问题。

⑥ 按照保护资源、生态环境和优化省域城乡空间布局的综合要求，研究提出适宜建设区、限制建设区、禁止建设区的划定原则和划定依据，明确限制建设区、禁止建设区的基本类型。

（2）规划主要内容

① 制定全省（自治区）城镇化和城镇发展战略。包括确定城镇化方针和目标，确定城市发展与布局战略。

② 确定区域城镇发展用地规模的控制目标，并结合区域开发管制区划，确定不同地区、不同类型城镇用地控制的指标和相应的引导措施。

③ 协调和部署影响省域城镇化与城市发展的全局性和整体性事项。包括确定不同地区、不同类型城市发展的原则性要求，统筹区域性基础设施和社会设施的空间布局和开发时序，确定需要重点调控的地区。

④ 确定乡村地区非农产业布局和居民点建设的原则。包括确定农村剩余劳动力转化的途径和引导措施，提出农村居民点和乡镇企业建设与发展的空间布局原则，明确各级、各类城镇与周围乡村地区基础设施统筹规划和协调建设的基本要求。

⑤ 确定区域开发管制区划。

⑥ 按照规划提出的城镇化与城镇发展战略和整体部署，充分利用产业政策、税收和金融政策、土地开发政策等，制定相应的调控政策和措施，引导人口有序流动，促进经济活动和建设活动健康、合理、有序发展。

（3）规划成果

① 明确全省、自治区城乡统筹发展的总体要求。包括：城镇化目标和战略，城镇化发展质量目标及相关指标，城镇化途径和相应的城镇协调发展政策和策略；城乡统筹发展目标、城乡结构变化趋势和规划策略；根据省、自治区内的区域差异提出分类指导的城镇化政策。

② 明确资源利用与资源生态环境保护的目标、要求和措施。包括：土地资源、水资源、能源等的合理利用与保护；历史文化遗产的保护；地域传统文化特色的体现和生态环境保护。

③ 明确省域城乡空间和规模控制要求。包括：中心城市等级体系和空间布局；需要从省域层面重点协调、引导地区的定位及协调、引导措施；优化农村居民点布局的目标、原则和

规划要求。

④ 明确与城乡空间布局相协调的区域综合交通体系。包括：省域综合交通发展目标、策略及综合交通设施与城乡空间布局协调的原则；省域综合交通网络和重要交通设施布局；综合交通枢纽城市及其规划要求。

⑤ 明确城乡基础设施支撑体系。包括：统筹城乡的区域重大基础设施、公共设施布局原则和规划要求，中心镇基础设施和基本公共设施的配置要求；农村居民点建设和环境综合整治的总体要求；综合防灾与重大公共安全保障体系的规划要求等。

⑥ 明确空间开发管制要求。包括限制建设区、禁止建设区的区位和范围，提出管制要求和实现空间管制的措施；为省域内各市（县）在城市总体规划中划定“四线”等规划控制线提供依据。

⑦ 明确对下层次城乡规划编制的要求。结合本省、自治区的实际情况，综合提出对各地区在城镇协调发展、城乡空间布局、资源生态环境保护、交通和基础设施布局、空间开发管制等方面的规划要求。

⑧ 明确规划实施的政策措施。包括：城乡统筹和城镇协调发展的政策；需要进一步深化落实的规划内容；规划实施的制度保障和规划实施的方法。

⑨ 省、自治区人民政府城乡规划主管部门根据本省、自治区实际，可以在省域城镇体系规划中提出与相邻省、自治区、直辖市的协调事项，近期行动计划等规划内容。必要时可以将本省、自治区分成若干区，深化和细化规划要求。

3. 市域城镇体系规划

根据《城市规划编制办法》的规定，市域城镇体系规划应当包括下列内容。

① 提出市域城乡统筹的发展战略。其中，位于人口、经济、建设高度聚集的城镇密集地区的中心城市，应当根据需要提出与相邻行政区域在空间发展布局、重大基础设施和公共服务设施建设、生态环境保护、城乡统筹发展等方面进行协调和建议。

② 确定生态环境、土地和水资源、能源、自然和历史文化遗产等方面的保护与利用的综合目标和要求，提出空间管制原则和措施。

③ 预测市域总人口及城镇化水平，确定各城镇人口规模、职能分工、空间布局和建设标准。

④ 提出重点城镇的发展定位、用地规模和建设用地控制范围。

⑤ 确定市域交通发展策略，原则确定市域交通、通信、能源、供水、排水、防洪、垃圾处理等重大基础设施、重要社会服务设施和布局。

⑥ 在城市行政管辖范围内，根据城市建设、发展和资源管理需要划定城市规划区。

⑦ 提出实施规划的措施和有关建议。

4. 县域城镇体系规划

为加强县域（包括县级市、城市远郊区，下同）城镇体系规划的编制工作，促进城乡经济、社会和环境的协调发展，制定本要点。编制县域城镇体系规划应当遵循有关的法律、法规和技术规定，以经批准的省（包括由国务院审批总体规划的城市，下同）域城镇体系规划和县（市）国民经济和社会发展战略规划为依据，并与相关规划相协调。县域城镇体系规划的主要任务是：落实省（市）域城镇体系规划提出的要求，指导乡镇域村镇规划的编制。

县域城镇体系规划的主要内容包括：

① 分析全县基本情况，综合评价县域的发展条件；

② 明确产业发展的空间布局；

③ 预测县域人口，提出城镇化战略及目标；

④ 制定城乡居民点布局规划，选定重点发展的中心镇；

⑤ 协调用地及其他空间资源的利用；

⑥ 统筹安排区域性基础设施和社会服务设施；

⑦ 制定专项规划，提出各项建设的限制性要求；

⑧ 制定近期发展规划，确定分阶段实施规划的目标及重点；

⑨ 提出实施规划的政策建议。

5. 城镇规划专项内容

（1）交通网络规划

在区域大交通网络规划的指导下，根据本地区社会经济发展的要求，预测运输需求，提出交通运输网布局方案及重大交通工程项目的布局，协调各种交通运输方式与城乡居民点的关系，重点是公路网和水运网。

（2）给排水、电力、电信工程设施规划

根据水源条件和用水需求预测，确定水资源综合开发利用的措施和合理分配用水的方案，统筹安排水厂，选择供水方式和管网布局；根据污水量预测和地形条件，统筹布置污水管网、排放口及处理设施。以大区域供电系统为基础，结合县域电源和电网现状、用电量和用电负荷结构，根据社会经济发展和人民生活用电量需求，统筹安排电网、变电站等电力供应设施。在全国或区域电信发展战略指导下，按照县域社会经济现代化的需要，结合电信现状，预测业务量，统筹安排局所设置和电信网络。

（3）教、科、文、卫等社会服务设施规划

根据对不同层次上人口数量的预测，统筹安排和调整各类学校的规模和布点；根据卫生保健的发展需求，预测所需医疗卫生人员数量，统筹布局医疗网点；根据精神文明建设的要求，统筹布局文化、体育活动场所，安排休养、疗养等福利设施。

（4）环境保护与防灾规划

综合评价环境质量，分析存在的问题，预测环境变化的趋势，制定县域环境保护的目标，提出环境保护与治理的对策。根据需要，划定自然保护区、生态敏感区和风景名胜区等环境功能分区，明确各区的控制标准。结合当地特点，深入分析各类灾害的形势及发展趋势，对防洪、防震、消防、人防等设施的现状情况进行评价，选择主要灾害类型，提出防治措施。

（5）其他专项规划

根据实际情况，有选择地编制广播电视、供热供气、科技发展、水利、风景旅游、文物古迹保护、园林绿化等规划。

4.4 城镇体系规划面临的问题与对策

4.4.1 城镇体系规划面临的问题

1. 内部短板

随着市场经济体制改革的日益深入，城镇体系规划面临的问题和挑战日益增加。城镇体系规划自身主要存在以下几个问题。

（1）基础资料调查比较薄弱

城镇体系规划编制中有的调查不够深入，研究不足。城镇实际居住人口特别是暂住人口调查统计不准；缺少基本的地形图、水文地质资料，水源地选定随意性很大，没有经过认真勘测和充分论证；城镇建设用地统计不全，更缺少对区域城镇体系总体用地科学合理的规划预测；有的甚至对地震断裂带、地质灾害多发地段及洪涝灾害等隐患调查不够等。

（2）规划协调工作不够

一是区域之间的协调不够。在城镇体系规划编制中，各区域之间各自规划条块分割，互不联系。二是规划部门之间与其他相关部门之间协调不够。一般地讲，规划过程涉及社会发展、经济计划、资源环境、城镇建设、交通运输、能源供应、综合防灾等众多领域和部门，规划应按照可能的经济条件和文化意义提供与人民要求相适应的城市服务设施和城市形态。为达到这些目的，城市规划必须建立在各专业设计人员、城市居民及公众和政府领导人之间不断协作配合的基础上。

（3）使用的技术规范不一致

现有城镇体系规划有的全部采用城市规划的标准规范，有的采取其他行业标准规范，有的对规范的理解有误。城镇体系规划与其他行业在技术规范方面并不完全一致，盲目套用相关技术规范，容易导致城镇体系规划中某些规划指标偏大或偏小。

（4）迁就现状，迁就领导的意图，规划人员缺乏科学态度

在城镇体系规划中，有些规划编制人员不能根据被规划地区的实际需要进行规划，而是按照某些领导或者某个领导的意愿去规划。贪大求洋，急于求成，追求所谓高起点、高目标、高规格的规划，造成社会财富的极大浪费。

（5）缺少宏观发展规划，规划对城镇本身建设发展的实际指导作用不强

城镇用地和城市基础设施是实际指导控制城镇建设发展的硬性微观指标，拟定城镇用地和城市基础设施指标，合理地选择城镇用地、配置城市基础设施是城市规划的主要内容。城

镇体系规划属于区域规划，因此必须对区域城镇群体的用地、城市基础设施这些城镇本身建设的硬性微观指标的未来发展，从宏观上、总量上做出预测与规划。

（6）规划措施落实力度不够

规划未能纳入科学、民主的管理框架中，相互脱节。“规划常常受到领导意志的影响，领导说变就变。规划的实施性很差，也像其他规划一样纸上画画，墙上挂挂，过了几年谁都忘记了。”没有通过规划，因势利导，并针对某些空间无序问题，采取切实可行的对策措施，不能进行有效的空间调控，其结局就难免多半停留在“纸上画画，墙上挂挂”的命运。缺少对城镇体系规划实施管理的管理机制和必要的管理手段。

（7）学科之间的配合不够

我国目前的城镇体系规划仍局限于物质规划，没有摆脱物质规划的束缚。在规划的实践中，单纯从技术层面上指导城市建设。城镇体系规划实质上由城镇经济、政治、文化、环境等各方面综合因素决定的，规划人员缺乏包括经济学、城市社会学、城市地理学、城市环境与城市生态学方面的一般知识。城镇体系规划的上述学科专业人员与城市规划、建筑、工程等专业人员配合不够。

（8）偏好静态地分析、把握规划问题

在传统城镇体系规划中，较重视对区域发展中客观存在的比较优势分析，往往在分析资源的比较优势时，多侧重于静态的物质资源，而对作为重要生产要素的资金、人才、技术、信息等资源所具有的较大流动性认识不足。规划没有随着社会经济的发展，应用新技术、新观念完善补充新内容，控制性指标十几年一成不变。没有全面反映区域内重要利益相关者的观点，缺乏可操作性及应变的机制和能力，以应对瞬息万变、日趋复杂的区域环境。没能把握区域空间演变的客观规律，特别是忽视了市场经济对城镇体系规划的作用。

2. 外部挑战

21世纪出现的新环境，给我国城镇体系规划带来了新的冲击，主要表现在以下几个方面。

（1）市场化

首先，投资主体多元化，国资、民资和外资在我国的经济建设中共同发挥作用。投资主体的多元化使经济社会发展动力更加丰富，资本的流动性不断增强，作为行政工具的城镇体系规划对资本的调控越发艰难。

其次，生产主体多元化，既有投资主体多元化的作用，又包括制度变革的推动。例如，土地利用制度的改革带来了乡镇企业的发展，对外开放的不断深化直接推动了外资大规模流入中国。此外，我国金融制度、企业制度的改革给民营经济的发展带来了很大帮助。

再次，需求日益多元化。在市场经济条件下，人们的物质需求和精神需求不断得到满足，人均收入的提高进一步刺激了这两种需求的兑现。需求规模不断扩大，行政性消费、国民消费日益增长，需求结构不断变化，买方市场下的产业发展必将迎合这些需求，给区域产业政策的制定带来挑战。

最后，市场化带来更多的不确定性，未来的经济社会发展趋势、国民经济社会制度、国内外经济社会发展环境如何演化等，成为城镇体系规划必须考虑的问题。

（2）全球化

全球化在本质上是市场化，是市场化出现之后由于国际的壁垒日益消除，产业内部和产业间的分工协作在全球地域上不断扩展而形成的现象。

全球化在经济领域的表现形式是生产活动的国际化，其实质是全球范围内各国、各地区经济的日益融合和生产要素在全球范围内的全面、自由流动，各国、各地区经济的发展与世界经济的变动日益相互影响、相互制约。经济全球化使产业由部门间的分工发展为部门内的分工，传统的初级产品与制成品之间的垂直型国际分工逐渐让位于制成品内部零部件、工艺流程的水平型国际分工。这种分工使世界各国经济相互依赖，大大加强了发展中国家和发达国家之间的经济联系。城市作为经济联系的主要空间载体，通过积极对接全球化，展示出跨越国家的影响力。世界城市体系形成，传统的国家、区域和地方城市体系都直接或间接地从属于、受制于世界城市体系。随着经济全球化的深化，世界城市体系日渐完善，各国传统的城市体系最终都将被纳入世界城市体系之中。

（3）信息化

信息化成为国际社会新的竞争领域，是国际社会新的竞争手段。信息化对城镇体系规划构成的挑战是多方面的。

首先，信息化推动了一大批新兴产业的发展，成为各发达城市产业发展的重点和支柱。在信息化时代，信息基础设施的重要性日益突出，那些处于信息基础设施枢纽地区的城市和地区将处于信息时代城市体系上层，其中心性日益明显，因此传统的城市职能、城市性质和城市等级遭遇挑战。

其次，信息化冲击传统城市结构。在信息化时代，城市间的经济社会联系因少受交通距离、时间、费用的影响而逐渐增强，跨区域的联系更加便捷。例如，如果说小汽车推动了美国的郊区化进程，那么信息化则可能是推动美国城市突破传统的极核集聚向城市区域蔓延的一大动力，传统的城镇空间结构的分析方法显得力不从心。

最后，在信息化时代，人类的聚居形态发生改变。借助信息技术可以完成很多以往需要通过交通来实现的活动，如购物、娱乐、观影和工作等。人们的居住和工作空间选择更加自由，城镇体系规划需要对此做出响应。

4.4.2 城镇体系规划的转型思路

规划只有通过实施才能发挥实际作用。城镇体系规划转型的目标在于切实提高可操作性，这需要在定位、性质、编制方法和内容框架上积极转型。

（1）定位：以保护和引导为重点

随着市场经济制度日益完善，在市场可以发挥作用的领域，规划应慢慢退出，转为保护容易被市场侵蚀的敏感领域，引导市场机制更好地发挥作用。规划保护的对象是公共利益。市场经济强调私人利益的保护，难免会损害公共利益。虽然目前还没有关于公共利益的权威界定，但基础设施、公共服务设施和生态环境设施等属于公共利益已经达成共识。它们容易受到市场的侵蚀，因此城镇体系规划要在基础设施、公共服务实施和生态环境规划方面加强研究。近年来，城镇体系规划引入的生态敏感性分析、划定区域分区控制导则、公共服务设施布局规模等就是在公共利益领域的深化。

此外，规划还需要引导市场发展。正常市场经济条件下生产要素的流动、集聚遵循从投入产出低的位置流向投入产出高的位置的客观规律，但市场可能失灵。因此，规划要重点研究市场经济环境，分析市场可能失误的领域，制定避免失误的对策；通过规划的行政作用，引导生产要素的流动和集聚，如在规划中提出重点开发区域等。

（2）性质：动态的弹性规划

在市场经济条件下，经济发展环境容易发生改变，规划必须充分考虑未来环境变化的多种情景，分别提出规划对策。以行政手段为主的计划型规划应转变成以价值手段为主的市场型规划，过于具体的、静态的刚性规划应转变为应变能力较强的、动态的弹性规划。在空间上，不同区域类型的城镇体系规划的侧重点不同，因此要避免将规划的内容定性化。在法定要求的内容上，要加强对规划区域的背景和现状分析，科学判断区域经济社会发展阶段及城市化发展阶段，重点加强对区域城镇发展步骤与发展途径的探讨，提供建议性和方向性的发展思路，为城镇发展决策者提供决策服务。在时间上，要重视规划在近期、中期、远期的有序推进，针对不同阶段提出柔性的规划目标；同时，针对不同阶段可能出现的环境变化，提出下一阶段的调整对策。

（3）编制方法：契约制的编制方法

过去的城镇体系规划以自上而下的编制模式为主，导致对整体考虑较多，对局部考虑不足，使得规划实施困难。城市的等级规模结构易被突破，空间组合结构难于形成，职能组合结构被放空，因此城镇体系规划除了要在内容框架上进行调整，还必须从编制方法上进行改变，要广泛征求企业、各级政府和市民的意见，建立上下之间的沟通渠道，使规划体制由自上而下的集权制转为自上而下与自下而上相结合的“契约制”。

（4）内容框架：动态更新

过去城镇体系规划的主要内容一般包括综合评价城镇发展条件，制定区域城镇发展战略，拟定区域城镇体系的规模组合、空间组合、职能组合结构，统筹安排区域基础设施和社会设施，以及规划实施政策与制度保障等。在新时期，城镇体系规划的内容要与城镇体系规划的转型相呼应，重视市场、强调保护，引导发展领域增加新的内容。例如，要充分评估全球化、市场化及信息化对区域城镇体系发展的影响和作用规律，研究规划区在更高空间层面的职能、地位和发展战略；要充分分析区域人口流动、生产要素流动的规律、趋势和布局，科学制定城镇化战略和经济社会发展政策；要明确地区资源基础、环境基础，提出资源保护和利用的方针；要将空间开发管制切实定位，划定限制建设区、禁止建设区的区位和范围，提出管制要求和实现空间管制的措施；要充分尊重地方历史文化传统，加强对历史文化遗产、地域传统文化特色的保护；划定重点开发、优化开发的区域，引导生产要素向该区域流动，引导市场化健康发展。最重要的是，城镇体系规划应该随着市场经济的变化而不断调整规划编制内容，形成动态更新框架体系。

4.4.3 城镇体系规划编制的对策探索

（1）进一步改革创新，转变观念、转变工作方式，突出城镇体系规划的特色

目前城镇体系规划与建设过程中普遍存在山区、丘陵、平原城镇千城一面，地方民族特色文化、城市文化未充分挖掘。在城镇体系规划中，应充分利用自然山水环境、地方文化传统，结合现代技术、地方材料进行城市特色塑造，挖掘整理地方建筑文化，使之成为具有时代感、环境特色、地方特点的现代化城镇。城镇体系规划中要注重突出特色，如县域经济发展特色、城镇自身的职能特色（名镇、名村）、文化内涵（旅游特色）等，给人以耳目一新的感觉。

（2）修订完善相关法律法规

随着社会主义市场经济的发展，投资主体的多元化，传统城镇体系规划的指令性意义日趋消失，迫切需要通过立法赋予城镇体系规划在资源的市场配置过程中具有一定权威性和约束力的法定地位。应改变区域城镇体系规划只作为依附于城市总体规划的陪衬地位。在修改《城市规划法》和草拟《城乡规划法》中，希望能明确规定城镇体系规划的地位、功能和作用，以及各级政府对编制和实施城乡发展空间规划的主要职责。将来条件成熟时，也可考虑另立《城镇体系规划法》或《国土规划法》。

明确城镇体系规划是《中华人民共和国国民经济和社会发展五年规划纲要》的下层专业规划，是国家调控城市化与城镇发展、合理配置空间资源的主要手段和依据，各级城市的总体规划编制和城市建设必须依据城镇体系规划进行编制，各级政府和部门必须遵照执行。减少城镇体系规划的层次，仅保留全国、省域（或自治区域）和县域三级城镇体系规划，强化省域（或自治区域）城镇体系规划的地位和作用。要明确赋予省级政府及其部门对规划编制、规划内容、规划审批等方面一定的行政自由裁量权。明确城镇体系规划的审批程序，编制单位为国务院和省级政府，省域（或自治区域）城镇体系规划报同级人民代表大会（或其常务委员会）审查同意后报国务院审批。

（3）加强部门协调，维护规划的整体性

城镇体系规划具有综合性，这是城镇体系作为一个有机综合体，具有多功能、多层次、多因素、错综复杂、动态关联的本质决定的。这就要求规划部门运用科学系统的方法规划和管理，重视整体功能和效益，更好地进行规划部门内部及相关规划部门之间的综合协调，提高规划的工作效率和效益，维护规划的整体性。

（4）努力提高规划工作者素养

城镇体系规划的综合性决定了城市规划工作者必须具有合理的知识结构、较强的工作能

力及良好的职业道德。第一，城市规划的编制者和管理者都应该有事业心，有责任感，原则性强，都要做到开拓进取、求实创新。第二，城市规划工作者必须具有广博的科学知识。包括：城市规划的基本理论、城市市政公用设施工程系统的基本知识、城市设计与建筑学的基本知识、城市规划管理的基本知识及城市规划法律、法规与方针、政策等。第三，城市规划工作者应当具备信息收集能力、数据分析和逻辑分析能力、发现问题的能力、调查研究的能力、综合概括能力、综合运用知识能力、协调解决问题能力、设计和美学方面的能力、表达交流的能力、信息技术能力等。规划要求规划工作者是具备各方面知识的复合型人才。

（5）在城镇体系规划中引入公众参与、专家决策的咨询制度

城镇体系规划是事关城镇体系建设和发展的大事，具有宏观性、战略性，一旦规划失误，将会造成巨大的不可挽回的损失；城镇体系规划一经批准即具有法律效力，短期内不可更改，又具有长远性；再者，由于社会多元化，利益群体多样化，城市规划涉及城镇体系的千家万户、各行各业。由以上特点可以看出，城镇体系规划应当引入公众参与的制度。引导公众参与规划的全过程包括规划目标的制定、规划编制、规划审批、规划实施管理。真正做到编制过程中领导意见、专家、群众意见的“三统一”，规划内容体现经济效益、环境效益、社会效益“三统一”。

（6）加强居民点体系规划

城镇体系规划是在城市化水平进入加速阶段的形势下进行的，加快城市化进程，实现城乡一体化是规划的目的，因此城乡居民点体系规划便成为规划的重点内容。居民点体系规划一方面它涉及敏感的合乡并镇问题，另一方面它对下一步的总体规划具有协调指导作用，从其规划的具体内容可以看出其在规划中具有承上启下的重要作用。居民点规划搞得好，进一步的总体规划难题也就会迎刃而解。

（7）坚持“以人为本”的规划原则

城镇体系发展为的是给公民创造一个经济发展、社会繁荣、环境良好、适于人居的环境，所以城镇体系规划不单单是经济、技术方面的规划。城镇体系规划必须坚持走可持续发展的道路。规划不但要尊重经济规律， 实现经济快速发展，人民生活富裕；还要根据社会、环境建设协调发展的要求，处理好资源的开发、利用、保护及优化配置，提倡可持续的生产方式和生活方式。规划要在保持经济发展的基础上，强调产业结构的调整，强调社会发展而不只是经济增长，因此必须加强生态和环境保护规划。

（8）提高城镇体系规划自身专业技术水平

城镇体系规划主体迫切需要提高自身的科学性，规划的科学性是规划能得以顺利落实的基础。城镇体系规划只有提升自身的科学性，增强自身的技术含量，才能改变规划权威性不高、易受忽视的局面。提高规划的科学性、切实提高城镇体系规划专业技术水平，要认真做到以下几点。

首先，增强规划的广度，保证规划的全面性。在住房和城乡建设部城乡规划司确定综合评价区域和城市发展，开发建设的条件；统筹安排区域内基础设施和社会设施；确定保护生

态环境、自然和人文景观、历史文化遗产的原则和措施；确定一个时期重点发展的城镇，提出近期重点发展城镇的规划建议；提出实施规划的政策和措施内容基础上，规划内容要增加广度。

其次，增强规划的深度，保证规划的科学性。当前存在着这样几对矛盾：工业化与城镇体系之间的矛盾，城镇化与资源有限之间的矛盾，人口集聚与空间优化之间的矛盾，污染加剧与人居环境之间的矛盾，城镇体系空间组织结构对产业结构的影响与国际产业转移之间的矛盾。只有根据合理的规划目标，科学地、有针对性地分析和认识问题，才能够梳理出“管用”的规划来。充分应用信息技术手段，提高我们在城镇体系规划编制过程中分析问题、解决问题和预测问题及目标的能力。

再次，增强规划的硬度，保证规划的权威性。制定切合实际的规划技术指标及准则，如根据区域资源禀赋、环境承载力、发展前景，将区域空间划分为优先开发、重点开发、限制开发、禁止开发四大功能区域；确定优先建设的项目、重点建设的项目、限制建设的项目、禁止建设的项目等内容的约束性指标，并要将规划技术指标纳入法律体系，任何政府、单位、个人都不得改变。规划技术指标及准则的制定要有科学理论的支持，要充分吸收国外先进的理念，结合我国实际确定。

最后，增强规划的适度，保证规划的可操作性。城镇体系规划的成果要趋向系统化，既有规定性的、指令性的，也应有原则性、指导性；既要有强制性的约束性指标，也要有协调性预期性的指标。要保证合理的规划弹性，国家要确定等级，规定国家级、省级、市、县（区）必须落实事项的标准，同时也要给予地方政府一定的自主权，确定应由地方政府自行安排的事项，保证地方政府实施城镇体系规划的能动性。

（9）完善城镇体系规划管理的组织体系

建立行之有效的组织队伍，是城镇体系规划管理工作中首先需要解决的问题。要优化组织结构，制定合理的控制能力跨度即行政层级，理顺职责分工，实现城镇体系规划管理机构及其编制的科学化、规范化、法定化。完善规划管理领导机构，完善规划管理办事机构，完善规划管理工作机构，完善规划管理专家机构。

理顺城镇体系规划管理的管理程序。各级城镇体系规划管理委员会办公室要会同规划建设、计划发展、土地等有关部门，整合各方面的资源，充分发挥工作机构的作用，建立健全完善的工作机制，形成高度统一、令行禁止的指挥平台。

增进城镇体系规划管理的协调机能。城镇总体规划的实施会导致国家利益、地方利益、集体利益与个人利益之间的矛盾，也会导致区域内之间经济效益与社会效益、生态效益等矛盾的出现。如此众多矛盾仅仅依靠国家与政府是解决不了的，因此，必须要强调协调。不同的地域层次、不同的功能空间，协调的问题不同、手段不同。要以区域发展差异分析为基础，把握协调的必要性和可能性。

（10）构建城镇体系规划管理的约束机制

仅有科学合理的编制城镇体系规划，构建完善的管理程序，增强城镇体系规划的协调功能等措施，还不足以保证城镇体系规划的顺利实施，还需要强化监督管理的作用。要通过制度的形式，使激励和监督处于一种相互制约的良性循环之中；还要注重对实施机制和调控手段的研究，不仅要研究如何高效地安排建设，更重要的是要研究如何有效地实施控制。

思考题

1. 什么是城镇体系规划？
2. 城镇体系规划所要达到的目标是什么？
3. 城镇体系规划的基本特征是什么？
4. 举例说明首位城市型体系、弱核型城市体系和城市历史的关系。
5. 不同地域结构类型与城镇体系形成发展阶段有哪些联系？
6. 如何理解地域空间、等级规模、职能类型和网络系统这 4 种结构的对应关系？
7. 简述城镇体系规划的编制流程。
8. 简述城镇体系规划的主要内容。
9. 以交通运输网络为背景，说明城镇体系不同发展阶段的网络空间布局与自然地理的关系。
10. 在新型城镇化背景下，城镇体系规划面临哪些转型挑战？

第 5 章

城市总体布局

城市总体布局是城市总体规划的重要内容，它是一项为城市长远合理发展奠定基础的全局性工作。在城市性质和规模大致确定的情况下，先选定城市用地发展方向，也就是城市建成区今后拓展的主要方向，再进一步确定城市总体布局形态，对城市各组成部分进行统筹安排，使其空间结构合理、布局有序、联系密切。本章分别介绍了城市总体布局方案、主要内容及布局艺术，重点阐述了城市总体布局形式及方案评价。

5.1 城市总体布局方案

5.1.1 城市用地布局模式

城市用地布局模式是对不同城市形态的概括表述。城市形态与城市的性质规模、地理环境、产业特点等相互关联。用地布局模式一般分为集中式、分散式两种基本类型。

集中式城市用地布局。特点是城市各项用地集中连片发展，就其道路网形式而言，可分为网格状、环状、环形放射状、混合状及沿江、沿海或沿主要交通干道带状发展等模式。

分散式城市用地布局。受自然地形、矿产资源或交通干线的分隔，城市分为若干相对独立的组团，组团间被山丘、农田或者森林分隔，一般都有便捷的交通联系。

1. 城市用地布局模式的演变历程

对于城市而言，不同时期的社会、经济、生态环境等相关因素都会作用于城市土地这一载体，而在人类社会不断发展进步的过程中，城市用地本身也演化出了其布局发展的规律与机制。从城市的形成和发展视角审视，城市用地布局是一个分散与集中的更替过程，伴随这一演变过程，学者们展开了有关城市用地布局模式的探讨，围绕城市土地应集中开发建设还是应分散开发建设不断深入研究，在演变与更替及不断深入研究的过程中，寻求符合每一个特定时期城市社会、经济、生态环境协调发展所需求的城市用地布局模式，进而在实践中使城市发展不断趋于良性生长。

（1）原始的用地绝对分散模式

原始人的居住形式基本上是穴居、树居等群居形式，居住地点受气候、食物等因素的影响，难以形成相对固定的居住点。农业与畜牧业的产生（第一次产业革命），为人类社会出现固定的居民点提供了基本条件。这个时期由于还没有进行社会劳动分工，居民点仅用于居住，其布局模式是一种绝对意义上的用地分散模式。当然，这个时期的用地并不是严格意义上的城市用地，毕竟当时城市还没形成，这只能说是城市用地的前身。

（2）城市用地布局由绝对分散到集中

人类生产力的不断进步，使商业与手工业从农业中分离出来，进而促使城市形成。经济活动产生并且日趋频繁，人类的生活空间开始趋向集中，城市的功能越来越齐全，城市的地位不断提高。这个时期的城市用地属于密集型的布局模式，即在城市土地及空间上充分节约，城市建设用地围绕城市发展的核心布局。城市主要职能是作为行政办公、城市防务、宗教、教务及商业贸易的中心，其次要职能是加工业。

（3）城市用地布局的高度集中

有意识地进行城市规划研究与实践是随着工业革命展开的。近代的工业革命，也称为第二次产业革命，对城市用地布局模式的发展具有很大的影响力。工业革命把人类带进了城市化时代，大规模的人口涌入城市，近代城市用地的集聚局面开始真正地形成。大量新兴的工具与技术及许多新的城镇在工业革命的促进下不断产生。工业发展成为这个时期城市发展的最主要动力，城市巨大的经济活力吸引了大规模的人口。

（4）较高程度集中的城市用地趋于分散布局

20 世纪初，欧美发达国家的城市发展基本成熟，其城市经济、社会等趋于稳定，城市居民生活条件有所改善，另外科学技术不断进步，交通及通信工具日趋便捷。这个时期明显有两大因素影响着城市的用地模式：① 电梯的发明和建筑材料及建筑新技术的进步，城市内部的建筑向高空发展，为城市的人口扩张奠定了基础；② 广泛运用的汽车成为出行的主要交通工具，极大地增加了城市用地布局的多样性与机动性，变换了城市生活的时空概念，城市活动范围不断向外扩大。生活在市中心的人开始向往充满野趣的田园生活，伴随着城市的工作、居住、交通、游憩等功能向城市外郊扩散，城市用地也开始分散式发展。

（5）分散的城市用地集约发展

随着城市用地分散式发展，各大城市不断出现中心区衰退，私人小汽车交通量不断增加，交通费用不断提高，郊区土地开发过量等许多问题。在以美国为主的许多发达国家的大城市出现了城市蔓延现象。

城市蔓延是指城市用地的边缘失去有效控制向外扩散的一种现象，原本集中在城市中心的城市活动扩散到城市的外围，城市土地的开发呈现出分散、低密度、低强度、区域功能单一和依赖小汽车交通的特点。

城市发展过程中出现的各种过分的集中和分散，促使社会各界停止了关于城市用地应该集中还是分散发展的争论，而是在更广的视角下进行城市用地发展的功能化探讨。

2. 当代城市用地布局的主要模式

在当代城市用地布局模式的演化过程中，西方学者们普遍接受的是美国模式及欧洲模式，这两种模式的城市用地布局凸显了城市交通、城市开发建设强度、城市整体设计与发展及城市环境之间的关系。美国的蔓延的、开敞的低强度城市用地布局模式是以小汽车的高速度、高便捷度为基础的，其规划组织城市用地布局与功能的基本原则是以时间为标准的可达性。反之，欧洲的城市以公共交通为基础，形成了高密度的城市用地布局，其规划设计的首要标准是城市的环境质量。

（1）美国模式

19 世纪的美国城市最显著的特征是高密集度，而随着社会的发展，许多城市街坊间的开敞空间逐步消失了，建筑高度日渐增高，街道边的拥堵、“握手楼”随处可见，优美的自然环境被脏、乱、差的人造环境所取代。基于这样的一个城市现状问题，具有前瞻性意识的规划师及各界学者的主要目光都聚集在了“反集聚”上。

19 世纪末，有轨电车的发明使轨道交通成为城市分散发展的强大引擎。20 世纪初，汽车交通、通信技术的进一步发展及民众收入的大幅度提高，促进了城市人口和城市生活活动的大规模郊区化迁移，并且至今仍在继续（见图 5–1）。

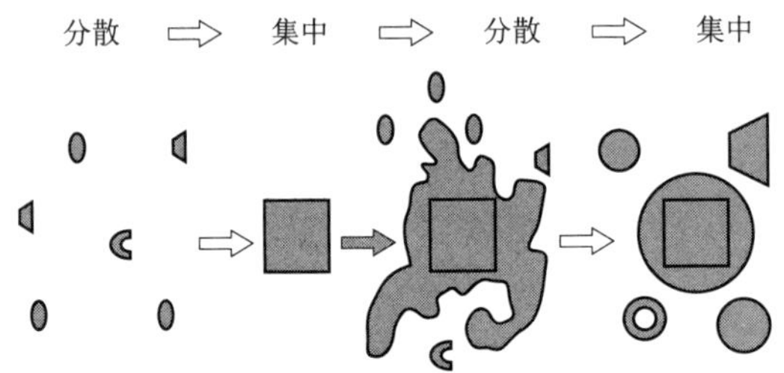

图 5–1 分散–集中示意图

大部分美国国民的梦想是拥有一辆私人的小汽车及郊区的独栋别墅，相对于市中心而言，郊区拥有优美的环境、良好的教学资源和社区管理及方便、快捷的交通。为了实现这一目标、促进经济的持续增长、增加城市人口及就业岗位，美国城市开始了无限制的低密度生长模式，如图 5–2 所示。

（2）欧洲模式

绝大部分欧洲国家的人口密度比美国高很多，地少人多，处于人均土地过少的状态。所以，欧洲国家非常强调土地的集中开发和高效利用，如图 5–3 所示。

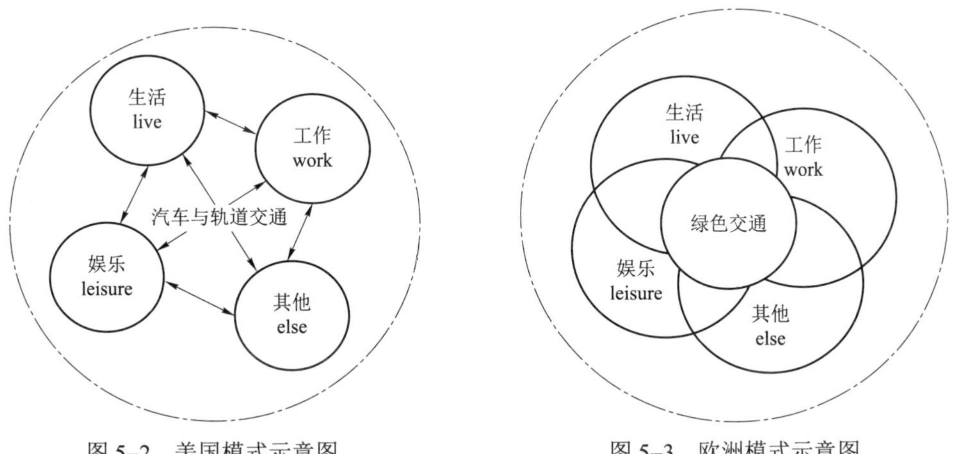

图 5–2 美国模式示意图

图 5–3 欧洲模式示意图

欧洲人对住房的偏好与美国人有所不同，大量的上层人士愿意住在公寓房，不像美国人偏好独栋住宅。相较于美国来说，欧洲的上层人士更希望住在城市的中心区。

由于自然资源、文化背景、人口和土地现状及国家政策等的影响，欧洲在城市发展的进程中形成了“传统邻里”的城市用地布局模式。在这种城市用地布局模式的引导下，欧洲的大部分城市形成了较为紧凑的城市发展模式，这一模式能促进城市功能与土地开发的复合性。但部分欧洲的城市开发过分强调其开发密度与强度，忽视了人口集中带来的新问题，如住房分配方面的不合理等。很多国家为了寻求可持续发展，有意加大了住宅密度，但汽车出行量却没有减少，反而高密度的住宅很难满足居民对安静环境的需求。

5.1.2 城市总体布局方案制定

1. 制定的基本思路

城市总体布局要使城市用地功能组织建立在工业与居住等功能区的合理分布这一重要基础之上，这就需要在城市总体布局中按照各类用地的功能要求及相互之间的关系加以组织，使城市成为一个协调的有机整体。因此，城市总体布局任务的核心是城市用地功能组织，可通过以下 5 个方面来体现。

（1）按组群方式布置工业企业，形成城市工业区

由于现代化的工业组织形式和工业劳动组织的社会需要，无论在新城建设还是在旧城改造中，都力求将那些单独、小型、分散的工业企业，按其性质、生产协作关系和管理系统组织成综合性的生产联合体。而对于那些现代化的大型工业联合企业，则多数要求独立设置，建立生产生活综合区。无论是工业区或者综合区，都要协调好其与水陆交通系统的配合，协调好工业区与居住区的方便联系，控制好工业区对居住区等功能区及整个城市环境的干扰。

（2）按居住区、居住小区等组成梯级布置，形成城市生活居住区

在城市中，居民必然要根据生活居住的需要对城市住宅与公共服务设施有不同的要求。因此，城市生活居住区的布置应能最大限度地满足城市居民多方面和不同程度的生活需要。一般情况下，城市生活居住区由若干个居住区组成，在集中布置大量住宅的同时，相应设置公共服务设施，并组成各级公共中心（包括市级、居住区级等中心），这种梯级组织形式能够较好地满足城市居民的居住需求。

（3）配合城市各功能要素，组织城市绿化系统，建立各级休憩与游乐场所

居民的休憩与游乐场所包括各种公共绿地、文化娱乐和体育设施等，应把它们合理地分散组织在城市中，以最大限度地方便居民使用。在城市总体布局中，既要考虑在市区内设置可供居民休憩与娱乐的场所，也要考虑在市郊独立地段建立营地或设施，以满足城市区民的短期（如节假日、双休日、周末等）休憩与游乐活动。布置在市区的一般以综合性公园的形式出现，而布置在市郊的一般为森林公园、风景名胜区、夏令营基地和大型游乐场等。

（4）按工作、居住、游憩等活动特点，组织公共建筑群，形成公共活动中心体系

城市公共活动中心通常是指城市主要公共建筑物分布最为集中的地段，是城市居民进行政治、经济、社会、文化等公共生活的中心，是城市居民活动十分频繁的地方。如何选择城市各类公共活动中心的位置及安排什么内容，就成为城市总体布局方案的任务之一。

（5）按交通性质和交通速度，划分城市道路的类别，形成城市道路交通体系

在城市总体布局中，城市道路与交通体系的规划占有特别重要的地位。它的规划又必须与城市工业区和居住区等功能区的分布相关联，其类别及等级划分也必须遵循现代交通运输对城市本身及对道路系统的要求，即按各种道路交通性质和交通速度的不同，对城市道路按其从属关系分为若干类别。交通型道路中，比如联系工业区、仓库与对外交通设施的道路，以货运为主，要求高速；联系居住区与工业区或对外交通设施的道路，用于职工上下班，要求快速、安全。而城市生活型道路则是联系居住区与公共活动中心、休憩游乐场所的道路，以及它们各自内部的道路。此外，还有在城市外围穿越迂回的过境道路等。在城市道路交通体系的规划布局中，还要考虑道路交叉口形式、交通广场和停车场位置。

2. 城市总体布局方案的主要任务

城市总体布局方案的主要任务是确定城市用地发展方向和城市空间结构，城市空间结构主要包括以下方面。

中心：确定好城市的中心，如工业中心、旅游服务中心、商业中心、公共服务中心等。一般来说，城市的中心不宜过多，一般不超过 3 个。

轴线：指依托老城区或者新城区的功能轴线、景观轴线和发展轴线，承担城市的主要服务功能、对外展示功能和空间拓展支撑功能。

区域：按照城市中的发展性质划分区域，如旅游区、商业区、住宅区等。区域的布置一般与中心有密切联系，如可以依靠商业中心，依托现有老城区商业、金融等设施，形成城市

主要商业区；依托公共服务核心，集中布置了行政、文化、体育、旅游接待服务等市级公共服务设施，构成城市的行政文化和旅游服务核心区。

5.2　城市总体布局的内容

5.2.1　城市总体布局的空间解析

城市的功能活动总是体现在城市总体布局中。将城市的功能、结构与形态作为研究城市总体布局的切入点，通过三者的相关性分析，可以进一步理解三者之间相关的影响因素，便于更加本质地把握城市发展的内涵关系，提高城市总体布局的合理性和科学性。

（1）城市功能

城市功能是城市存在的本质特征，是城市系统对外部环境的作用和秩序。城市功能的空间概念包含两层含义：城市的功能定位及功能的空间分布。1930 年《雅典宪章》曾将城市的基本功能活动归结为居住、工作、游憩、交通 4 大活动，并提出了这 4 大功能要素的空间布局原则及功能分区的概念。1977 年《马丘比丘宪章》已明确指出："城市规划必须在不断发展的城市化进程中，反映出城市及其周围区域之间基本动态的统一性，并且要明确邻里与邻里之间、地区与地区之间及其中城市结构单元之间的功能关系。"现代城市功能日益增强，城市功能要素的类型和空间分布情况也越来越复杂。城市功能布局是"将城市中各种物质要素，如住宅、工厂、公共设施、道路、绿地等按不同功能进行分区布置，组成一个相互联系的有机整体"。

（2）城市结构

城市结构是"构成城市经济、社会、环境发展的主要要素，在一定时间形成的相互关联、相互影响与相互制约的关系"。城市结构包含多方面的内容：经济结构、社会结构、政治结构和空间结构等。空间结构是社会经济结构在土地使用上的反映。城市空间结构是城市要素的空间分布和相互作用的内在机制。城市结构作为城市的理性抽象，它虽然难以被直接地触摸，然而它蕴藏有城市各项实质的与非实质的要素在功能上与时空上的有机联系，正是这种关系的作用，引导或制约着城市的发展。城市问题的解决，包括探索可以采取对策的过程，其结果都要在城市结构中体现出来。正如丹下健三所说："不引入结构之一概念，就不可能理解一座建筑、一组建筑群，尤其不能理解城市空间。"

（3）城市形态

城市形态是城市整体和内部各组成部分在空间地域的分布状态，是各种空间理念及其各种活动所形成的空间结构的外在体现。这一概念包括下列含义：它是城市各种功能活动在地域上的呈现，其显著的体现就是城市活动所占据的土地图形；用地形态是城市形态的主要外在表现。影响和制约城市形态的主要因素有：城市发展的历史过程，地理环境，城市职能、规模、结构等特征，城市交通的相对可达性，规划及政策控制等。

综上可见，城市功能是主导的、本质的，是城市发展的动力因素；城市结构是内涵的、抽象的，是城市构成的主体；城市形态是表象的，是构成城市所表现的发展变化着的一种空间形式特征。城市的总体布局是基于城市功能、结构和形态三者的相关性分析，它们之间的协调关系是城市发展、兴衰的标志。

5.2.2 城市总体布局的主要内容

城市总体布局包含两层意思：一是从区域范围研究城市布局，即城镇体系布局；二是从一个城市内部研究各功能区的关系和空间布局。

城市总体布局就是综合考虑城市各组成要素，如工业用地、居住用地及对外交通运输用地等，统筹安排。城市用地的组织结构是总体布局的“战略纲领”，它明确城市用地的发展方向和范围，确定城市用地的功能组织和用地的布局形式，同时探索城市建筑艺术。城市总体布局既要掌握城市建设发展过程中需要解决的实际问题，又要按照城市建设发展的客观规律，对城市发展做出足够的预见。通过城市建设的实践，得到检验，发现问题并修改、完善、充实、提高。随着生产力的发展，科学技术的不断进步，规划布局所表现的形式也会不断发展。

城市总体布局的核心是城市主要功能在空间形态演化中的有机构成。它是研究城市各项用地之间的内在联系，结合考虑城市化的进程、城市及其相关的城市网络、城镇体系在不同时期和空间发展中的动态关系。根据制定的城市发展纲要，在分析城市用地和建设条件的基础上，将城市各组成部分按其不同功能要求、不同发展序列有机地组合起来，使城市有一个科学、合理的总体布局。

作为城市总体规划的核心内容，城市总体布局具体内容可以通过以下几个方面来体现：① 合理布置工业用地，形成城市工业区；② 根据城市居民的不同需求布置城市居住用地，形成居住区；③ 配合城市各功能要素，组织城市绿化系统；④ 建立各级休憩与游乐场所，按居民工作、居住、游憩等活动的特点，组织公共建筑，形成城市公共活动中心体系；⑤ 按交通性质和车行速度，划分城市道路类别，形成城市道路交通体系。城市总体布局不是单一的城市用地的功能组织，而是整个城市空间的合理部署和有机组合。因此，城市用地的选择，城市规模、形态、产业结构、功能布局等也都是城市总体布局的基础和需要综合协调的内容。

5.3 城市总体布局形式

5.3.1 城市总体布局的影响因素

城市总体布局形式的形成受到众多因素的影响，有直接因素的影响，也有间接因素的影响。对于每一个城市来说，往往是多种因素共同作用的结果。

1. 直接因素

（1）经济因素

经济因素主要指：建设项目，如工业基地、水利枢纽、交通枢纽、科学研究中心的分布和各种项目的不同技术经济要求；资源情况，如矿产、森林、农业、风景资源等条件和分布特点；建设条件，如能源、水源和交通运输条件等。

（2）地理环境

如地形、地貌、地质、水文、气象等。

（3）城镇现状

如人口规模、用地范围等。

2. 间接因素

（1）历史因素

城市在长期的历史发展过程中，从城市核心的形成开始，经过自然的发展和有规划的建设，各个时期呈现不同的形式。

（2）社会因素

社会因素包括社会制度和社会不同阶层、集团的利益、意志、权力等，都对城市的选址、发展方向、规划思想和城市总体布局结构起着十分重要的作用。

（3）科学技术因素

现代工业的产生使城市的总体布局形式发生变化。钢铁工业城市要求工业区和居住区平行布置；化学工业城市要求工业区同居住区之间有一定的隔离地带；现代先进的交通运输工具和通信技术的问世，使大城市的有机疏散、分片集中的规划布局形式成为可能。

5.3.2 城市总体布局类型

1. 城市相对集中布局

相对集中布局的城镇，是在用地和其他条件允许、符合环境保护要求的情况下，将城镇各组成要素集中紧凑，连片布置，使建成区相连或基本相连。这种布局形态便于集中设置较为完善的市政、公共设施，建设和管理比较经济，生产和生活比较方便。缺点是工业区和居住区距离较近，绿地较少，环境不易达到较高标准。一般二三十万人口的中小城市、县城、建制镇镇区可采用这种布局形态。但随着城市规模的不断扩大，建成区面积超过 50 km^2，居住人口超过 50 万，容易形成“摊大饼”形态，这样将导致城市环境恶化，居住质量下降。城市规划应注意改变这种已经变得不合理的布局形态。

相对集中布局形态一般可分为块状式、带状式、沿河岸组团式等形态。

（1）块状式

块状式又称饼状式，建成区的基本形态为一个地块，形状一般为圆形、椭圆形、正方形、长方形，中间没有绿化带隔离，或只有小河把街坊分开。我国地处平原的城市大多为这种形态，这种布局形式便于集中设置市政设施，合理利用土地，交通便捷，容易满足居民的生产、生活和游憩等需要。直到现在，北京、沈阳、长春、西安、石家庄、济南、成都［见图 5–4(a)］、郑州这些城市仍基本保持这种形态。建成区面积较大的块状城市往往形成“摊大饼”

形态，对城市交通、环境等方面的弊端已严重制约城市发展，影响市民生活。规划应控制这种“饼状”的继续膨胀，通过建设新城区或卫星城镇等措施来分担城市部分职能，疏散城区过密人口，改善城市布局形态。

（2）带状式

这种布局形态是受自然条件或交通干线的影响而形成的。有的沿着江河或海岸的一侧或两岸绵延，有的沿着狭长的山谷发展，还有的沿着陆上交通干线延伸。这类城市平面结构和交通流向的方向性较强，纵向交通组织困难，常有过境交通穿越，如兰州、沙市、洛阳、丹东、青岛、常州、宜昌［见图 5–4（b）］等。

（3）沿河岸组团式

由于自然条件等因素的影响，城市用地被分隔为几块。结合地形把功能和性质相近的用地相对集中，分块布置，每块都有居住区和生活服务设施，相对独立（称组团），组团之间保持一定的距离，并有便捷的联系，生态环境较好，并可获得较高的效益。武汉、重庆［见图 5–4（c）］、韶关、宜宾、泸州、合川就是这种布局形态。武汉被长江和汉水分割成汉口、武昌、汉阳 3 个部分，号称武汉三镇。重庆也被长江和嘉陵江分成中心城区、江北、南岸 3 个部分。韶关市被北江、浈江、武江分成三江六岸布局形态。

2. 相对分散布局

相对分散布局的城镇，因地形、矿产资源、历史等原因，使建成区比较分散，每块建成区规模大小不一，彼此距离较远，由交通线保持联系。这种布局形态使建成区之间的联系不如相对集中布局那么方便，城市道路、供水、排水、供电、通信、供气等基础设施投资可能增加，管理难度增大；优点是有利于形成良好的生态环境，减少人口居住密度，也有利于更合理利用土地。

相对分散布局的城市形态多样，主要有姐妹城式、主辅城式、一城多镇式、点条式、掌状式等。

（1）姐妹城式

城市建成区由大小差不多的双城组成，故也称双城式。两城共同承担主城区的功能，但有所分工，如银川［见图 5–4（d）］、包头。银川市由旧城区和新城区双城组成，旧城为行政中心，新城为经济中心，由两条主干道相联系。包头也是由旧城（东城区）和新城（青山区、昆都仑区）组成，新城是新中国成立后配合包钢建设逐渐形成的新城区。银川和包头的新城区都是为了适应经济发展、大型工业建设形成的，与旧城区保持一定距离，有合理分工，规划仍保持这种双城结构。

（2）主辅城式

城市建成区由主城和 1～2 个辅城组成。主城为城市中心所在，规模较大，为城市主体。辅城与主城保持一定距离（十几千米至几十千米），多为港口城或新的大工业区，为主城的卫星城，居住人口较主城少。连云港、福州［见图 5–4（e）］是典型的主辅城结构。连云港主城为新浦、海州组成的原城区，辅城为港口区。福州的主城为原城区（包括南岛），辅城为马尾港区。辅城是建港时形成的新城区。秦皇岛是一主二辅结构，主城为秦皇岛港所在的海港区，辅城为山海关区和北戴河区。宁波市也是一主二辅结构，原城区为主城，北仑区和镇海区为辅城。

（3）一城多镇式

这种城市的建成区由多个城市组团组成，中心区不够突出，各组团（镇）规模相当。这是因为这些城市是由相邻数镇联合发展起来的，如山东的淄博市［见图 5–4（f）］是由张店、淄川、博山、临淄（辛店）、周村五镇组成的一个特大城市。不少工矿城市是由若干个矿区组成的多点式结构。石油城大庆市建成区散布在萨尔图、龙凤、卧里屯、让胡路、乘风庄等十几个矿区，这是由于油井分布而形成的特殊布局形态。市中心萨尔图规模不大，中心地位不突出，大庆市规划将强化市中心的地位，更好地发展中心城区的作用。

（4）点条式

有的山地城市因受地形限制，只好沿河谷发展，在地形较开阔处建设城区、工矿区、居民区，往往形成绵延数十千米，形似长藤丝瓜的点条式城市形态。这些城市在建设过程中大多受到当时三线建设的“山、散、洞”布局思想的影响，造成城市布局过于分散，给生产、生活造成诸多不便。规划应根据当地的具体条件，把生产、生活区适当集中，加强配套，并控制人口规模。地处大西南金沙江畔的钢城攀枝花市［见图 5–4（g）］、鄂西北山区的汽车城十堰市都是这类布局形态的代表。

（5）掌状式

有的山地工矿城市因受到地形和矿产资源分布的影响，建成区沿河谷发展，结合矿井布置，沿几条河谷形成长条状工矿区，酷似手掌。山西省的煤矿城市古交便是典型的掌状式结构［见图 5–4（h）］。城市沿汾河上游 5 条河谷伸展，既利用河谷地形，又与矿井分布一致。不过这种布局形态对城市内部道路交通组织造成困难。

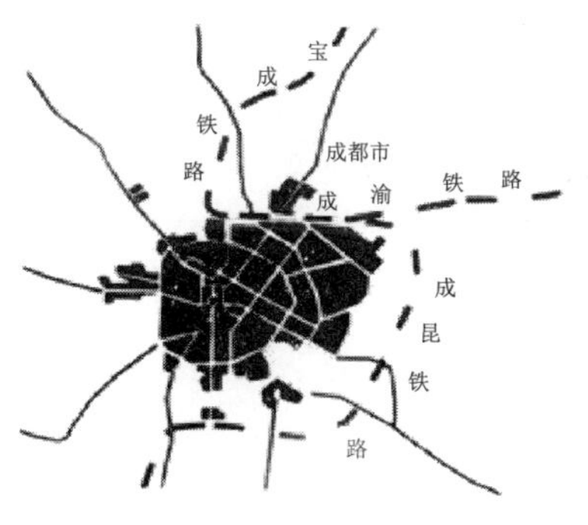

（a）成都市总体布局形态图

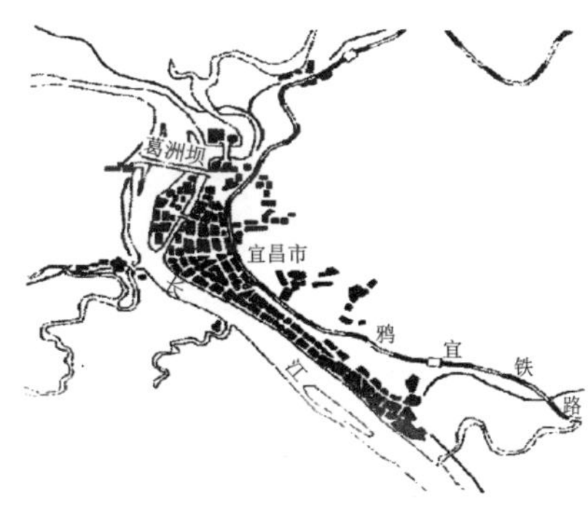

（b）宜昌市总体布局形态图

图 5–4　城市总体布局形态图

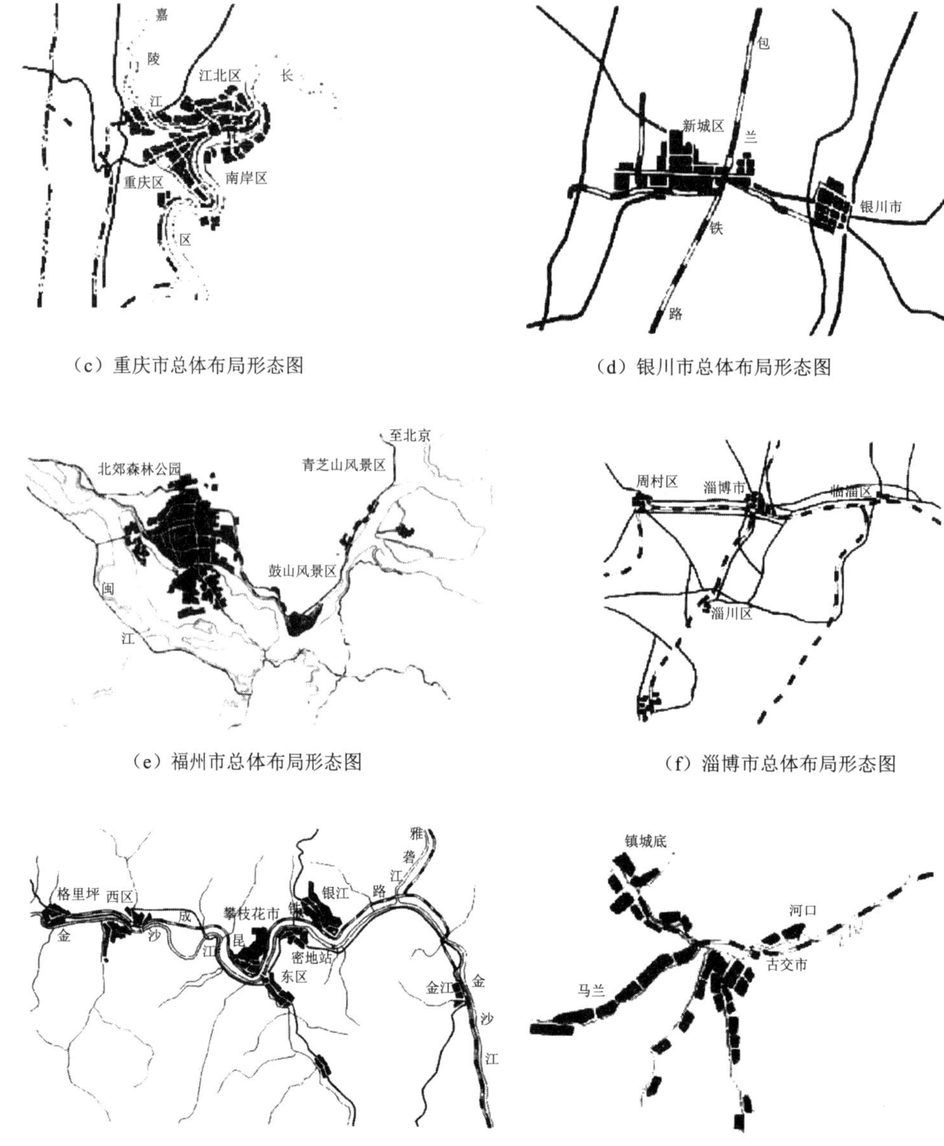

（c）重庆市总体布局形态图

（d）银川市总体布局形态图

（e）福州市总体布局形态图

（f）淄博市总体布局形态图

（g）攀枝花市总体布局形态图

（h）古交市总体布局形态图

图 5–4　城市总体布局形态图（续）

3. 集聚–扩散型的组团布局

如何确定一个城市布局形态，如何对现状布局形态进行改造，应根据每个城市的条件、特点而定。现代城市规划一般宜采用集聚与扩散相结合的组团布局形态，这种城市布局形态采取适当集聚、合理扩散、加强配套、弹性发展的手法。根据不同城市性质、规模、现状特点、用地条件，把城市划分成若干个大组团，每个大组团再细分成小组团。各组团规模适中，社会服务设施自行配套。中心城组团规模较大。大的城市也可采用双中心，甚至三中心结构。各组团间可利用天然水面、山体保持距离，或建立绿化隔离带。这样既可保持良好的生态环境，又留有弹性发展余地。中心城以外可规划若干个有一定规模、设施配套的卫星城镇，以分流中心城过密人口，转移部分产业。

4. 大都市连绵区

在大城市和特大城市快速增长的同时，随着人口和产业空间密集程度的进一步提高，城镇密集地区显著增长，成为局部高度城市化的地区。城镇密集地区作为国家和地区的经济中心区，在经济社会发展中的地位日益突出。在世界上一些人口密集的发达地区，城市化的广域扩展和近域推进高度结合，城市地域相互交融，城市之间的农村间隔地带日渐模糊，整个地区内城市用地比例日益增高，形成地域范围十分广阔的大都市连绵区，也称大都市连绵带。

20 世纪 50 年代，大都市连绵区首先在美国东部大西洋沿岸和五大湖南部地区及西欧发达国家出现。目前，全球典型的大都市连绵区包括美国东北部大西洋沿岸波士顿–华盛顿大都市连绵区、美国五大湖地区芝加哥–匹兹堡大都市连绵区、美国西部太平洋沿岸圣迭戈–旧金山大都市连绵区、日本东海岸东京–名古屋–大阪大都市连绵区、英国伦敦–伯明翰大都市连绵区、荷兰兰斯塔德大都市连绵区等。随着世界范围城市化的普遍推进，自 20 世纪 70 年代起，许多发展中国家经济发达、人口稠密的城镇密集地区，如巴西东海岸、韩国、印度等地的城镇密集地区，以及中国东南沿海地区，也逐渐向大都市连绵区发展演化。大都市连绵区的不断形成和发展，已经成为全球城市发展的一个明显趋势。

从一定意义上讲，大都市连绵区是城市化进程中高于大都市圈的一个阶段，是多个大都市圈在功能和空间上衔接融合的结果。大都市连绵区的发展，是更宏观尺度上的人口和产业的集聚，反映了工业化后期及信息化发展进程中城市空间布局的一种新态势。大都市连绵区内部的各城市之间，已经形成了十分紧密的信息、人口、交通、产业联系，形成了有机关联的功能整体，这种集合效应可以使大城市的规模效益和带动作用得到充分的发挥。大都市连绵区区域性基础设施共建共享的程度很高，形成了十分发达的区域性基础设施网络体系，城镇沿交通轴线呈带状展开，在功能紧密关联的同时又保持了相当比例的生态用地和专业化农、林业用地，形成了有效的空间间隔。大都市连绵区的这种地域空间组织形式，又在相当程度上避免了单个城市连续膨胀造成的生态环境问题。一般认为，大都市连绵区的形成和发展，一方面强化了大城市具备的区位优势，另一方面又有效地缓解了单一中心的人口和环境压力。正因为如此，大都市连绵区成为 20 世纪 70 年代以来全球最具经济活力的地区，在国家和地区经济发展中发挥着至关重要的作用。

5.4 城市总体布局艺术

5.4.1 城市总体布局的艺术手法

城市总体布局艺术是指城市在总体布局上的艺术构思及其在城市总体骨架和空间布局上的体现。城市总体布局要充分考虑城市空间组织的艺术要求，对用地的地形地势、河湖水系、名胜古迹、绿化林木、有保留价值的建筑等组织到城市的总体布局之中，并根据城市的性质规模、现状条件、总体布局，形成城市建设艺术布局的基本构思，反映出城市的风貌、历史传统等地方特色，强调城市建设艺术的骨架。

1. 自然环境的利用

城市艺术布局，要体现城市美学要求，为城市环境中自然美与人工美的综合，如建筑、道路、桥梁的布置与山势、水面、林木的良好结合。城市艺术面貌，由自然与人工、空间与时间、静态与动态的相互结合、交替交化而构成。充分利用好各个城市独特的自然环境，如高地、山丘、河湖、水域，将其作为总体布局的视线和活动焦点，创造出平原、山地和水乡等各具特色的城市形象。

① 平原地区，规划布局紧凑整齐。为避免城市艺术布局单调，常采用挖低补高、堆山积水、加强绿化、建筑高低配置得当，道路广场、主景对景的尺度处理适宜的手段，给城市创造丰富而有变化的立体空间。

② 丘陵山川地区，应充分结合自然地形条件，采取分散与集中相结合的规划布局。处理好城市建设与地形之间的关系，就能获得与众不同的多层次的艺术景观。如兰州位于黄河河谷地带，采取分散与集中相结合的布局，城市分为 4 个相对独立的地区；拉萨建筑依山建设，层层叠叠，主体空间感较强。

③ 河湖水域地区，应充分利用水域进行城市艺术布局。如杭州、苏州、威尼斯等城市。

2. 历史条件的利用

对历史遗留下来的文化遗产和艺术面貌，应充分考虑利用，保留其历史特色和地方风貌，并将其组织到城市艺术布局中，丰富城市历史和文化艺术内容。如北京市中轴对称、规整严格的城市艺术布局，是按照中国古代封建都城模式，继承历代都城布局传统并结合具体自然条件而规划建设的。

3. 工程设施的结合

城市艺术面貌与环境保护、公用设施、城市管理密不可分。可结合城市的防洪、排涝、蓄水、护坡等工程设施，进行城市艺术面貌的处理。沿江、河岸线的城镇，可利用防洪堤等进行各种类型的植物绿化、美化，既增强城镇空间变化，又为居民创造良好的居住环境，也能使城镇面貌获得良好的效果。如北京的陶然亭公园、天津的水上公园的形成就是良好的范例。

4. 设计意图的体现

城市总体布局一方面基于对地形地貌、水系、植被、历史遗存等客观条件的分析，并在规划中给予有意识的组织和利用；但另一方面，即使面对同样的客观条件，按照不同的规划设计主观意图所形成的城市总体布局也可以千差万别。因此，从某种意义上来说，城市总体布局也是城市整体设计意图的集中体现。通常，城市总体艺术布局关注城市中的以下要素：

① 重要建筑群（如大型公共建筑、纪念性建筑等）的形态布局、体量、色彩；

② 公园、绿地、广场及水面等组成的开敞空间系统；

③ 城市中心区、各功能区的空间布局；

④ 城市干道等所形成的城市骨架；

⑤ 城市天际线等城市空间的起伏与景观。

结合每个城市的具体情况，对上述要素做出统一安排就形成了城市的总体艺术布局，并成为城市总体布局的重要组成部分。

5.4.2 总体布局的艺术组织

1. 城市用地布局艺术

城市用地布局艺术是指城市在用地布局上的艺术构思及其空间的体现。城市用地布局要充分利用和改造自然环境，考虑城市空间组织的艺术要求，把山川河湖、名胜古迹、园林绿地、有保留价值的建筑等有机地组织起来，形成城市景观的整体骨架。

自然条件利用得当，不仅美观，而且经济。如平原城市，地势平坦，有比较紧凑、整齐的条件，可借助于建筑布局的手法，如组织对景和利用宽窄不同的街道、大小和形式不同的广场、高低错落的建筑轮廓线及组织绿地系统以形成自然环境与建筑环境相交替的城市空间布局，打破平坦地形所引起的贫乏、空旷、单调感；山区城市可利用地形起伏，依山就势布置道路、建筑，形成多层次、生动活泼的城市空间；近水城市则可利用水面组成秀丽的城市景色等。

2. 城市空间布局艺术

城市空间布局要充分体现城市审美要求。城市之美是城市环境中自然美与人为美的综合，如建筑、道路、桥梁等的布置能很好地与山势、水面、林木相结合，可获得相得益彰的效果。掌握城市自身特点，探索适宜本城市性质和规模的城市艺术风貌。在不同规模的城市中，在整个城市的比例尺度上，如广场的大小，干道的宽窄，建筑的体量、层数、造型、色彩的选择，以及其与广场、干道的比例关系等均应相互协调。城市美在一定程度上要反映城市尺度的匀称、功能与形式的统一。

城市中心艺术布局和干道艺术布局是城市空间布局艺术的重点。前者反映的是城市印象中的节点景观，后者反映的是一种通道景观。两者都是反映城市面貌和个性的重要元素，要结合城市自然条件和历史特点，运用各种城市布局艺术手段，创造出具有特色的城市中心和城市干道的艺术面貌。

在城市空间布局时，还要考虑城市整体景观的艺术要求，以此反映城市整体美及其特色。在空间布局中，要加强对城市中不同地区的建筑艺术的组织，通过城市活动空间的点、线、面的组合和城市建筑物与构筑物在形式、风格、色彩、尺度、空间组织等方面的协调，形成城市文脉结构、整体的空间肌理和组织的协调共生关系，完善城市中成片街区和小街、小巷体现出来的最富有生活气息的城市艺术面貌。

3. 城市轴线布局艺术

城市轴线是组织城市空间的重要手段。通过轴线，可以把城市空间布局组成一个有秩序的整体，在轴线上组织布置主要建筑群的广场和干道，使之具有严谨的空间规律关系。而城市轴线本身又是城市建筑艺术的集中体现，因为在城市轴线上往往集中了城中主要的建筑群和公共空间。城市轴线的艺术处理也是城市建筑艺术上着力描绘的精华所在，因而也最能反映出城市的性质和特色。

4. 历史文化特色传承

在城市空间布局中，要充分考虑每个城市的历史传统和地方特色，创造独特的城市意境和形象，充分保护好有历史文化价值的建筑、建筑群、历史街区，使其融入城市空间环境之中，成为城市历史文脉的见证。

在空间布局中要注意发扬地方建筑布局形式，反映地方文化特质，如江南的河街结合布局形式等。我国历史遗留下来的封建时代的城市，如西安、北京等，总体结构严谨，分区严密，建筑群的组织主次分明，高低配合得体，并善于利用地形等特点，都值得我们加以继承和发扬。对富有乡土气息的、建筑质量比较好的、完整的旧街道与旧民居群，应尽量采取整片保留的方法，并加以维修与改善。新建建筑也应从传统的建筑和布局形式中汲取精华，以保持和发扬地方特色。

5. 总体艺术布局协调

（1）艺术布局与适用、经济的统一

适用、经济要与艺术要求相辅相成，主要在于合宜的规划处理。艺术布局与施工技术条件也要协调统一。

（2）历史、近期与远期的统一

历史条件、时代精神、不同风格、不同处理手法的统一。城市各个历史时期所形成的城市面貌不同，只考虑近期或只考虑远期都是片面的，要先后步调一致。在一个旧城改造中，各个历史时期不同风格的城市艺术布置，或一个新建城中各个区域不同形式的艺术处理，或具体设计的不同手法，应当统一到城市的整体艺术布局中去，体现各个城市的特色和风格。

（3）整体与局部、重点与非重点的统一

所谓重点突出，“点”“线”“面”相结合，就是突出城市艺术布局的构图中心（如市中心或其他主要活动中心），把它和道路、河流、绿化带等“线”和园林绿化地区等“面”结合起来。

（4）不同类型城市应有不同的艺术特色

城市总体艺术布局，要结合城市的性质、规模、地区特色、自然环境和历史条件，因地制宜地进行综合考虑。不同性质、规模的城市，在城市总体艺术布局上也应反映它们不同的艺术特色。省会或自治区首府要有一个较完整的行政中心，表现出一个省市政治、经济、文化的特点，因此，可有一些较宏伟的建筑群。在不同规模的城市，其比例尺度，如广场的大小，干道的宽窄，建筑体量、层数、造型、色彩的选择及与广场、干道的比例关系等均应相互协调。把较大城市的广场、干道、建筑群的比例尺度放到较小的城市中去是不适宜的。

5.5　城市总体布局方案评价

5.5.1　城市总体布局评价的意义与特点

城市总体布局的评价是通过对城市总体布局方案进行比较、分析，进而选择出最优方案的过程，是城市规划编制过程中的一个必不可少的环节。其主要目的是通过对不同规划方案的比较、分析与评价，找出现实与理想之间、各类问题和矛盾之间、长期发展与近期建设之间相对平衡的解决方案。

1. 城市总体布局评价的重要性

虽然我们通过对城市发展规律的总结归纳和科学系统的分析，可以找出影响城市总体布局的主要因素和形成城市总体布局的一般规律，但就某一个具体的城市而言，其规划中总体布局的可能性并不是唯一的，这是由以下几个原因造成的。首先，城市是一个开放的巨系统，不但其构成要素之间的关系错综复杂，牵一发而动全身，而且对构成要素在城市总体布局中的重要程度，主次顺序，不同的社会阶层、集团或个人有着不同的价值取向和判断。也就是说，面对同样的问题，由于价值取向的不同而形成不同的解决方法，反映在城市总体布局上就会形成不同的方案。例如，以公共交通和集合式住宅解决居住问题的城市总体布局与以私人小汽车和低密度独立式住宅解决居住问题的城市，其总体布局截然不同。其次，城市规划方案以满足城市的社会经济发展为前提。其中充满了不确定性因素，而这种对未来预测的不同结果、判断及相应的政策也会影响到城市总体布局所采用的形式。例如，基于对城市郊区化进展的判断所采取的强化城市传统中心的总体布局，与解决城市中心职能过于向传统城市中心集中、疏解城市中心职能所采取的总体布局之间存在着明显的差别。最后，即使在相同的前提与价值取向的情况下，城市行政领导等决策者甚至是规划师个人的偏好也会在相当程度上影响或左右城市的总体布局形态。总之，人们对问题的认识、价值取向、个人好恶等均会影响到城市总体布局的结果。因此，城市总体布局是一个多解的，有时甚至是难以判断其总体优劣的内容。正因为如此，在城市规划编制过程中，城市总体布局的评价就显得尤为重要。其主要意义和目的可以归纳为：

① 从多角度探求城市发展的可能性与合理性，做到集思广益；

② 通过方案之间的比较、分析和取舍，消除总体布局中的“盲点”，降低发生严重错误的概率；

③ 通过对方案进行分析、比较，可以将复杂问题分解梳理，有助于客观地把握和规划城市；

④ 为不同社会阶层与集团利益的主张提供相互交流与协调的平台。

2. 城市总体布局评价的基本思路与特点

多方案的比较、分析与选择是城市规划中经常采用的方法之一。城市总体布局构思与确定阶段的多方案比较主要从城市整体出发，对城市的形态结构及主要构成要素做出多方位、多视角的分析和探讨。关键在于要抓住特定城市总体布局中的主要矛盾，明确需要通过城市总体布局解决的主要问题，不拘泥于细节。例如，在2003年开展的北京空间战略发展研究中，改变现状单一城市中心、城市用地呈圈层式连绵发展的城市结构是北京在发展中急需解决的主要矛盾。针对这一主要矛盾，3个研究参与单位分别提出了不同的解决思路，并最终归纳出“两轴–两带–多中心”的城市格局。对于新建城市而言，城市总体布局的多方案比较可能意味着截然不同的城市结构之间的比较；而对现有城市而言，则可能是不同发展方向与发展模式之间的比较。

在城市总体布局多方案比较的实践中，存在着两种不尽相同的类型。一种是包括对城市总体布局前提条件分析研究在内的多方案比较，或者称为对城市发展多种可能的探讨。在这类多方案比较中，研究的对象不仅包括城市的形态与结构，往往还包括对城市性质、开发模式、人口分布、发展速度等城市发展政策的探讨。1954年的东京圈土地利用规划、1961年的华盛顿首都圈规划，以及21世纪澳门城市规划纲要，研究的都是这一类型的实例。另一种类型则是在规划前提已定的条件下侧重对城市形态结构的研究，常见于规划设计竞赛。著名的巴西首都巴西利亚规划设计竞赛、我国上海浦东陆家嘴CBD地区的规划设计竞赛等都属于这一类。

此外，在城市规划实践中，除对城市总体布局进行多方案比较外，有时还会针对布局中某些特定问题进行多方案的比较。例如，城市中心位置的选择、过境交通干线的走向等。

5.5.2 城市总体布局多方案比较与方案选择

1. 多方案比较的内容

城市总体布局涉及的因素较多，为便于进行各方案间的比较，通常将需要比较的因素分成几个不同的类别，如表 5–1 所示。

表 5–1 城市总体布局多方案比较内容一览表

序号	比较类别	详细内容说明
1	地理位置与自然条件	城市选址（或发展用地）中的工程地质、水文地质、地形地貌等是否适于城市建设
2	资源与生态保护	对农田等资源的占用及对生态系统的影响是否最小
3	城市功能组织	商务、商业服务等城市中心功能，工业区等产业功能及居住功能等主要功能区之间的关系是否合理
4	交通运输条件	铁路、公路、机场、码头等城市对外交通设施是否高效服务城市，同时又对城市发展不形成障碍；城市道路系统是否完整、通畅、高效、合理
5	城市基础设施	给水、排水、电力、电信、供热、煤气等城市基础设施的系统结构、关键设备布局是否合理；高压走廊的走向对城市是否有影响
6	城市安全与环境质量	是否有利于城市抵御洪水、地震、台风等自然灾害及火灾、空袭等人为灾害；是否有利于城市环境质量的提高
7	技术经济指标	城市建设开发的投入产出比例等是否高效、合理
8	分期建设与可持续发展	是否有利于城市的分期建设；是否留有足够的进一步发展的空间

应该指出的是，现实中每个城市的具体情况不同，对上述要素需要区别对待，有所侧重，甚至不必针对所有因素进行比较。同时，方案比较本身的目的也直接影响方案比较的主要内容和侧重点。

2. 多方案比较的实例

（1）东京城市圈开发形态方案

20 世纪 50 年代中期，伴随着经济起飞和全国性中心职能向首都地区集中，东京城市圈开始出现大规模土地开发的压力。日本城市规划学会大城市问题委员会下设专门调查委员会对此进行了调查研究并提出研究报告。其中，针对东京城市圈半径 40 km 范围内的开发形态，从肯定或否定大城市两个角度出发提出了 6 种不同类型的城市开发模式。方案比较侧重对人口分布、交通设施、开敞空间、居住环境、新开发与既有中心城市的关系等方面的分析。在 6 个方案中，开发特定城市的方案后来被首都圈建设委员会采纳，并以此为基础形成了第一次首都圈建设基本规划（1958 年）（见图 5–5）。

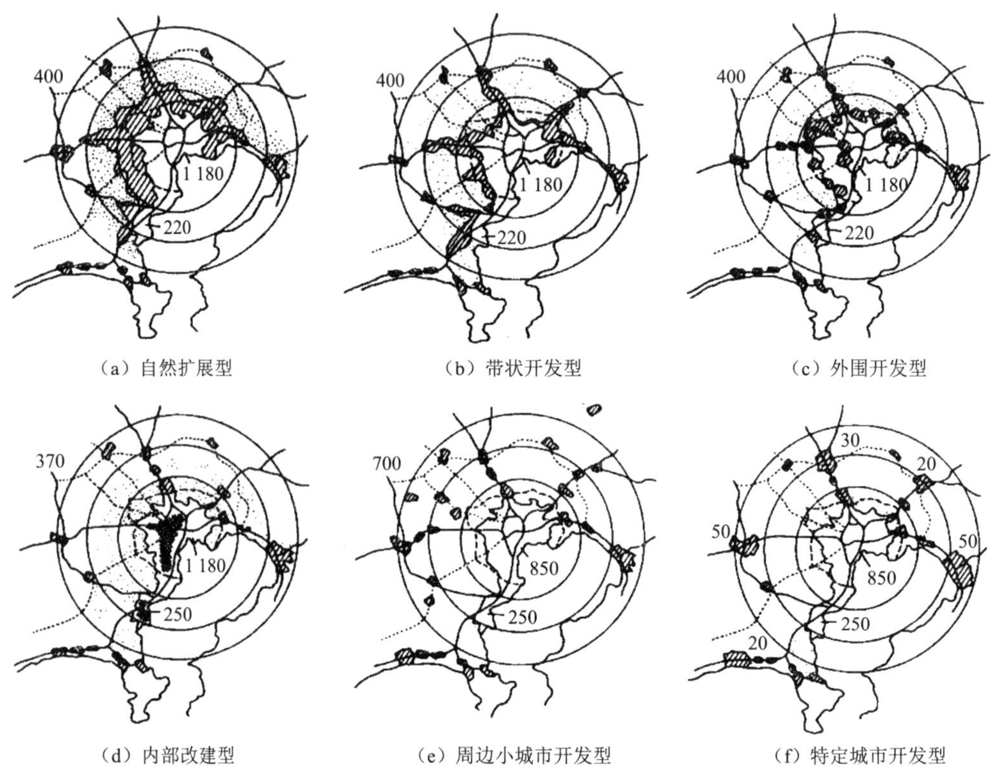

（a）自然扩展型　（b）带状开发型　（c）外围开发型

（d）内部改建型　（e）周边小城市开发型　（f）特定城市开发型

图 5–5　东京城市圈开发形态方案比较

（2）21 世纪澳门城市规划纲要研究

为迎接 1999 年澳门回归祖国，清华大学、澳门大学等单位联合开展了 21 世纪澳门城市规划纲要研究工作。其中，针对澳门城市现状中人口、建筑密度较高，城市用地匮乏，缺少发展空间等问题，并考虑到回归后产业发展方向、规模、速度及澳穗合作中的不确定性等因素，就城市发展规模及形态提出了“稳定型”“调整型”及“转换型”3 个不同的方案。这一系列方案提出的目的并非希望通过方案之间的比较，来选择一个最为合理现实的方案，而是着重探讨在不同产业发展模式及不同澳穗合作模式下的多种可能性，为回归后的特区政府制定城市发展政策提供参考（见图 5–6）。

（3）巴西利亚的城市总体设计

1956 年巴西政府决定将首都从里约热内卢迁至中部高原巴西利亚，以带动内陆地区的发展。随后举行了规划设计竞赛，共有 6 个方案获得 1～5 等奖。各获奖方案在人口规模等条件已定的情况下（50 万人），侧重对城市功能组织的形态与城市结构的表达（见图 5–7）。经过评选，巴西建筑师路西奥 • 科斯塔（Lucio Costa）的方案最终获得第一名并被作为实施方案。该方案以总统府、议会大厦和最高法院所构成的三权广场为中心，并与联邦政府办公楼群、

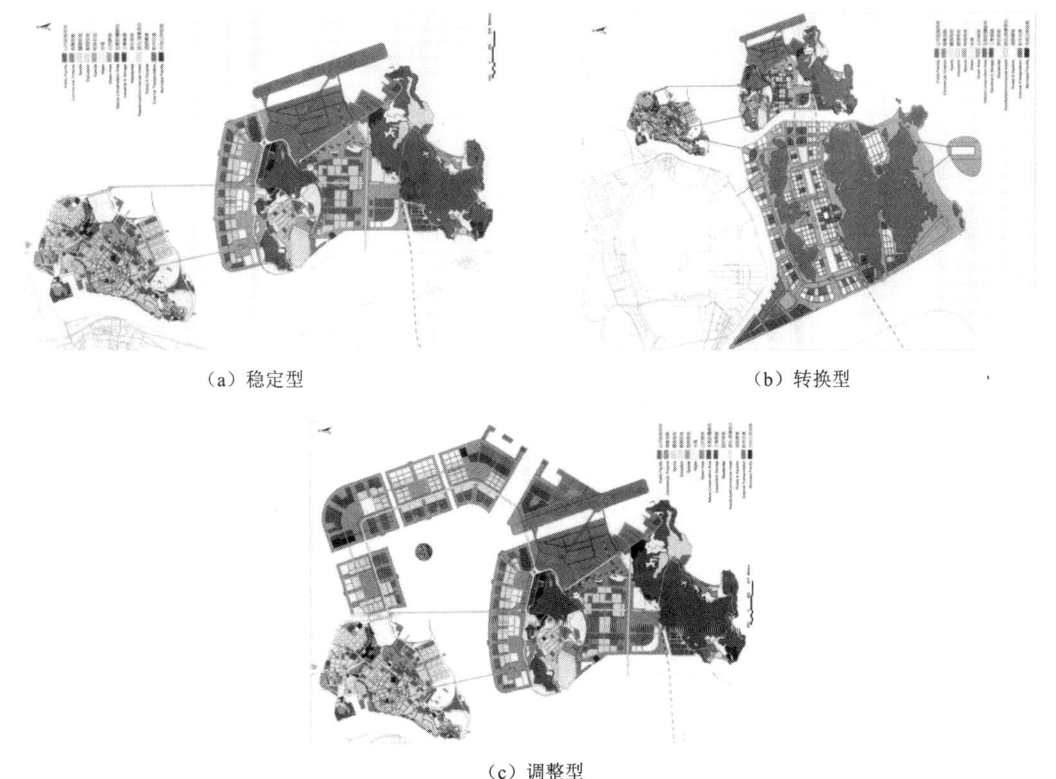

（a）稳定型

（b）转换型

（c）调整型

图 5–6 澳门 3 种不同发展模式与城市形态

大教堂、文化中心、旅馆区、商业区、电视塔、公园等组成东西向的轴线。在轴线两侧结合地形布置了居住区、外国使馆区和大学区，并由快速干道与轴线和外部相连接。整个城市宛如一只展翅飞翔的大鸟，形成了独特的城市形态。虽然在 1960 年巴西首都迁至此地后，对该方案的批评就没有中止过，但目前巴西利亚已基本按规划建成，并作为完全按照规划建成的现代城市，于 1987 年被联合国教科文组织列为世界文化遗产。

3. 方案选择与综合

城市总体布局多方案比较的目的之一就是要在不同的方案中找出最优方案，以便付诸实施。方案比较时，所考虑的主要内容也在上述“多方案比较的内容”中列出。然而通过分析比较找出最优方案有时并不是一件容易的事情。通常，比较分为定性分析与定量评判两大类。定性分析多采用将各方案需要比较的因素用简要的文字或指标列表比较的方法。首先通过对方案之间各比较因素的对比找出各个方案的优缺点，并最终通过对各个因素的综合考虑，做出对方案的取舍选择。这种方法在实际操作中较为简便易行，但比较结果较多地反映了比较人员的主观因素。同时参与比较人员的专业知识积累和实践经验至关重要。事实上，如果对每个比较因素的含义进行比较严格的定义，并根据具体方案的优劣程度设置相应的评价值，

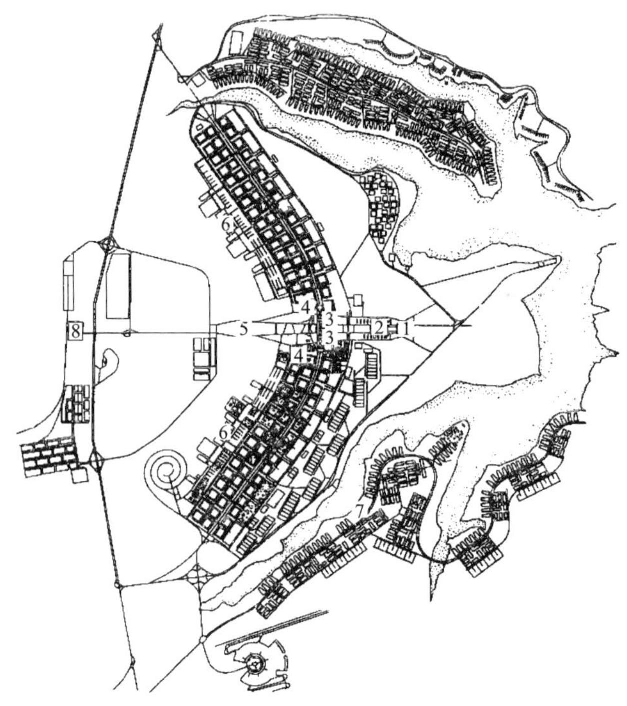

图 5–7　巴西利亚城市示意图

1—三权广场；2—行政区；3—文化娱乐中心；4—商业中心；5—体育场；
6—居住区；7—独户住宅区；8—铁路客运站

则可以计算出每个方案的得分值。但比较因素的选择、加权值、参评人的构成等均影响到各个方案的总得分值。这种方法虽然在一定程度上试图将比较过程量化，但仍建立在主观判断的基础上，与此相对应的是对方案客观指标进行量化选优的方法，即将各个方案转化成可度量的比较因子。例如，占用耕地面积、居民通勤距离、人均绿地面积等。但在这种方法中，存在某些诸如城市结构、景观等规划内容难以量化的问题。因此，实践中多采用多种方法相结合的方式进行方案比较。

另外，城市总体布局的多方案比较仅仅是对城市发展多种可能性的分析与选择，并不能取代决策。城市总体布局方案的最终确定往往还会不同程度地受到某些非技术因素的影响。此外，在某一方案确定后还要吸收其他方案的优点，进行进一步的完善。

（1）方案在实施过程中的深化与调整

通过多方案的比较、选择与综合，城市总体布局即可基本确定。但在城市规划实施的过程中，还会遇到各种无法事先预计的情况，这些情况有时也会不同程度地影响城市的总体布局，需要进行及时的调整和完善。例如，筑波研究学园城市是位于日本首都东京东北 60 km 处的一座新城，其总体规划于 1965 年首次颁布，随着新城建设中迁入该地区的各个研究机构、高等教育机构不断提出新的要求及土地征购进展情况的变化，新城建设总体规划分别在 1966 年、1967 年、1969 年进行了 3 次调整，保留了原有的城市结构。目前筑波的城市建设基本按照 1969 年所确定的方案实施，并有局部调整（见图 5–8）。

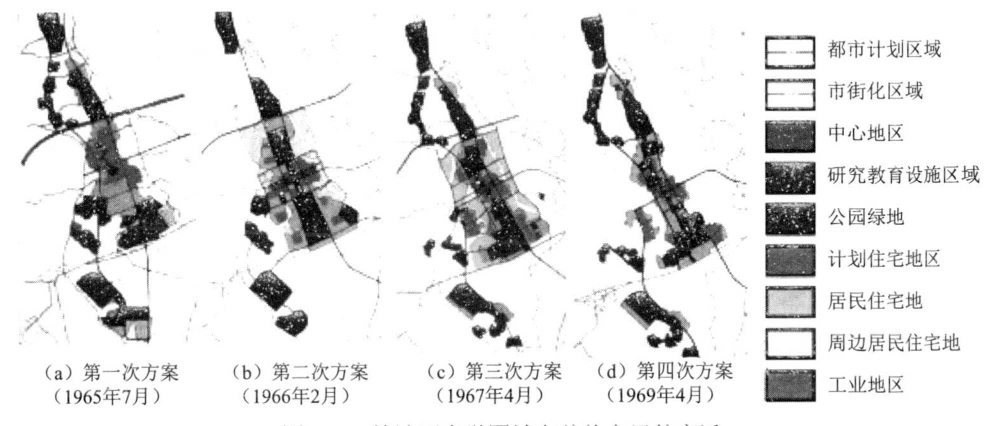

图 5–8　筑波研究学园城市总体布局的变迁

应该指出的是，城市总体布局关系到城市长期发展的连续性与稳定性，一旦确定就不宜做过多的影响全局的改动。对于涉及城市总体布局的结构性修改一定要慎之又慎，避免因城市总体布局的改变而引起新问题。

（2）城市总体规划评价方法举例

层次分析法（AHP）是由美国运筹学家托马斯·赛蒂（T. L. Saaty）教授在 20 世纪 70 年代研究“根据各个工业部门对国家福利的贡献大小而进行电力分配”课题时提出来的。它将半定性、半定量的问题转化为定量计算，是一种定性与定量相结合的、系统化、层次化的分析方法，适用于难以完全定量化的复杂问题的评价。该方法首先把复杂的决策系统层次化，然后通过逐层比较各种关联因素的重要性程度建立层次模型的判断矩阵，并通过一套定量计算方法为决策提供依据。由于在处理复杂决策问题上具有实用、有效、简单等优点，迅速在全世界范围内推广开来，自 1982 年被介绍到我国，其应用已遍及社会各领域。

运用层次分析法构造模型的步骤如下。

① 明确问题，建立层次结构模型：在深入分析实际决策问题的基础上，将复杂问题分解成各组成因素，各因素根据属性的不同自上而下地形成若干个递阶层次，同一层因素作为准则，在受上一层因素支配的同时又支配下一层因素。最高层表示解决问题的目的，一般只有一个因素；中间层表示为实现目标所涉及的因素、准则和策略等，可分为若干个子层；最低层表示为实现目标而供选择的方案、措施等。如图 5–9 所示。

② 构造判断矩阵：将每一层元素针对上一层因素所涉及的相互之间的重要性做出判断，判断矩阵可以清楚地表示上一层因素支配的下一层因素，以及有关因素之间的相对重要性。

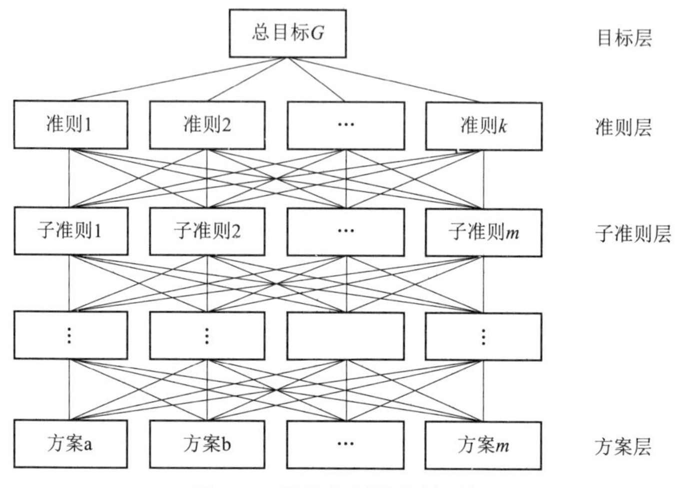

图 5–9　层次分析法中的层级

塞蒂提出了一致矩阵法，并建立了 1–9 标度法，后来很多学者在其基础上发展了（–2，2）标度法和三标度法等。设 $\boldsymbol{A}=(a_{ij})_{n\times m}$ 为正矩阵，若 $a_{ij}=\dfrac{1}{a_{ji}}(1\leqslant i,j\leqslant n)$，则称 $\boldsymbol{A}$ 为正互反矩阵或比较矩阵。设 $\boldsymbol{A}=(a_{ij})_{n\times m}$ 为正矩阵，若 $a_{ij}=a_{ik}\bullet a_{kj}(k=1,2,\cdots,n,1\leqslant i,j\leqslant n)$，则称 $\boldsymbol{A}$ 为一致性矩阵。可见在层次分析法中，我们所建立的正互反矩阵与一致性矩阵相似，但并不一定就是一致性矩阵，故需要对其进行一致性检验。

③ 层次单排序及其一致性检验：层次的单排序是指通过判断矩阵计算某一层因素对上一层某一准则的相对重要性排序权重，即计算判断矩阵 $\boldsymbol{A}$ 最大特征值对应的特征向量，即 $\boldsymbol{A\omega}=\lambda_{\max}\boldsymbol{\omega}$。利用判断矩阵的最大特征根和特征向量，求出一致性指标 CI（consistent index）、随机一致性指标 RI（random index）和一致性比率 CR（consistent ratio）等进行一致性检验。当 CR<0.1 时，则有满意的一致性，对矩阵的特征向量进行归一化处理后即为权向量；否则，需要重新调整判断矩阵各元素的取值。所谓一致性检验，是指确定矩阵 $\boldsymbol{A}$ 不一致的允许范围，其步骤如下。

定义一致性指标 CI：

$$\mathrm{CI}=\frac{\lambda_{\max}-n}{n-1} \tag{5–1}$$

查表求出随机一致性指标 RI：

RI 是赛蒂为衡量 CI 的大小而引入的，通过随机构造 500 个成对比较矩阵 $\boldsymbol{A}_1$，$\boldsymbol{A}_2$，…，$\boldsymbol{A}_{500}$，从而得到一致性指标 CI_1，CI_2，…，CI_{500}，则有：

$$\mathrm{RI}=\frac{\mathrm{CI}_1+\mathrm{CI}_2+\cdots+\mathrm{CI}_{500}}{500} \tag{5–2}$$

定义一致性比率 CR：

$$\mathrm{CR}=\frac{\mathrm{CI}}{\mathrm{RI}} \tag{5-3}$$

CR 越小，判断矩阵 $\boldsymbol{A}$ 的一致性越好，当 CR = 0 时，判断矩阵 $\boldsymbol{A}$ 有完全的一致性；当 CR<0.1 时，认为判断矩阵 $\boldsymbol{A}$ 有满意的一致性，通过一致性检验。

④ 层次总排序及其一致性检验：层次总排序是指某一层次所有因素对于最高层（总目标）相对重要性的排序权值，是从最高层向最低层依次进行的，并进行组合一致性检验。

设 A 层 m 个因素 A_1，A_2，…，A_m，对总目标 Z 的排序为 a_1，a_2，…，a_m，B 层 n 个因素对上一层 A 中因素 A_j 的层次单排序为 b_{1j}，b_{2j}，…，b_{mj}（j=1，2，…，m），则 B 层的层次总排序（即 B 层第 i 个因素对总目标的权重值）为 $\sum_{j=1}^{m} a_j b_{ij}$ 。

设 B 层 B_1，B_2，…，B_n 对上一层 A 中的因素 $A_j(j=1,2,\cdots,m)$ 的层次单排序一致性指标为 CI_j、随机一致性指标为 RI_j，则层次总排序的一致性比率为：

$$\mathrm{CR}_{总}=\frac{a_1\mathrm{CI}_1+a_2\mathrm{CI}_2+\cdots+a_m\mathrm{CI}_m}{a_1\mathrm{RI}_1+a_2\mathrm{RI}_2+\cdots+a_m\mathrm{RI}_m} \tag{5-4}$$

当 $\mathrm{CR}_{总}$<0.1 时，我们认为判断矩阵层次总排序具有满意的一致性。总之，层次分析法是一种定性与定量相结合的多层次多目标的系统分析方法，具有普遍的适用性。由于第 2 步构造的判断矩阵具有主观性，不需要太高的求解精度，因此在实际应用中可采用和法、根法、幂方法、最小二乘法等近似计算。

思 考 题

1. 城市总体布局的基本原则有哪些?
2. 城市总体布局的具体内容有哪几方面?
3. 影响城市布局形式的因素有哪些?
4. 简述城市总体布局方案评价的内容。
5. 城市总体规划评价方法有哪几种?
6. 城市总体布局的方案应包含哪些主要内容?
7. 城市布局的艺术主要体现在哪些方面?
8. 城镇体系规划的转型思路主要是什么?

第 6 章

城市功能与用地规划

城市用地规划是城市总体规划的核心，主要研究城市各项主要用地之间的内在联系、各专项用地规划的原则和要求。本章是城市总体规划中的用地规划，分别介绍了城市用地的基本功能和分类，以及居住用地、工业用地、公共设施用地、仓储用地等的专项规划，重点阐述了城市用地分类与评价。

6.1 城市用地基本功能

6.1.1 城市用地的基本概念

土地是由土壤、气候、地形、岩石、动植物群落、水文等自然要素及过去、现在人类活动成果形成的自然历史综合体。土地的性质和用途取决于全部构成要素的综合影响，是各构成要素相互作用、相互制约的结果，具有为人类所利用的价值。土地利用是指人类通过与土地结合，获得物质产品和服务的过程，或是指人类对特定土地投入劳动力资本，以期从土地中得到某种欲望满足的过程。

城市用地是城市规划区域范围内赋予一定用途与功能的土地的统称，包括城市各类建筑、各种设施所占用的一定数量的土地，这些土地的总量构成了城市用地的总规模。城市用地的范围，一般是指城市的建成区面积，也包括已列入城市规划区域范围内的非建设用地，如农田、林地、山地、水面等所占的土地。为了适应城市功能多样性的要求，城市用地可以施加高度的人工化处理，也可以保持某种自然的状态。

6.1.2 城市用地的属性

城市用地不能只被简单地看作是可以进行城市建设的场所。土地利用的社会化过程弱化了其自然属性，并不断强化其社会属性，扩展其经济属性。这些属性已使得城市用地在城市发展、土地管理及城市规划与建设中显示出越来越重要的作用。

（1）自然属性

土地由自然生成，具有面积有限性、位置固定性等性质。另外，土地还有着永存性和不可再生性，土地不可能生长或毁失，和所占的空间一起始终存在着。但是土地的表层物质和结构形态可以被人为地或自然地改变。土地的这些自然属性将影响到城市用地的选择、城市土地的用途结构及城市建设的经济性等方面。

（2）社会属性

随着社会制度的形成与发展变化，土地大部分已依附于一定的拥有地权的社会权力，无论是公有的还是私有的形式。在不同的社会形态下，政治和社会权力不同程度地成为地权的延伸和表达。城市土地的社会属性尤其突出，由于城市土地的稀缺性，土地被集约利用并处于社会强力的控制与调节下。城市用地的社会性，还反映在当土地作为个人、社团或政府的资产时所起到的储蓄作用。当土地或房屋连同土地作为产业投资而民间化或普遍化时，所具有的社会性作用得以再次显现。

（3）经济属性

土地的经济属性是通过土地自身的价值被社会认可来体现的，表现为城市土地在被利用过程中能直接或间接地转化为经济效益。城市用地主要是非农用地，土地肥力和气候条件对土地价值的影响小于其区位条件所产生的影响。城市用地在经济地理位置上具有一定的差异性，对于处于一定位置的城市土地来说，其距离市中心的远近、与交通道路网络的联结状况等，都对城市土地的经济价值产生着重要的影响。城市土地因经济地理位置的不同而表现出的这种差异性，是构成城市土地较大级差地租的根本原因。

（4）法律属性

在商品经济条件下，土地是一项资产，由于它的不可移动的自然属性，而归之于不动产的资产类别。城市地产产权的国有或集体所有，或是在此条件下，我国所实行的地权中部分权益转让等社会隶属形式，都应经过法定程序获得立法的支持，因而土地具有明确的法律属性。

6.1.3 城市用地与城市功能实现

城市的功能是指城市在社会经济发展中所应具有的作用和能力。城市作为政治、经济、科技、文化、交通、金融、信息等的中心，人口聚集地和第二、第三产业的密集地，是一个多功能的实体。现代城市的功能是多方面的，主要有以下7个方面：① 工业生产基地的功能；② 贸易中心的功能；③ 金融中心的功能；④ 信息中心的功能；⑤ 政治中心的功能；⑥ 科技、教育、文化中心的功能；⑦ 服务中心的功能。城市的上述多功能是相互联系、相互制约的，它们都是城市整体功能中的一个分支，它们之间的联系形成了一个城市功能的综合体。

城市多功能性和功能的整体性作用的发挥，需要依靠城市用地的多功能配置来实现。城市的上述功能的实现需要有特定的场所和设施，而这些场所和设施必须占用一定的土地，即形成了工业用地、商业用地、金融业用地、信息业用地、行政用地、科教文化用地、服务用地等。因此，城市用地的最基本功能就是为城市的各类活动提供承载空间，使得城市功能得以实现，并且这种配置要不断优化。不仅如此，为使国民经济、居住环境、社会文化得到更好的发展，并使城市建设得更加经济、美好，城市土地必须按照功能划分区域，以适合各种不同设施之目的和要求。

6.2 城市用地分类与评价

6.2.1 城市用地分类

城市用地的用途分类，是城市规划中用地布局的统一表述，具有严格的内涵界定。城市用地分类包括城乡用地分类、城市建设用地分类两部分，应按土地使用的主要性质进行划分。

城乡用地是指市域范围内所有土地，包括建设用地与非建设用地。建设用地包括城乡居民点建设用地、区域交通设施用地、区域公用设施用地、特殊用地、采矿用地及其他建设用地等，非建设用地包括水域、农林用地及其他非建设用地等。

城市建设用地是指城市内的居住用地、公共管理与公共服务用地、商业服务业设施用地、工业用地、物流仓储用地、道路与交通设施用地、公用设施用地、绿地与广场用地。

按照《城市用地分类与规划建设用地标准》(GB 50137—2011)，用地分类采用大类、中类和小类 3 级分类体系。城乡用地共分为 2 大类、9 中类、14 小类；城市建设用地共分为 8 大类、35 中类、42 小类。城市建设用地的 8 大类分别为：居住用地（R)、公共管理与公共服务设施用地（A)、商业服务业设施用地（B)、工业用地（M)、物流仓储用地（W)、道路与交通设施用地（S)、公用设施用地（U)、绿地与广场用地（G)。

表 6–1 城市建设用地分类表

类别代码			类别名称	内容
大类	中类	小类		
R			居住用地	住宅和相应服务设施的用地
	R1		一类居住用地	设施齐全、环境良好，以低层住宅为主的用地
		R11	住宅用地	住宅建筑用地及其附属道路、停车场、小游园等用地
		R12	服务设施用地	居住小区及小区级以下的幼托、文化、体育、商业、卫生服务、养老助残设施等用地，不包括中小学用地
	R2		二类居住用地	设施较齐全、环境良好，以多、中、高层住宅为主的用地

续表

类别代码			类别名称	内　容
大类	中类	小类		
		R21	住宅用地	住宅建筑用地（含保障性住宅用地）及其附属道路、停车场、小游园等用地
		R22	服务设施用地	居住小区及小区级以下的幼托、文化、体育、商业、卫生服务、养老助残设施等用地，不包括中小学用地
	R3		三类居住用地	设施较欠缺、环境较差，以需要加以改造的简陋住宅为主的用地，包括危房、棚户区、临时住宅等用地
		R31	住宅用地	住宅建筑用地及其附属道路、停车场、小游园等用地
		R32	服务设施用地	居住小区及小区级以下的幼托、文化、体育、商业、卫生服务、养老助残设施等用地，不包括中小学用地
A			公共管理与公共服务设施用地	行政、文化、教育、体育、卫生等机构和设施的用地，不包括居住用地中的服务设施用地
	A1		行政办公用地	党政机关、社会团体、事业单位等办公机构及其相关设施用地
	A2		文化设施用地	图书、展览等公共文化活动设施用地
		A21	图书展览用地	公共图书馆、博物馆、档案馆、科技馆、纪念馆、美术馆和展览馆、会展中心等设施用地
		A22	文化活动用地	综合文化活动中心、文化馆、青少年宫、儿童活动中心、老年活动中心等设施用地
	A3		教育科研用地	高等院校、中等专业学校、中学、小学、科研事业单位及其附属设施用地，包括为学校配建的独立地段的学生生活用地
		A31	高等院校用地	大学、学院、专科学校、研究生院、电视大学、党校、干部学校及其附属设施用地，包括军事院校用地
		A32	中等专业学校用地	中等专业学校、技工学校、职业学校等用地，不包括附属于普通中学内的职业高中用地
		A33	中小学用地	中学、小学用地
		A34	特殊教育用地	聋、哑、盲人学校及工读学校等用地
		A35	科研用地	科研事业单位用地
	A4		体育用地	体育场馆和体育训练基地等用地，不包括学校等机构专用的体育设施用地
		A41	体育场馆用地	室内外体育运动用地，包括体育场馆、游泳场馆、各类球场及其附属的业余体校等用地
		A42	体育训练用地	为体育运动专设的训练基地用地
	A5		医疗卫生用地	医疗、保健、卫生、防疫、康复和急救设施等用地
		A51	医院用地	综合医院、专科医院、社区卫生服务中心等用地
		A52	卫生防疫用地	卫生防疫站、专科防治所、检验中心和动物检疫站等用地
		A53	特殊医疗用地	对环境有特殊要求的传染病、精神病等专科医院用地

续表

类别代码 大类	 中类	 小类	类别名称	内　容
		A59	其他医疗卫生用地	急救中心、血库等用地
	A6		社会福利用地	为社会提供福利和慈善服务的设施及其附属设施用地，包括福利院、养老院、孤儿院等用地
	A7		文物古迹用地	具有保护价值的古遗址、古墓葬、古建筑、石窟寺、近代代表性建筑、革命纪念建筑等用地，不包括已作其他用途的文物古迹用地
	A8		外事用地	外国驻华大使馆、领事馆、国际机构及其生活设施等用地
	A9		宗教用地	宗教活动场所用地
B			商业服务业设施用地	商业、商务、娱乐康体等设施用地，不包括居住用地中的服务设施用地
	B1		商业用地	商业及餐饮、旅馆等服务业用地
		B11	零售商业用地	以零售功能为主的商铺、商场、超市、市场等用地
		B12	批发市场用地	以批发功能为主的市场用地
		B13	餐饮用地	饭店、餐厅、酒吧等用地
		B14	旅馆用地	宾馆、旅馆、招待所、服务型公寓、度假村等用地
	B2		商务用地	金融保险、艺术传媒、技术服务等综合性办公用地
		B21	金融保险用地	银行、证券期货交易所、保险公司等用地
		B22	艺术传媒用地	文艺团体、影视制作、广告传媒等用地
		B29	其他商务用地	贸易、设计、咨询等技术服务办公用地
	B3		娱乐康体用地	娱乐、康体等设施用地
		B31	娱乐用地	剧院、音乐厅、电影院、歌舞厅、网吧及绿地率小于65%的大型游乐等设施用地
		B32	康体用地	赛马场、高尔夫球场、溜冰场、跳伞场、摩托车场、射击场，以及通用航空、水上运动的陆域部分等用地
	B4		公用设施营业网点用地	零售加油、加气、电信、邮政等公用设施营业网点用地
		B41	加油加气站用地	零售加油、加气、充电站等用地
		B49	其他公用设施营业网点用地	独立地段的电信、邮政、供水、燃气、供电、供热等其他公用设施营业网点用地
	B9		其他服务设施用地	业余学校、民营培训机构、私人诊所、殡葬、宠物医院、汽车维修站等其他服务设施用地
M			工业用地	工矿企业的生产车间、库房及其附属设施用地，包括专用铁路、码头和附属道路、停车场等用地，不包括露天矿用地
	M1		一类工业用地	对居住和公共环境基本无干扰、污染和安全隐患的工业用地
	M2		二类工业用地	对居住和公共环境有一定干扰、污染和安全隐患的工业用地

续表

类别代码 大类	中类	小类	类别名称	内容
	M3		三类工业用地	对居住和公共环境有严重干扰、污染和安全隐患的工业用地
W			物流仓储用地	物资储备、中转、配送等用地，包括附属道路、停车场及货运公司车队的站场等用地
	W1		一类物流仓储用地	对居住和公共环境基本无干扰、污染和安全隐患的物流仓储用地
	W2		二类物流仓储用地	对居住和公共环境有一定干扰、污染和安全隐患的物流仓储用地
	W3		三类物流仓储用地	易燃、易爆和剧毒等危险品的专用物流仓储用地
S			道路与交通设施用地	城市道路、交通设施等用地，不包括居住用地、工业用地等内部的道路、停车场等用地
	S1		城市道路用地	快速路、主干路、次干路和支路等用地，包括其交叉口用地
	S2		城市轨道交通用地	独立地段的城市轨道交通地面以上部分的线路、站点用地
	S3		交通枢纽用地	铁路客货运站、公路长途客运站、港口客运码头、公交枢纽及其附属设施用地
	S4		交通场站用地	交通服务设施用地，不包括交通指挥中心、交通队用地
		S41	公共交通场站用地	城市轨道交通车辆基地及附属设施，公共汽（电）车首末站、停车场（库）、保养场，出租汽车场站设施等用地，以及轮渡、缆车、索道等的地面部分及其附属设施用地
		S42	社会停车场用地	独立地段的公共停车场和停车库用地，不包括其他各类用地配建的停车场和停车库用地
	S9		其他交通设施用地	除以上之外的交通设施用地，包括教练场等用地
U			公用设施用地	供应、环境、安全等设施用地
	U1		供应设施用地	供水、供电、供燃气和供热等设施用地
		U11	供水用地	城市取水设施、自来水厂、再生水厂、加压泵站、高位水池等设施用地
		U12	供电用地	变电站、开闭所、变配电所等设施用地，不包括电厂用地。高压走廊下规定的控制范围内的用地应按其地面实际用途归类
		U13	供燃气用地	分输站、门站、储气站、加气母站、液化石油气储配站、灌瓶站和地面输气管廊等设施用地，不包括制气厂用地
		U14	供热用地	集中供热锅炉房、热力站、换热站和地面输热管廊等设施用地
		U15	通信用地	邮政中心局、邮政支局、邮件处理中心、电信局、移动基站、微波站等设施用地
		U16	广播电视用地	广播电视的发射、传输和监测设施用地，包括无线电收信区、发信区及广播电视发射台、转播台、差转台、监测站等设施用地
	U2		环境设施用地	雨水、污水、固体废物处理等环境保护设施及其附属设施用地
		U21	排水用地	雨水泵站、污水泵站、污水处理、污泥处理厂等设施及其附属的构筑物用地，不包括排水河渠用地

续表

类别代码 大类	中类	小类	类别名称	内　容
		U22	环卫用地	生活垃圾、医疗垃圾、危险废物处理（置），以及垃圾转运、公厕、车辆清洗、环卫车辆停放修理等设施用地
	U3		安全设施用地	消防、防洪等保卫城市安全的公用设施及其附属设施用地
		U31	消防用地	消防站、消防通信及指挥训练中心等设施用地
		U32	防洪用地	防洪堤、防洪枢纽、排洪沟渠等设施用地
	U9		其他公用设施用地	除以上之外的公用设施用地，包括施工、养护、维修等设施用地
G			绿地与广场用地	公园绿地、防护绿地、广场等公共开放空间用地
	G1		公园绿地	向公众开放，以游憩为主要功能，兼具生态、美化、防灾等作用的绿地
	G2		防护绿地	具有卫生、隔离和安全防护功能的绿地
	G3		广场用地	以游憩、纪念、集会和避险等功能为主的城市公共活动场地

6.2.2 城市用地评价

城市用地的评价包括多方面的内容，主要体现在 3 个方面，分别是自然条件评价、建设条件评价和经济性评价，这 3 方面是相互影响的，因此往往需要进行综合的评价。

1. 城市用地自然条件评价

自然条件与城市的形成和发展关系密切，对城市布局结构形式和城市职能的充分发挥有很大的影响。城市用地的自然条件评价主要包括工程地质、水文、气候等几个方面。

（1）工程地质条件

① 土质与地基承载能力。在城市用地范围内，由于地层的地质构造和土质的自然堆积情况存在着差异，其构成物质也就各不相同，加之受地下水的影响，地基承载力大小相差悬殊。全面了解城市用地范围内各种地基的承载能力，对城市建设用地选择和各类工程建设项目的合理布置及工程建设的经济性，都是十分重要的。此外，有些地基土质常在一定条件下改变其物理性质，从而对地基承载力带来影响。例如湿陷性黄土，在受湿状态下，由于土壤结构发生变化而下陷，导致上部建设的损坏。又如膨胀土，具有受水膨胀、失水收缩的性能，也会造成对工程建设的破坏。

② 地形条件。不同城市的地形条件，对城市规划布局、道路的走向和线形、各项基础设施的建设、建筑群体的布置、城市的形态与形象等，均会产生一定的影响。结合自然地形条件，合理规划城市各项用地和布置各项工程设施，无论是从节约土地和减少平整土石方工程投资，还是从城市管理等方面来看，都具有重要的意义。

城市各项工程设施的建设对用地的坡度都有具体的要求。如在平地常要求不小于 0.3%的坡度，以利于地面水汇集、排除，但地形过陡也将出现水土冲刷等问题。地形坡度的大小对道路的选线、纵坡的确定及土石方工程量的影响尤为显著。

③ 冲沟。冲沟是由间断流水在地层表面冲刷形成的沟槽。冲沟切割用地，使之支离破碎，对土地的使用十分不利。尤其在冲沟的发育地区，水土流失严重，而且道路的走向往往受其限制而增加线路长度和增设跨沟工程，给工程建设带来困难。规划前应弄清冲沟的分布、坡度、活动状况及冲沟的发育条件，以便及时采取相应的治理措施。如对地表水导流或通过绿化工程等方法防止水土流失。

④ 滑坡与崩塌。滑坡与崩塌是一种物理工程地质现象。滑坡是斜坡上大量滑坡体（土体或岩体）在风化、地下水及重力作用下，沿一定的滑动面向下滑动而造成的，常发生在山区或丘陵地区。因此，山区或丘陵地区城市在利用坡地或紧靠崖岩进行建设时，需要了解滑坡的分布及滑坡地带的界线、滑坡的稳定性状况。不稳定的滑坡体及处于滑坡体下滑方向的地段，均不宜作为城市建设用地。如果无法回避，必须采取相应工程措施加以防治。崩塌的成因主要是山坡岩层或土层的层面相对滑动，造成山坡体失去稳定而塌落。在裂隙发育且节理面顺向崩塌的方向，极易发生崩落，尤其是因过分的人工开挖导致坡体失去稳定而造成崩塌。

⑤ 岩溶。地下可溶性岩石（如石灰岩、盐岩等）在含有二氧化碳、硫酸盐、氯等化学成分的地下水的溶解与侵蚀作用下，岩石内部形成空洞（地下溶洞），这种现象称为岩溶，也叫喀斯特现象。地下溶洞有时分布范围很广，洞穴空间高大，若工程建筑物和水工构筑物不慎选在地下溶洞之上，其危险性是可以想象的。因此，在城市规划时要查清溶洞的分布、深度及其构造特点，之后确定城市布局和地面工程建设。

⑥ 地震。地震是一种自然地质现象，大多数地震是由地壳断裂构造运动引起的。所以，了解和分析当地的地质构造非常重要。在有活动断裂带的地区，最易发生地震，而在断裂带的弯曲突出处和断裂带交叉的地方往往是震中所在。在强震区一般不宜建设城市。在震区建设城市时，除制定各项建设工程的设防标准外，还须考虑震后的疏散救灾等问题。如建设不宜连绵成片，尽量避开断裂破碎地段。地震断裂带上一般可设置绿化带，不得进行建设，同时也不能布置城市的主要交通干路。此外，在城市的上游不宜修建水库，以免地震时水库堤坝受损，洪水下泄，危及城市。

（2）水文及水文地质条件

① 水文条件。江河湖泊等地面水体，不但可作为城市水源，同时它还在水路运输、改善气候、稀释污水及美化环境等方面发挥作用。但某些水文条件也可能给城市带来不利影响，如洪水侵患、年水量的不均匀性、水流对沿岸的冲刷及河床泥沙淤积等。沿江河的城市常会受到洪水的威胁，为防范洪水带来的影响，在规划中应处理好用地选择、用地布局及堤防工程建设等方面的问题。还要区别城市不同地区，采用不同的防洪设计标准，有利于土地的充分利用，也有利于城市的合理布局和节约建设投资。另外，城市建设也可能造成对原有水系的破坏，如过量取水、排放大量污水、改变水道与断面等，均能导致水体水文条件的变化，

使城市建设产生新的问题。因此，在城市规划和建设之前，需要对水体的流量、流速、水位、水质等进行调查分析，研究规划对策。

② 水文地质条件。水文地质条件一般是指地下水的存在形式、含水层的厚度、矿化度、硬度、水温及水的流动状态等条件。地下水常常作为城市用水的水源，特别是在远离江河湖泊或地面水水量不足、水质不符合卫生要求的城市，调查并探明地下水资源尤为重要。地下水按其成因与埋藏条件可分为 3 类，即上层滞水、潜水和承压水，其中能作为城市水源的主要是潜水和承压水。潜水基本上是由地表渗水形成的，主要靠大气降水补给，所以潜水水位及其水的流动状态与地面状况是相关的，其埋深也因各地的地面蒸发、地质构造（如隔水层距地面的深浅等）和地形等不同而相差悬殊。承压水是指两个隔水层之间的重力水，由于有隔水顶板，承压水受大气降水的影响较小，也不易受地面污染，因此往往作为远离江河的城市的主要水源。

地下水并不是取之不尽的，应探明地下水的蕴藏量和补给情况，根据地下水的补给量来确定开采的水量。地下水若过量开采，会使地下水位大幅度下降，形成“漏斗”，这会使漏斗外围的污染物质流向漏斗中心，使水质变坏，严重的还会造成水源枯竭和引起地面沉陷，形成一个碟形洼地，对城市的防汛与排水均不利，而且对地面建筑及各项管网工程造成破坏。地下水的流向对城市布局也有影响。与地面水情况类似，对地下水有污染的一些建设项目不应布置在地下水的上游方向，以尽量减少水体污染。

（3）气候条件

气候条件对城市规划与建设有着诸多方面的影响，尤其在为城市居民创造舒适的生活环境、防止城市环境的污染等方面，关系更为密切。

① 太阳辐射。太阳辐射的强度与日照率在不同纬度的地区存在着差异。认真分析城市所在地区的太阳运行规律和辐射强度，对于建筑的日照标准、建筑朝向、建筑间距的确定及建筑的遮阳设施与各项工程的采暖设施的设置，提供了规划设计的依据。其中，某些因素的考虑将进一步影响到城市建筑密度、城市用地指标与用地规模及建筑群体的布置等。

② 风象。风象对城市规划与建设有着多方面的影响，尤其城市环境保护与风象的关系更为密切。风是地面大气的水平移动，用风向与风速两个量表示。风向就是风吹来的方向，表示风向最基本的一个特征指标叫风向频率。风向频率一般分 8 个或 16 个罗盘方位观测，累计某一时期内（一季、一年或多年）各个方位风向的次数，并以各个风向发生的次数占该时期内观测、累计各个不同风向（包括静风）的总次数的百分比来表示：风向频率=（某一时期内观测、累计某一风向发生的次数 / 同一时期内观测、累计风向的总次数）×100%。风速是指单位时间内风所移动的距离，表示风速最基本的一个指标叫平均风速。平均风速是按每个风向的风速累计平均值来表示的。根据城市多年风向观测记录汇总所绘制的风向频率图和平均风速图又称风玫瑰图。风玫瑰图是研究城市布局的重要依据。

③ 气温。气温对于城市规划与建设也有影响。如城市所在地区的日温差或年温差较大时，会给建筑工程的设施与施工带来影响。在工业配置时，需根据气温条件，考虑工业生产工艺

的适应性与经济性问题；在生活居住方面，则应根据气温状况考虑生活居住区的降温或采暖设备的设置等问题。在日温差较大的城区（尤其在冬天），常常因为夜间城市地面散热冷却较快，大气层下冷上热，而在城市上空出现逆温层现象，在静风或谷地地区，加上山坡气流下沉，更加剧了这一现象。这时城市上空大气比较稳定，有害的工业烟气滞留或扩散缓慢，进而加剧了城市环境的污染。

此外，城市由于建筑密集，硬地过多，生产与生活活动过程散发大量热量，往往出现市区气温比郊外高的现象，即所谓“热岛效应”，尤其在大城市中更为突出。为改善城市环境条件，降低炎热季节市区温度，在规划布局时，可增设大面积水体和绿地，加强对气温的调节作用。

④ 降水与湿度。降水是降雨、降雪、降雹、降霜等气候现象的总称。降水量的大小和降水强度对城市较为突出的影响是排水设施。此外，山洪的形成、江河汛期的威胁等也给城市用地的选择及城市防洪工程带来直接的影响。

湿度的高低与降水的多少有着密切的联系，相对湿度又随地区或季节的不同而异。一般城市因大量人工建筑物与构筑物覆盖，相对湿度比城市郊区要低。湿度的大小还对城市某些工业生产工艺有所影响，同时又与居住环境是否舒适有关。

2. 城市用地建设条件评价

城市用地建设条件是指组成城市各项物质要素的现有状况与它们在近期内建设或改进的可能，以及它们的服务水平与质量。与城市用地的自然条件评价相比，建设条件的评价更强调人为因素所造成的影响。除了新建城市之外，绝大多数城市都是在一定的现状基础上建设与发展的，不可能脱离城市现有的基础。因此，城市现有的布局往往对城市的进一步发展具有十分重要的影响。城市的现状条件，有时不能满足城市发展的要求，有时还会妨碍城市的建设和发展，这就要求对城市用地的建设条件进行全面评价，对不利的因素加以改造，更好地利用城市现有基础，充分发挥其潜力。

（1）城市用地布局结构方面

城市的布局现状是城市历史发展过程的产物，有着相当的稳定性。城市越大，一般越难以改动。对现状城市用地布局结构的评价，应着重以下几个方面。

① 城市用地布局结构是否合理，主要体现在城市各项功能的组合与结构是否协调，以及城市总体运行的效率。

② 城市用地布局结构能否适应发展需要，城市布局结构形态是封闭的还是开放的，将对城市空间发展、调整或改变的可能性产生影响。如工业的改造或者规模的扩展，以此带来生活居住用地等相应增加，是否会使工作地与居住地的空间扩展出现结构性的障碍等。

③ 城市用地布局对生态环境的影响，主要体现在城市工业排放物所造成的环境污染与城市布局的矛盾。这一矛盾往往影响到城市用地价值，同时为改变污染状态而需要更多的资金投入。

④ 城市内外交通系统的协调性、矛盾与潜力，城市对外铁路、公路、水道、港口及空港等站场、线路的分布，不仅对城市用地结构产生深刻的影响，而且对城市进一步扩展的方向和用地选择造成制约。

⑤ 城市用地结构是否体现出城市性质的要求，或者反映出城市特定自然地理环境和历史文化积淀的特色等。

（2）城市市政设施和公共服务设施方面

城市市政设施和公共服务设施的建设现状，包括质量、数量、容量及改造利用的潜力等，都将影响到土地的利用及旧区再开发的可能性和经济性。

在公共服务设施方面，包括商业服务、文化教育、医疗卫生等设施，它们的分布、配套及质量等，无论是在用地本身，还是作为邻近用地开发的环境，都是土地使用的重要衡量条件。尤其是在旧区改建方面，土地使用的价值往往要视现有住宅和各种公共服务设施及改建后所能得益的多少来决定。

在市政设施方面，包括现有的道路、桥梁、给水、排水、供电、电信、燃气等的管网、厂站的分布及其容量等方面，它们是土地开发的重要基础条件，影响着城市发展的格局。

（3）社会、经济构成方面

影响土地使用的社会构成状况主要表现在人口结构及其分布的密度、城市各项物质设施的分布及其容量与居民需求之间的适应性。在城市人口高密度地区，为了合理使用土地，常常不得不进行人口疏解。人口分布的疏或密，将反映出土地使用的强度与效益。当旧区改建时，高密度人口地区常会带来安置动迁居民的困难。

城市经济的发展水平、城市的产业结构和相应的就业结构都将影响城市用地功能组织和各种用地的数量结构。

3. 城市用地经济性评价

城市用地经济性评价是根据城市土地的经济和自然两方面的属性及其在城市社会经济活动中所产生的作用，综合评价土地质量优劣差异，为土地使用提供依据。在城市中，由于不同地段所处区位的自然经济条件和人为投入物化劳动的不同，土地质量和土地收益也不同。因此，通过分析土地的区位，投资于土地上的资本状况、经济活动状况等条件，可以揭示土地质量和土地收益的差异。在规划中做到好地优用，劣地巧用，合理确定不同地段的使用性质和使用强度，为用经济手段调节土地使用，提高土地的使用效益打下重要基础。

影响城市用地经济性评价的因素一般可以分为 3 个层次。

① 基本因素层。包括土地区位、城市设施、环境优劣度及其他因素等。

② 派生因素层。即由基本因素派生出来的子因素，包括繁华度、交通通达度、城市基础设施、社会服务设施、环境质量、自然条件和城市规划等，它们从不同方面反映基本因素的作用。

③ 因子层。它们从更小的侧面具体地对土地使用产生影响。

4. 城市用地工程适宜性评价

城市用地工程适宜性评定是综合各项用地的自然条件对用地质量进行评价的结果。

城市用地工程适宜性的评定要因地制宜，特别是要抓住对用地影响最突出的主导环境要素，进行重点的分析与评价。例如，平原河网地区的城市必须重点分析水文和地基承载力的情况；山区和丘陵地区的城市，则地形、地貌条件往往成为评价的主要因素。又如，在地震区的城市，地质构造的情况就显得十分重要，而矿区附近的城市发展必须弄清地下矿藏的分布情况等。

城市用地的工程适宜性评定一般可分为 3 类。

（1）一类用地

一类用地即适宜修建的用地。这类用地一般具有地形平坦、规整、坡度适宜、地质条件良好、没有被洪水淹没的危险、自然环境条件较为优越等特点，是能适应城市各项设施建设要求的用地。这类用地一般不需或只需稍加简单的工程准备措施就可以进行修建。其具体要求是：① 地形坡度在 10%以下，符合各项建设用地的要求；② 土质能满足建筑物地基承载力的要求；③ 地下水位低于建筑物、构筑物的基础埋藏深度；④ 没有被“百年一遇”洪水淹没的危险；⑤ 没有沼泽现象或采取简单的工程措施即可排除地面积水；⑥ 没有冲沟、滑坡、崩塌、岩溶等不良地质现象。

（2）二类用地

二类用地即基本上适宜修建的用地。这类用地由于受某种或某几种不利条件的影响，需要采取一定的工程措施改善其条件后才适于修建，这类用地对城市设施或工程项目的布置有一定的限制。其具体情况是：① 土质较差，在修建建筑物时，地基需要采取人工加固措施；② 地下水位距地表面的深度较浅，修建建筑物时，需降低地下水位或采取排水措施；③ 属洪水轻度淹没区，淹没深度不超过 1.5 m，需采取防洪措施；④ 地形坡度较大，修建建筑物时，除需要采取一定的工程措施外，还需动用较大土石方工程；⑤ 地表面有严重积水现象，需要采取专门的工程准备措施加以改善；⑥ 有轻微的活动性冲沟、滑坡等不良地质现象，需要采取一定的工程准备措施等。

（3）三类用地

三类用地即不适宜修建的用地。这类用地一般说来用地条件很差，其具体情况是：① 地基承载力极低和厚度在 2 m 以上的泥炭或流沙层的土壤，需要采取很复杂的人工地基和加固措施才能修建；② 地形坡度超过 20%以上，布置建筑物很困难；③ 经常被洪水淹没，且淹没深度超过 1.5 m；④ 有严重的活动性冲沟、滑坡等不良地质现象，若采取防治措施需花费很大工程量和工程费用；⑤ 农业生产价值很高的丰产农田，具有开采价值的矿藏，属给水水源卫生防护地段，存在其他永久性设施和军事设施等。

6.3 居住用地规划

6.3.1 居住用地的组成与规划原则

城市居住用地，泛指城市中不同居住人口规模的居住生活聚集地，是由建筑群、道路网、绿化系统、对外交通系统及其他公共设施所组成的复杂综合体。它在城市中往往集聚而呈地区性分布。

居住用地规划是满足居民的居住、工作、文教、生活等方面要求的综合性建设规划，是城市详细规划的主要内容之一，主要对居住用地的布局结构、住宅群体布置、道路交通、公共服务设施、绿地和活动场地、市政公共设施和市政管网等各个系统进行综合、具体的安排。居住用地规划是指在一定的区域范围内，对居住用地进行总体宏观分析，确定其性质、规模、发展方向和布局等项目，以满足人们日常的居住、休憩、教育、健身等生活需求。

1. 城市居住用地的组成

（1）按照用地组成划分

居住用地包括住宅用地、公共服务设施用地、道路用地和公共绿地。

居住用地是城市用地的主要组成部分，在城市中往往集聚而呈地区性分布。居住用地一般包括住宅用地及与居住生活密切相关的各项公共设施、市政设施等用地。由于城市的规模、自然条件、建设水平及居民生活方式等因素的差异，不同地区的各种用地功能项目和占有比例上会有所不同，但基本上可以归结为以下 4 类。

① 住宅用地，指住宅建筑基底占有的用地及其四周的一些空地，其中包括通向住宅入口的小路、宅旁绿地和家务院。

② 公共服务设施用地，指居住区级、小区级或组团内各类公共服务设施建筑物基底占有的用地及其四周的用地，包括道路、场地和绿化用地。

③ 道路用地，指居住区内各级道路的用地，包括道路、回车场和停车场用地。居住区级道路是划分小区或组团的道路，组团级道路是组团内部干路，住宅组团道路是连接一群住宅的道路。

④ 公共绿地，指居住区级、小区级及其组团内的公共使用绿地，包括居住区级公园、小区级小游园、小面积和带状绿地，其中包括儿童游戏场地，青少年、成年人和老年人的活动和休息场地。

（2）按照用地质量划分

按照用地质量划分，居住用地可分为 1～4 类居住用地。

城市居住用地按照所具有的住宅质量、用地标准、各项关联设施的设置水平和完善程度，以及所处的环境条件等，可以划分成若干用地类型，以便在城市中能各得其所地进行规划布置。

（3）按照人口规模划分

按照人口规模划分，居住用地可分为居住区、居住小区和居住组团。

居住区指被城市干道或自然界线所围合，并由若干个居住小区和住宅组团组成，其中大城市居住区规模为3万～5万居民。

居住小区是由城市道路或城市道路和自然界线划分的、具有一定规模并不为城市交通干道所穿越的完整地段。居住小区一般由若干个居住组团组成，应配备日常生活所需要的公共服务设施，如中学、小学、幼儿园、托儿所、居民委员会及商业服务设施，能够形成一个安全、安静、优美的居住环境。

居住组团相当于一个居民委员会的规模。一般应设有居委会办公室、卫生站、青少年和老年活动室、服务站、小商店、托儿所、儿童或成年人活动休息场地、小块公共绿地、停车场等。这些项目和内容基本为本居委会居民服务。其他的一些基层公共服务设施则根据不同的特点，按服务半径在居住区范围内统一考虑，均衡灵活布置。

2. 规划原则

居住用地规划是一项综合性很强的工作，它不仅涉及工程技术问题，还广泛涉及社会、经济、生态、文化、心理、行为及美学等领域。居住用地的规划设计是为居民营造适于安居的居住环境，所以必须坚持“以人为本”的原则，贯彻可持续发展的理念，注重人与自然的和谐。城市居住用地规划的主要原则可归纳为以下几个方面（李德华，《城市规划原理》）。

（1）整体性原则

整体性原则包括两个方面。首先，居住用地规划必须服从于城市总体规划，符合相关法律法规对于用地规模、用地性质、用地限制等方面的规定，保持城市的总体功能、空间组合等各方面整体协调。其次，居住用地内部必须保持整体性，对环境的空间轮廓、群体组合、单体造型、道路骨架、绿化种植、地面铺砌、环境小品、整体色彩等一系列环境设计要素应从整体的角度统筹考虑。

（2）生态性原则

居住用地的生态环境质量对改善整个城市的生态环境具有重要的作用，所以，在进行居住用地规划时，应当以可持续发展的理念，充分注重人与自然的协调关系，从居住用地的景观、用材、耗能、节能、循环利用等多个方面加以研究设计，优化居住用地的生态环境及其环保效能。

（3）经济性原则

作为一项昂贵的商品，房地产的经济性是规划设计者考虑的重要方面。居住用地规划应从用地、用材、用料、日常维护等各方面尽可能地做到节地、节能、节材、节约维护费用等。

（4）地方性原则

居住用地规划要结合当地的气候、地理条件、人文习俗、生活习惯等多方面的因素，注重当地的历史文化传统，并加以继承和发展，取其精华，去其糟粕，使居住用地反映当地义化的同时，也具有时代性和创新性。

（5）科学性原则

居住用地规划应利用适宜的规划理论，遵循相关的用地和环境等的规范和标准，依靠科技和理论的发展进步，不断改善居住用地的功能，完善居住用地的质量，增加经济与环境效益。总之，科技进步对住宅产业的现代化起到了举足轻重的作用。

6.3.2 居住用地规模确定

城市居住用地的规模控制主要包括两个方面：一是居住用地占整个城市用地的比重；二是居住用地的分级及不同类型居住用地的分配与标准。

影响城市居住用地规模确定的主要因素有以下几个方面。

（1）城市规模

在居住用地占城市总用地的比重方面，一般是大城市因工业、交通、公共设施等用地较之小城市的比重要高，相对居住用地比重会低一些。同时由于大城市可能建造较多高层住宅，人均居住用地指标会比小城市低。

（2）城市性质

一般老城市建筑层数较低，居住用地所占城市用地的比重会高一些；而新兴工业城市因产业占地较大，居住用地比重就较低。

（3）自然条件

如在丘陵或水网地区，会因土地可利用率较低，增加居住用地的数量，加大该项用地的比重。此外，不同纬度的地区，为保证住宅必要的日照间距，从而会影响到居住用地的标准。

（4）城市用地标准

因城市社会经济发展水平不同，加上房地产市场的需求状况不一，也会影响到住宅建设标准和居住用地的指标。

6.3.3 居住用地规划布局

1. 居住用地布局影响因素

城市居住区的各项内容的功能组织，是按照城市居民生活居住的不同需求和各项生活设施、公共服务设施分布的经济合理性，通过居住用地结构的方式来体现的。

对城市居住用地进行规划布置的主要目的在于，使居住用地的各组成部分各得其所，相互联系，并能进行合理的、经济的建设，为城市居民提供一个良好的生活居住环境。在进行城市居住用地的规划布置时，应主要考虑以下几个方面。

（1）合理地选择生活居住用地

城市生活居住用地要求选择在工程地质和水文地质条件优越，地势高亢，自然通风良好的地段。对于选定的用地，再按照规划布置的要求进行具体分析，如对用地的地形、土壤承载力、小气候状况、河湖水面、绿化基础等因素的分析，结合规划设计的需要，做到地尽其用、物尽其力。

（2）妥善地组织生活居住用地

根据城市的性质、规模及用地状况，合理确定城市生活居住用地的分布形式，并按城市居民居住生活的需要考虑城市建设的经济可能，配置相应的公共服务设施，使生活居住用地功能明确，秩序有条，方便生活，投资经济，便于管理。在中小城市由于生活居住用地规模不大，生活居住用地应以集中式紧凑布置为宜，以方便居民使用公共服务设施，提高公共服务设施的利用率。

（3）有效而经济地组织交通

生活居住用地与工业用地、对外交通设施及城市公共活动中心之间要有便捷的交通联系。这种便捷的交通联系是在有效而经济地组织交通和对城市道路系统进行合理布置的基础上取得的。此外，城市道路系统布置还要很好地结合各项公共服务设施的功能要求，并连同组成生活居住用地的基本构成单元的合适规模等一并考虑。

（4）注意城市公共活动中心位置的选择

城市公共活动中心是城市社会生活和经济生活最活跃的地段，应注意其位置的合理性，并注意保持它与城市各组成部分有便捷的交通联系。在中小城市，选择城市公共活动中心位置时，还应考虑能否满足为其周围农村地区服务的要求。

（5）注意生活居住环境的保护

城市总体布局要认真处理好工业用地与居住用地的相对关系，以有效地防止工业生产可能带来的环境污染。在城市生活用地内部，也有一个保护生活居住环境的问题，如城市道路交通可能带来的噪声、烟尘和安全问题，还有城市环境的卫生问题等。这就要求对生活居住用地内的环境进行合理的组织，严格按各项工程设施对环境的不同要求进行合理的布置，避免和消除不利的环境因素。此外，还应十分重视绿化对环境的保护与美化作用。

（6）创造良好的城市艺术空间

城市形象的创造，尤其是中小城市形象的创造，是通过生活居住用地的规划与建设，在城市建筑的风格上给人们精神的感受方面来体现的。为此，要从城市总体出发，在符合功能与经济的前提下，合理地组织城市空间。把建筑物、构筑物、绿化植物及自然环境条件等各种空间构成要素，因地制宜地构造组合在一起，创造一个朴实、大方、明快、亲切并富有一定景观价值的生活环境，以体现社会主义城市的崭新风貌。

（7）居民安全的需要

城市生活居住用地的规划布置应考虑到在发生突发事件时能确保居民安全的需要，如发生暴雨时的防汛抗洪、地震时的疏散撤离、战争时的防空避难等。在规划布置时，对居住用地的分布和组织，对地形地物的利用与处理，对公共服务设施的布点和标准等方面，都需有所考虑。

（8）注意利用原有的物质基础

在旧城进行居住区的改建与扩建时，应尽可能地利用现有的建筑、道路、管线和桥梁等物质基础。同时对现状的用地分布与布置格局进行全面分析，综合城市总体规划，加以合理地利用和改造。切忌抛开现状一概推倒重建的做法。

（9）留有适当的发展余地

随着城市现代化建设进程的发展，城市居民生活水平的逐渐提高，居民对生活居住环境的要求也越来越高。城市居住用地应留有必要的发展余地，使城市规划与建设具有一定的主动性。

2. 居住用地布局形式

（1）居住用地的集中布置

当城市规模不大，自然条件较好，并且有足够的城市用地用以成片紧凑地组织用地时，居住用地往往采用集中布置的方式。

其优点在于：能够节约市政基础设施和公共服务设施的投资费用，充分发挥其效能，可以密切各部分在空间上的联系。其缺点在于：当城市规模较大时，集中布置居住用地会导致居民上下班出行距离增加，造成交通拥堵，疏远居住用地与自然的联系，影响居住生态质量。

（2）居住用地分散布置

当城市规模较大，或者城市用地受到地形、产业分布等空间条件的限制时，居住用地可采用分散布置的方式。

其优点在于：能够方便城市居民上下班的出行，使组团内的居住与就业基本平衡，缓解城市交通拥堵。其缺点在于：疏远了居住用地之间的联系，加大了市政设施和公共设施的投资费用，空间组织受到产业分布的影响，具有一定的随意性。

（3）居住用地的轴向分布

当城市用地以中心地区为核心，可将居住用地沿着多条由中心向外围放射的交通干线布置。

其优点在于：能够有效地疏散市中心的居住人口，带动市郊房地产业的发展，密切居住用地与自然的联系，提高居住生态环境质量。其缺点在于：必须依靠发达的城市轨道交通，初期的市政设施建设投资较大，市郊的治安管理力度需加大。

6.4 工业用地规划

6.4.1 工业用地选址要求

工业用地指工矿企业的生产车间、库房及其附属设施用地，包括专用铁路、码头和附属道路、停车场等用地，不包括露天矿用地。附属用地包括为工矿企业服务的办公室、食堂等。按工业对居住和公共环境的干扰程度，将工业用地分为 3 个中类。界定工业用地对周边干扰程度的主要衡量因素包括水、大气、噪声等，并依据工业具体条件及国家有关环境保护的规定与指标确定中类划分。

① 地形要求。用地的自然坡度和工业选用的运输方式、工艺特点及排水坡度相适应，选择地形应考虑生产工艺流程的要求。

② 工程地质与水文地质要求。工业用地不应选择在 7 级和 7 级以上的地震区；地基的耐压强度一般不应小于 147 kPa（1.5 kg/cm^2）；避开滑坡、断层、熔岩或泥石流等不良地质地段；不应布置在水库坝址下游，避开洪水淹没地段，最高洪水频率大中型企业为“百年一遇”，小型企业为“50 年一遇”。

③ 水源要求。工厂应靠近水质、水量能满足生产需要的水源，并在安排工业项目时注意工业与农业用水的协调平衡。不同的企业对水源的要求不同，如食品工业要求水质优良；造纸、印染工业要求用水量大，但有污染，应避免布置在城市水源地的上游；缺水城市避免布置耗水量大的企业。

④ 能源要求。大量用电的工业要尽可能靠近电源布置，争取采用发电厂直接输电；需大量蒸汽及热水的工业，应尽可能靠近热电厂布置。

⑤ 交通运输的要求。工业中常采用铁路、水路、公路或连续运输，应根据货运量的大小、运输距离等确定运输方式，将其布置在有相应运输条件的地段。大型企业运输量大，要有专用铁路、码头，运输量大的企业尽量安排在一起，便于综合利用。

⑥ 有利于企业间的生产协作，上下游产品企业间的衔接，以及基础设施、生活服务设施共享可能性的实现，性质相近的企业应相对集中地布置。工厂对气压、湿度、地基、土壤、空气含尘量、防爆、防火、防磁、防电磁波、废物处理等如有特殊要求，应在选址时予以满足。

⑦ 工业用地应避开军事用地、水利枢纽等，避开有矿物蕴藏地区和采空区、文物古迹埋藏地区及生态保护和风景旅游区。

⑧ 工业区布置应考虑职工上下班方便，不宜距离城市太远。大城市可设置几个工业区。必须远离城市的，应就近设置生活区。高新技术产业用地应考虑和科研、高教用地功能的衔接，尽可能就近布置。

⑨ 产生空气污染、水污染、噪声污染的企业不得布置在城市主导风向的上风向、水源上游地区，并应按规定设置绿化隔离带。

6.4.2 工业用地与城市的空间关系

① 工业区包围城市。工业区分散在城市的周围，城市内部有若干工业小区和分散的工业点。但由于工业区将城市包围，城市其他用地没有拓展的空间，城市发展后又形成新的包围圈，易造成相互干扰。

② 工业区位于城市边缘。这种情况有利于集中处理工业污染，减少对城市的干扰，但规模过大会形成潮汐式的交通拥堵，20 世纪 90 年代我国的大部分城市形成的开发区多采用这种形式。

③ 职住相对平衡的组团式布局。城市由若干个组团形成，每个组团既有工业区又有居住区，相对职住平衡，生产与生活有机结合。

6.4.3 工业用地规划原则

① 统一规划，分步实施原则。配合城市功能及产业结构调整，从城市总体发展的整体利益出发，统一规划和调整工业用地布局结构比重和用地比例，提高城市综合服务功能，改善城市生态景观环境。搞好大型工业企业内部用地盘整，内部挖潜，提高工业用地的集约化程度，逐步实现工业集聚发展。

② 项目入区，集中发展原则。从城市整体利益出发，工业发展以集中布局为主，以利于统一建设和管理，加强企业间的协作关系，减少对周边用地的干扰。同时兼顾职住平衡的发展要求，适当分散布局非污染工业。

③ 市场运作，跨区经营原则。城市工业项目的布局和发展，要按照市场经济的规律，用“市场”来选择企业、引导企业，各园区之间形成适当分工。

④ 门槛限定，统一准入原则。充分考虑城市环境保护问题，做到既发展工业又保护环境，一方面加强污染治理力度，迁出城区内的污染企业，限制污染工业项目建设；另一方面，全市制定统一的招商引资门槛，实行统一准入制度，杜绝低端恶性竞争，提高工业用地效率。

6.4.4 工业用地规划布局

一类工业用地对外干扰小，所用设备较轻，不同类型的生产加工活动相互联系密切，因此宜将一类工业集中布置在多层厂房之内，从而有利于提高工业用地的利用率，减少工业自设辅助设施的规模，尽可能利用城市仓库、装卸场所和停车场等社会性设施。一类工业用地对于居住和公共设施功能的污染和干扰很小。对于以劳动密集型工业为主的企业，为减少工人的通勤流量，方便居民生活，允许就近布置在住宅区内；但应独立占地建设而不得与住宅功能相混合，并采取相应措施减少对居民住宅的噪声、气味及其他方面的干扰。

二类工业用地是城市工业的主要类型，对环境有一定的影响，部分二类工业用地可能会产生较大的污染（包括大气污染、水污染和噪声污染等），因此应集中布置在专门的工业区内，不得与居住、公共设施等其他非工业功能区相混合。污染较严重的工业区应与其他非工业用地之间设置卫生防护绿带。

三类工业用地对环境污染严重，用地规模大，宜远离城市中心区单独布置，与建成区之间应设置较宽的卫生防护绿带。

6.5 公共设施用地规划

6.5.1 公共设施用地规模确定

城市公共设施用地规模的指标分两个方面：一是公共设施用地占中心城区规划用地的比例；二是城市人均公共设施规划用地。公共设施规划用地规模的确定需要考虑当地居民的使用需求、城市特点和经济社会发展水平等。

① 使用上的要求。主要是指所需的公共设施项目的多少和对各项公共设施使用功能上的要求。

② 生活习惯的要求。我国是多民族的国家，各地有不同的生活习惯，对各地公共设施的设置项目、规模及指标的制定应有所不同。

③ 城市特点。规模较大的城市，公共设施的项目比较齐备，专业分工较细，规模相应较大，指标较高；小城市，公共规划项目少，专业分工不细，规模较小，指标较低；在一些独立的工矿小城镇，为了设施配套齐全和考虑周围农村服务的需要，公共设施的指标适当提高。

④ 经济条件和人民生活水平。公共设施指标的拟定要从国家和所在城市的经济条件和人民的生活实际需求出发；随着产业的发展，会不断出现新的业态，公共设施的类型也会发生变化。

⑤ 社会生活组织方式。随着城市社会生活的发展变化，一些新的设施项目出现，旧有的设施内容和服务方式发生改变，需要对有关指标进行适时的调整或重新拟定；公共设施的组织与经营方式及其技术设备的调整、服务效率的提高，对远期公共设施指标的拟定也会带来影响。

6.5.2 公共设施规划布局

城市公共设施的种类繁多，它们的布局因各自的功能、性质、服务对象与范围的不同而各有其要求。公共设施的用地布局不是孤立的，它们与城市的其他功能地域有着配套的相宜关系，需要通过规划过程加以有机组织，形成功能合理、有序有效的布局。

城市公共设施的布局在不同规划阶段，有着不同的布局方式和深度要求。在总体规划阶段，在研究确定城市公共设施总量指标和分类分项指标的基础上，进行公共设施用地的总体布局，包括分类的系统分布、公共设施分级集聚和组织城市分级的公共中心。按照各项公共设施与城市其他用地的配置关系，使之各得其所。

① 公共设施项目要合理配置。所谓合理配置，有着多重含义：一是指整个城市各类公共设施，应按城市的需要配套齐全，以保证城市的生活质量和城市机能的运转；二是按城市的布局结构进行分级或系统配置，与城市的功能、人口、用地的分布格局具有对应的整合关系；三是在局部地域的设施按服务功能和对象予以成套设置，如地区中心、车站码头地区、大型游乐场所等地域；四是指某些专业设施的集聚配置，以发挥联动效应，如专业市场群、专业商业街区等。

② 公共设施要按照与居民生活的密切程度确定合理的服务半径。根据服务半径确定其

服务范围大小及服务人数的多少，以此推算公共设施的规模。服务半径的确定首先是从居民对设施方便使用的要求出发，同时也要考虑到公共设施经营管理的经济性与合理性。不同的设施有不同的服务半径。某项公共设施服务半径的大小又随它的使用频率、服务对象、地形条件、交通便利程度及人口密度的高低等有所不同。服务半径是检验公共设施分布合理与否的指标之一，它的确定应是科学的，而不是随意的或机械的。

③ 公共设施的布局要结合城市道路与交通规划考虑。公共设施是人、车集散的地点，尤其是一些吸引大量人流、车流的大型公共实施。公共设施要按照它们的使用性质和对交通集聚的要求，结合城市道路系统规划与交通组织一并安排。如一些商业设施可结合步行道路或自行车专用道、公交站点，形成以步行为主的商业街区。而对于大型体育馆、展览中心等公共设施，由于对城市道路交通系统的依存关系，而应与城市干路相连接。

④ 根据公共设施本身的特点及其对环境的要求进行布置。公共设施本身既作为一个环境形成因素，同时其分布对周围环境也有所要求。例如，医院一般要求有一个清洁安静的环境；露天剧场或球场的布置，既要考虑自身产生的声响对周围的影响，同时也要防止外界噪声对表演和竞技的妨碍；学校、图书馆等单位一般不宜与剧场、市场、游乐场等紧邻，以免相互之间干扰。

⑤ 公共设施布置要考虑城市景观组织的要求。公共设施种类多，而且建筑的形体和立面也比较多样而丰富。因此，可通过不同的公共设施与其他建筑的和谐处理与布置，利用地形等条件，组织街景与景点，以创造具有地方特色的城市景观。

⑥ 公共设施的布局要考虑合理的建设顺序，并留有余地。在按照规划进行分期建设的城市，公共设施的分布及其内容与规模的配置，应该与不同建设阶段城市的规模、建设的发展和居民生活条件的改善过程相适应，安排好公共设施项目的建设顺序，使得既在不同建设时期保证必要的公共设施配置，又不致过早或过量地建设，造成投资的浪费。同时为适应城市发展和城市生活的需求变化，对一些公共设施应留有扩展或应变的余地，尤其对一些营利性的公共设施，更要按市场规律，保持布点与规模设置的弹性。

⑦ 公共设施的布置要充分利用城市原有基础。老城市公共设施的内容、规模与分布一般不能适应城市的发展和现代城市生活的需要，其特点是布点不均匀；门类余缺不一，用地与建筑缺乏；同时建筑质量也较差。具体可以结合城市的改建、扩建规划，通过留、并、迁、转、补等措施进行调整与充实。

6.6 仓储用地规划布局

6.6.1 仓储用地规模确定

1. 影响仓储用地规模的因素

① 城市性质与规模。城市性质影响着仓库用地的规模，如交通枢纽城市与风景游览城

市，它们对仓库及其用地就有不同需求。交通枢纽城市对转运仓库需求量大，而风景游览城市需要的则主要是商业性供应仓库。城市规模不同，仓库用地规模也不同。一般来说，大城市各项设备齐全，居民生活需求高，仓库用地也相应大一些；而中小城市，仓库用地规模则相对小一些。

② 城市储存物资的特点与性质。各城市都有它自身的经济特点和特色，它的大宗产品的性质也影响着城市仓库的性质与规模。

③ 城市生产发展和居民生活水平状况。随着城市生产的发展，居民生活水平的提高，生产与生活消耗品品种与数量日益增多，国家储备量也相应增长，这个储存量就必须日益增大，随之而来的仓库用地的规模也需相应增大。

④ 城市仓库建设设备与仓库用地分布。在城市中，仓库建筑的高层与低层的比例、仓库用地的集中与分散布置，均影响着城市仓库用地的规模。除此之外，城市地理位置、气候条件和当地居民的生活习俗也会对城市仓库用地规模产生一定的影响。

2. 仓库用地规模的估算

在城市规划时，对仓库规模的估算，一般采用以下步骤进行。

① 估算仓库近期与远期仓库货物的年吞吐量。

② 按照年吞吐量和仓库货物的年周转次数估算所需的仓容吨位，其计算式为：

$$\text{仓容吨位}=\frac{\text{年吞吐量}}{\text{年货物周转次数}} \tag{6-1}$$

③ 根据仓容吨位确定进入仓库与进入堆场的吨位比例，再分别计算出库房用地面积和堆场用地面积。计算时还需要考虑库房面积利用率、堆场面积利用率、单位面积荷重、库房层数、建筑密度等因素，其计算公式为：

$$\text{库房用地面积}=\frac{\text{仓容吨位}\times\text{进仓系数}}{\text{单位面积荷重}\times\text{库房面积利用率}\times\text{建筑面积}} \tag{6-2}$$

$$\text{堆场用地面积}=\frac{\text{仓容吨位}\times(1-\text{进仓系数})}{\text{单位面积荷重}\times\text{堆场面积利用率}} \tag{6-3}$$

④ 计算仓库用地面积。其计算式为：

$$\text{仓库用地面积}=\text{库房用地面积}+\text{堆场用地面积} \tag{6-4}$$

在城市规划中，常常以城市人口每人仓库用地面积多少平方米和仓库用地面积占城市建成区面积的百分比，来反映一个城市的仓库用地规模情况，或以它作为规划的控制指标。但由于各地情况不同、因素复杂，仓库用地面积的变动幅度也比较大，难作比较，规划中应视本城市的具体情况加以分析和确定。

6.6.2 仓储用地规划原则

① 满足仓储用地的一般技术要求。地势较高，地形平坦，有一定坡度，利于排水。地下

水位不能太高，不应将仓库布置在潮湿的洼地上。蔬果仓库，要求地下水位同地面的距离不得小于 2.5 m，储藏在地下室的食品和材料库，地下水位应离地面 4 m 以上。土壤承载力高，特别当沿河修建仓库时，应考虑到河岸的稳固性和土壤的耐压力。

② 有利于交通运输。仓库用地必须以邻近货运需求量大或供应量大的地区为原则，方便为生产、生活服务。大型仓库必须考虑铁路运输及水运条件。

③ 有利于建设、经营使用。不同类型和不同性质的仓库最好分别布置在不同的地段，同类仓库尽可能集中布置。

④ 节约用地，但有一定发展余地。仓库的平面布置必须集中紧凑，提高建筑层数，采用竖向运输与储存的设施，如粮食采用的筒仓及其他各种多层仓库等。

⑤ 沿河布置仓库时，必须留出岸线，照顾城市居民生活、游憩利用河（海）岸线的需要。与城市没有直接关系的储备、转运仓库应布置在城市生活区以外的河海岸边。

⑥ 注意城市环境保护，防止污染，保证城市安全，应满足有关卫生、安全方面的要求。

6.6.3 仓储用地布局规划

小城市宜设置独立的地区来布置各种性质的仓库，特别是县城，由于是城乡物资交流集散地，需要各类仓库及堆场，而且一般储备粮较多，占地较大，因此宜较集中地布置在城市的边缘，靠近铁路车站、公路或河流，便于城乡集散运输。要防止将这些占地大的仓库放在市区，造成城市布局不合理及使用不便。在河道较多的小城镇，城乡物资交流大多利用河流水运，仓库也多沿河设置。

大中城市仓储区的分布应采用集中与分散相结合的方式。可按照专业将仓库组织成各类仓库区，并配置相应的专用线、工程设施和公用设备，并按它们各自的特点与要求，在城市中适当分散地布置在恰当的位置。

仓库区过分集中地布置，既不利于交通运输，也不利于战备，对工业区、居住区的布局也不利。为本市服务的仓库应均匀分散布置在居住区边缘，并与商业系统结合起来，在具体布置时应按仓库的类型进行考虑。

① 储备仓库一般应设在城市郊区、水陆交通条件方便的地方，有专用的独立地段。

② 转运仓库也应设在城市边缘或郊区，并与铁路、港口等对外交通设施紧密结合。

③ 收购仓库如属农副产品和当地土产收购的仓库，应设在货源来向的郊区入城干路口或水运必经的入口处。

④ 供应仓库或一般性综合仓库要求接近其供应的地区，可布置在使用仓库的地区内或附近地段，并且有方便的市内交通运输条件。

⑤ 特种仓库：易爆和剧毒等危险品仓库，要布置在城市远郊的独立地段的专门用地上，同时应与使用单位所在位置方向一致，避免运输时穿越城市；冷藏仓库设备多、容积大，需要大量运输，往往结合屠宰场、加工厂、皮毛处理厂等布置，有一定气味与污水污染，多设于郊区河流沿岸，建有码头或专用线；蔬菜仓库应设于城市市区边缘通向市郊的干路入口处，

不宜过分集中，以免运输线太长，损耗太大；木材仓库、建筑材料仓库运输量大、用地大，常设于城郊对外交通运输线或河流附近；燃料及易燃材料仓库，如石油、煤炭、木柴及其他易燃物品仓库，应满足防火要求，布置在郊区的独立地段。在气候干燥、风速特大的城市，还必须布置在大风季节城市的下风向或侧风向。特别是油库选址时，应离开城市居住区、变电所、重要交通枢纽、机场、大型水库及水利工程、电站、重要桥梁、大中型工业企业、矿区、军事用地和其他重要设施，并最好在城市地形的低处，有一定的防护措施。

思考题

1. 城市建设用地分为哪 8 大类？类别代码是什么？
2. 城市用地的自然条件评价需要考虑哪些因素？
3. 城市用地的工程适宜性评定分为哪几类？简述其特征。
4. 城市居住用地由哪些部分构成？
5. 影响城市居住用地规模确定的主要因素有哪些？
6. 简述在城市中应如何规划布局工业用地。
7. 工业用地的布局原则是什么？
8. 如何确定城市公共设施的用地规模？
9. 在小城市中，应如何布局仓储用地？
10. 特种仓库在城市中布局应该注意哪些问题？

第7章

城市交通规划

城市交通规划与城市人口、规模、城市布局、土地使用规划、各种市政公用设施、城市环境等都有着密切的关系，影响着城市总体规划的功能和发展，是城市赖以生存与发展的必要条件。本章是城市总体规划的重要组成部分，分别介绍了城市交通规划的基本概念、城市内外交通规划、城市群交通规划及城乡一体化交通规划，重点阐述了城市内部和对外交通规划。

7.1 城市交通规划概述

7.1.1 城市交通规划的基本概念

广义的交通规划包括交通设施体系布局规划、交通运输发展政策规划（也称“交通发展白皮书”）、交通运输组织规划、交通管理规划、交通安全规划、交通近期建设规划等。狭义的交通规划主要是指交通设施体系布局规划和近期建设规划。所谓交通规划（狭义），通常是指根据对历史和现状的交通供需状况和地区人口、经济和土地利用的分析研究，结合地区未来不同人口、土地利用和经济发展情况，进行交通运输发展需求的分析和预测，确定未来交通运输设施发展建设的规模、结构、布局等方案，并对不同方案进行评价比选，确定推荐方案，同时突出建设实施方案（包括建设项目时序、投资估算、配套措施等）的一个完整过程。

城市交通涵盖了存在于城市中及与城市有关的各种交通形式，包括城市对外交通和城市内部交通两大部分。城市交通规划要从“区域”和“城市”两个层面进行研究，并分别对市域的“城市对外交通”和中心城区的“城市内部交通”进行规划，并在两个层面进行研究和规划，处理好城市内部交通和城市对外交通的衔接关系。

另外，城市交通规划与城市土地利用规划密切结合，是城市总体规划中的重要组成部分。鉴于城市交通的综合性及城市内部交通与城市对外交通的密切关系，通常把二者结合起来，与土地利用规划一起进行综合研究和综合规划。城市交通规划与城市用地规划的关系如图 7–1 所示。

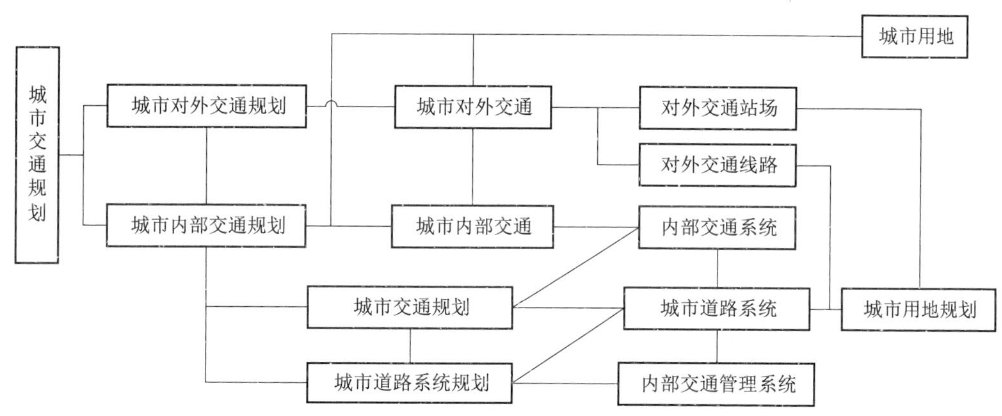

图 7–1　城市交通规划与城市用地规划的关系

资料来源：文国玮. 城市交通与道路系统规划[M]. 北京：清华大学出版社，2007.

城市交通规划需遵循一些思想原则，具体内容如下。

1. 城市交通规划的指导思想

（1）与城市规划编制体系相对应，进一步规范交通规划的编制工作，为拥有法制效力奠定基础

城市交通规划是城市规划的重要组成部分之一，也是落实城市规划，促进城市规划实施的重要方面。因此，两者的对应性直接关系到规划的协调性与可实施性。同时，目前进行的城市交通规划尚不具有与城市规划类似的法律效力，实际建设中往往由于短期利益的制约，规划得不到实行，影响了交通系统整体效能的实现。与城市规划相对应，建立规范化的交通规划，将为交通规划拥有法律效力奠定基础。

（2）科学归纳和划分城市交通规划的工作阶段及相应编制内容，形成交通规划编制体系

城市交通规划从宏观控制到微观设计，从交通系统整体到交通个体，包括多层面、多阶段的内容，只有科学划分交通规划的工作阶段，并确定相应的编制内容，确立完整的规划体系，才能避免重复与无序的规划，有效发挥各具体规划的作用，真正指导实际工作。

（3）交通规划编制体系的构架密切结合交通规划实践，并在实践中不断完善

由于交通实践的丰富完善和新理念的涌现，交通规划的范畴正向更深、更广的方向发展，特别是在专项规划方面，新的规划类型不断出现。以城市公共交通规划为例，逐步由原先的常规公交规划向轨道交通、快速公交、公共汽（电）车、出租汽车等综合公共交通发展规划

拓展，对于轨道交通、快速公交、出租汽车规划方案的要求也比原先更为深入与细致。

2. 城市交通规划的原则

① 应以建设集约化城市和节约型社会为目标，贯彻科学发展观，促进资源节约、环境友好、社会公平、城乡协调发展、保护自然与文化资源。

② 应贯彻落实优先发展城市公共交通的战略，优化交通模式与土地使用的关系，统筹各交通子系统协调发展。

③ 应遵循定量分析与定性分析相结合的原则，在交通需求分析的基础上，科学判断城市交通的发展趋势，合理制订城市综合交通体系规划方案。

④ 应统筹兼顾城市规模和发展阶段，结合主要交通问题和发展需求，处理好长远发展与近期建设的关系。规划方案应有针对性、前瞻性和可实施性，且满足城市防灾减灾、应急救援的交通要求。

7.1.2 城市交通规划的基本内容

1. 交通发展战略

根据城市社会经济发展目标，优化选择交通发展模式，确定交通发展与市域城镇布局、城市土地使用的关系，制定综合交通体系发展目标、分区发展目标、交通方式结构，提出交通发展政策和策略。

进行总体规划前瞻性研究时，应开展城市交通发展战略研究，根据已有交通规划的实施情况，总结经验教训，结合城市未来发展对交通的需求及城市综合交通网络的供给评估，总体研究交通发展的定位、目标、框架等战略问题，为后续规划奠定基础。

交通发展战略研究的主要内容有：

① 确定城市综合交通体系总体发展方向和目标；

② 确定各交通子系统发展定位和发展目标；

③ 确定城市交通方式结构；

④ 确定交通资源分配利用原则和策略；

⑤ 提出城市综合交通体系发展政策和措施。

2. 交通发展战略规划

交通发展战略规划在研究城市交通现状、城市社会经济发展和用地布局的基础上，展望城市交通发展的优势、劣势、机遇和挑战，分析交通发展内外部制约因素，评价城市交通与经济、资源、环境、城市建设的协调关系，提出城市综合交通体系的发展思路，确定交通系统整体态势，重点研究城市交通发展方向、交通发展目标和水平、城市交通方式和交通结构、交通设施的选址和用地规模，以及实施规划的重要技术经济对策。

3. 综合交通体系组织与规划

依据城市综合交通体系总体发展目标和交通资源配置策略，统筹城市综合交通体系功能组织，提出规划布局原则和要求。

综合交通规划作为城市总体规划中重要的专项规划，一方面，在总体规划的指导下，落实各类道路交通设施布局；另一方面，交通规划可对城市规划提出反馈意见。随着交通研究的不断深入，其发展经历了交通规划滞后于城市发展、交通规划适应城市发展及交通规划与城市互动发展几个不同时期，并逐渐发展到交通引导城市发展阶段。综合交通规划是在交通发展战略基础上的深化研究，重在实现用地与交通功能的整合，协调对外交通、道路交通、公共交通、步行与自行车交通等各子系统之间的关系。特别需要强调的是，综合交通规划中的各子系统规划与单独进行的交通专项规划不是一个层次，成果深度也不同。前者更强调交通系统的整合和协调，在交通系统整体环境下谋划该子系统的发展，成果侧重宏观性和指导性；而单独进行的交通专项规划在综合交通规划的指导下进行，侧重于深入研究本系统自身的发展，成果较为具体并具有实施性。

综合交通规划方案的制定应注意：

① 规划方案应以交通发展需求预测为基础，结合城市地形、地貌和规划的城市空间形态及功能布局进行编制；

② 规划方案应体现城市综合交通体系发展的总体目标和相关要求；

③ 交通网络布局、重大交通基础设施布局应进行多方案比较；

④ 重大交通基础设施选址应避让环境敏感点、地质灾害地区、历史文化保护区和风景名胜区，规划布局方案需满足专业技术规定的要求；

⑤ 方案形成过程中，应采取多种方式征求相关部门和公众意见。

综合交通规划的主要内容有：

① 研究对外交通系统构成，以及城市内外交通的衔接关系，论证大型对外交通设施选址和布局原则；

② 研究客运交通分布，确定客运交通走廊，客运交通枢纽的功能、等级和规模，提出客运系统总体布局框架；

③ 论证公共交通系统构成和功能等级，分析城市轨道交通和大运量快速公共交通系统规划建设的必要性、可行性；

④ 研究城市道路干路网组成和功能等级，研究城市防灾减灾和应急救援运输通道，提出规划布局原则；

⑤ 研究货运交通分布，确定货运交通走廊，论证货运交通通道的交通组织模式和管理策略；

⑥ 研究步行、自行车交通组织模式，确定城市不同地域步行、自行车交通的功能定位，提出步行、自行车交通系统的总体布局原则；

⑦ 研究提出城市停车设施的供给策略和总体布局原则；

⑧ 研究提出交通信息化建设与交通管理的基本策略。

4. 城市分区交通规划

城市分区交通规划不应是交通规划的一个独立工作阶段，并非每个城市都需要编制分区交通规划。综观我国特大城市、大城市的实践，在综合交通规划较粗糙时，开展分区交通规划工作非常必要。分区交通规划的主要任务是衔接综合交通规划，制定分区交通发展目标，提出分区交通规划方案。具体包括：分区主次干路布局及与上层规划的衔接，主要交叉口控制要求，明确分区公共交通、步行交通、货运交通等交通设施布局，提出分区停车设施控制要求，提出分区交通建设计划。

5. 城市近期交通建设规划

依据城市近期发展目标和城市财政能力，制定近期交通发展策略，提出近期交通基础设施安排和实施措施。近期交通建设规划一般为1～5年，主要确定近期交通发展策略，确定主要对外交通设施和主要道路交通设施布局，它侧重于交通规划的强制性内容。一般而言，近期交通建设规划不单独编制，而是结合综合交通规划及各交通专项规划编制或结合城市近期建设计划编制。

城市近期交通建设规划的主要内容有：

① 提出近期交通发展政策与措施；

② 提出近期城市交通系统规划方案；

③ 确定近期建设的交通项目和建设时序；

④ 估算近期交通建设投资。

6. 规划成果

规划成果由规划文本、规划说明书、规划图纸、基础资料汇编组成。

（1）规划文本

① 总则。主要包括：编制依据，指导思想，规划原则，规划范围，规划期限等。

② 规划目标。主要包括：近远期综合交通体系总体发展目标，城市交通方式结构，各交通子系统的发展目标等。

③ 交通发展战略。主要包括：城市综合交通体系发展与城市发展的关系，交通资源配置的原则和策略，各交通子系统的功能定位、相互关系和发展策略，重大交通发展政策等。

④ 综合交通体系组织。主要包括：城市综合交通体系构成，城市内外交通衔接关系，客货交通组织模式和总体布局框架，城市干路系统组成，城市应急救援、防灾减灾道路规划布局原则，城市客运枢纽结构，自行车、步行交通系统总体布局框架，城市停车供给策略，交通信息化建设与交通管理的基本策略等。

⑤ 对外交通系统规划。主要包括：各种对外交通方式的网络布局，场站功能、等级和用

地规模控制指标等。

⑥ 城市道路网络规划。主要包括：城市干道网络布局，各级道路规划指标，城市应急救援、防灾减灾、大型装备运输道路组织等，规划道路、交叉口、广场列表。

⑦ 公共交通系统规划。主要包括：公共交通系统构成，各种公共交通方式的场站设施功能、布局和用地控制指标，公共交通网络重要控制点规划布局，公共交通专用道布局，公共交通线网和站点规划建设要求等，规划城市轨道交通线网和公共交通场站列表。

⑧ 步行与自行车交通规划。主要包括：步行、自行车交通系统网络规划指标，行人、自行车过街设施布局基本要求，步行街区布局和范围，自行车停车设施布局原则等。

⑨ 客运枢纽规划。主要包括：客运枢纽规划布局、功能、等级和用地规模控制标准，配套设施安排等。

⑩ 城市停车系统规划。主要包括：停车分区和规划供给指标，城市配建停车标准，机动车公共停车场设施规模和布局原则，设置路内停车位的基本原则和控制标准等。

⑪ 货运系统规划。主要包括：城市货运枢纽、场站规划布局、规模和用地控制指标，货运道路安排等。

⑫ 交通管理与交通信息化规划。主要包括：交通管理设施布局原则和要求，交通需求管理系统框架，城市交通信息化发展模式，交通信息化系统框架，交通信息共享机制和共享信息类别等。

⑬ 近期规划。主要包括：近期建设目标和建设策略，交通设施建设安排与投资规模，重点地区交通改善对策与方案等。

⑭ 规划实施保障措施。主要包括：规划实施的管理机制，技术经济政策，对城市交通各子系统规划的指导性技术要求等。

（2）规划说明书

规划说明书包括以下主要内容：

① 现状分析评价报告；

② 交通调查分析报告；

③ 交通模型报告；

④ 其他专题研究报告；

⑤ 相关部门建议；

⑥ 公众意见。

（3）规划图纸

规划图纸比例一般采用：大中城市为1/25 000～1/10 000，小城市为1/10 000～1/5 000。主要现状图、规划图包含如下：

① 市域交通现状图；

② 城市综合交通体系现状图；

③ 市域交通规划图；

④ 城市综合交通体系规划图；
⑤ 对外交通规划图；
⑥ 城市道路系统规划图；
⑦ 城市公共交通系统规划图；
⑧ 自行车、步行系统规划图；
⑨ 城市客运枢纽规划图；
⑩ 停车系统规划图；
⑪ 货运系统规划图；
⑫ 近期规划图；
⑬ 分析图，视需要进行绘制。

（4）基础资料汇编

基础资料汇编包括规划涉及的相关基础资料、参考资料及文件。主要有：

① 基础资料；
② 参考资料；
③ 文件。

7.1.3 城市交通规划的工作过程

城市综合交通体系规划的工作过程，一般可划分为现状调研、专题研究、纲要成果、规划成果 4 个阶段。

1. 现状调研阶段

通过多种方式收集城市经济社会发展的现状和规划资料；听取相关部门规划设想和建议；分析城市发展中存在的主要交通问题；根据规划需要开展相应的交通调查。

（1）资料收集的内容

资料收集的内容主要包括城市社会经济、城市土地使用、交通工具、交通设施、交通运行与管理、公共交通、对外交通、交通政策与法规、交通投资、交通环境、交通研究成果及相关规划等，具体内容如表 7–1 所示。

表 7–1 现状调研收集的资料

序号	资料分类	主 要 内 容
1	城市社会经济	城市概况、行政区划、人口及用地规模，城市经济总量、产业结构与产业布局，城市布局形态、建成区规模、用地分布，城市社会经济发展规划、城市总体规划、控制性详细规划及相关专项规划，城市统计资料等
2	城市土地使用	城市土地使用、人口及就业岗位分布等
3	城市道路交通设施	各级道路现状及规划资料，停车设施现状及配建停车标准等
4	城市交通运行	交通工具拥有量，交通出行特征，道路交通量状况，停车管理，交通管理设施，交通信息化建设，货运交通管理等

续表

序号	资料分类	主 要 内 容
5	对外交通	对外交通线网及场站布局、功能、等级规模，客、货运量，专项发展规划、近期重大项目建设计划等
6	公共交通	公共交通规模、设施布局、票制票价、运行管理模式等
7	交通政策与法规	交通建设投资规模、各类设施投资比例，现行地方性交通法规、标准，相关交通发展策略研究等
8	图件及报告资料	城市现状及规划用地图、现状及规划道路交通设施图、现状及规划对外交通系统图，相关规划及报告文字资料
9	其他	旅游设施分布和旅游交通现状，环境保护、车辆排放管理、各类保护区现状，重点地区地质情况评价报告等

（2）交通调查

交通调查一般包括居民出行、车辆出行、道路交通运行、公交运行、出入境交通、停车、吸引点、货运等调查项目。按照交通调查项目不同及拟获取的调查信息内容和精度要求，可以采用全样调查、抽样调查、典型调查等方式。主要调查内容及调查信息如表 7–2 所示。

表 7–2　主要调查内容及调查信息

调查项目	调查内容	调查范围	主要调查信息
1. 居民出行调查	城市居民出行 流动人口出行	规划编制范围	出行率、出行目的与方式、出行时间与距离、出行时空分布、出行意愿等
2. 车辆出行调查	机动车出行	规划编制范围	出行率、出行时间与距离、出行空间分布、载货状况等
3. 公交运行调查	常规公共交通	线网覆盖范围	线路客运量、断面客流量、主要上下站量、客流流向、满载率、公交车通过量、公交乘客特征等
	轨道交通	线网覆盖范围	客运量、断面客流量、主要上下站量、换乘量、乘距、站间 OD：换乘站布局等
	出租汽车	注册运营出租汽车	载客次数、平均载客人次、平均距离、行驶里程、载客率等
4. 道路交通运行调查	路段交通流量	现状建成区范围	断面机动车、非机动车、步行交通特征
	道路交叉口流量	现状建成区范围	进出交叉口机动车、非机动车、步行交通特征
	机动车行程车速	现状建成区范围	各级道路行程车速等
5. 出入境调查	出入口道路交通	现状市区范围	进出境机动车流量、流向、车辆构成等
6. 停车调查	公共停车场	现状建成区范围	停车规模、停放时间、停车特征、泊位周转率等
7. 吸引点调查	主要公共设施	现状建成区范围	吸引规模、方式、分布、吸引强度等
8. 交通信息化调查	电子票用 IC 卡	现状应用领域	电了票种类、发行数量、应用领域和规模
9. 货运调查	货物运输	现状市区范围	主要货物种类及重要集散点分布、货运组织模式等

2. 专题研究阶段

在现状调研基础上，对影响城市综合交通体系发展的重大问题组织开展专题研究，一般应包括交通发展趋势、城市交通发展战略与政策、重大交通基础设施布局等。

现状分析应包括以下主要方面。

① 城市概况。包括城市区位、自然地理、历史文化、城市功能定位、现状城市人口与用地规模等基本状况。

② 城市经济与产业。包括城市经济发展规模、水平与增长态势、城市产业结构、城市财政能力、基础设施投资规模与结构比例、存在问题等。

③ 城市空间结构与土地使用。包括现状城市空间结构特征、城市功能布局及土地使用特点、城市发展与交通系统的关系等。

④ 城市交通需求。包括居民出行特征、典型走廊和城市断面的交通分布特征，各类交通工具的规模、增长情况、使用特点及影响因素，城市重要集散点的交通吸引特征，城市主要货源点分布及货运交通集散特征等。

⑤ 城市对外交通。包括各种对外交通的客、货运输规模和增长情况，货物运输的主要种类，对外交通系统布局、场站设置与城市规划建设的关系，与城市交通衔接存在的突出矛盾等。

⑥ 城市道路交通。包括现状城市道路网络规模、结构、布局特点，道路功能与土地使用的相互关系，现状道路服务水平，主要道路、交叉口交通流状况等。

⑦ 公共交通。包括各种公交方式发展水平、线网规模、布局及场站设施，各类公交方式运营组织模式及服务水平，优先发展公交的保障措施，公交专用道、港湾公交站、公交优先信号设置状况，公交发展存在的主要问题等。

⑧ 步行、自行车交通。包括步行、自行车交通的分布及主要交通特征，步行街区布局及管理，步行、自行车交通设施和运行管理现状，以及存在问题等。

⑨ 城市停车。包括公共停车规模、布局，配建停车状况，路内停车状况，不同地区停车供求状况，停车设施使用状况及运营管理等。

⑩ 交通管理。包括交通管理设施、交通组织等基本状况，以及存在的主要问题等。

⑪ 交通信息化。包括交通信息化建设、交通信息共享需求等基本状况，以及存在的主要问题等。

3. 纲要成果阶段

重点评价和分析城市综合交通体系现状存在的主要问题；论证城市综合交通发展趋势和需求、交通发展战略和交通资源配置策略，提出城市综合交通体系框架；确定城市综合交通体系总体发展目标和交通各子系统规划目标；提出城市综合交通体系的布局原则。

4. 规划成果阶段

确定城市综合交通发展战略、政策和保障措施；确定城市交通设施布局方案、控制性规划指标和强制性内容；提出对城市交通各子系统规划的指导性技术要求；提出近期规划的策略与方案。

7.1.4　城市交通规划的发展

1. 国外城市交通规划的发展

城市交通规划随着时代的发展而不断发展。

16 世纪，西方资本主义的诞生与发展促进了城市及其道路交通的发展。为了克服城市交通的混乱状况，资产阶级力图对城市进行改造，并进行探索，不断产生新的城市规划思想，如邻里单位规划理论、有机疏散理论、卫星城–新城理论等，这些新的城市规划思想都有关于城市道路网规划的论述。

20 世纪 50 年代，随着芝加哥交通规划研究的开始，真正意义上的城市交通规划诞生了。1962 年完成的《芝加哥地区交通研究》突破了以往交通规划等同于道路网规划的局面，揭开了城市交通规划崭新的一页。

20 世纪 60 年代，随着欧美发达国家私人小汽车的迅猛发展，公共交通受到致命打击，城市交通陷于混乱状态。这一时期城市交通规划开始与土地利用相结合，针对日益严重的交通拥挤问题，重点研究了城市常规公交的规划技术、公交优先通行技术及轨道交通规划技术。

20 世纪 70 年代，城市交通规划在土地利用、人口及就业分析基础上进行交通需求预测，提出城市交通规划应由城市交通发展政策、动态交通、静态交通、公共交通、行人交通及规划的实施与滚动等组成，“以人为本”思想初露端倪。同时，计算机技术的迅速发展提高了数据处理及分析预测的速度。

20 世纪 80 年代开始，针对大城市普遍出现的交通拥堵状况，城市交通规划改变了以往就交通论交通的局面，从分析城市交通系统间相互联系与内在影响因素入手，明确问题的症结，进而提出城市交通发展战略目标、规划方案与政策建议，明确提出大城市中必须把公交放在首位，交通规划和建设不仅是为了解决交通问题，也是完善和发展城市的必要手段。

20 世纪 90 年代的城市交通规划，在以往城市交通规划研究与实践的基础上，明确了“交通系统调查—现状分析诊断—交通发展战略研究—交通需求预测—交通专项规划”的城市交通规划工作程序，城市交通规划过程与主要研究内容逐步清晰。交通规划新理论、新技术的研究和探索不断深入，出现了需求与供给平衡、网络效率、交通组织、交通控制与管理等全过程的协调和优化的思想。

现代真正意义上的城市交通规划诞生以来，规划理论和技术的实用性不断地在实践中得到锤炼，在规划模式、预测模型、交通结构、网络分析技术及计算机应用技术等方面表现得更为突出。

2. 我国城市交通规划的发展

（1）古代的道路网规划

我国远在周代就已经有了城市道路系统和道路网规划，周王城道路横断面是历史上最早形成的车走中央、行人走两旁的具有人车分离功能的横断面。这种城市道路系统规划模式一直沿用到近代，是我国城市道路网布局的典型图式之一。

唐代城市道路网规划建设明显突出了道路系统的功能，道路分为御用干道、全市性的主要交通干道、一般坊里的城市道路和坊内小路 4 种，与现代所采用的城市快速干道、主干道、次干道及支路的划分基本相同。

北宋时，东京汴梁的城市道路系统在方格网的基础上，结合地理条件出现了丁字交叉和斜交，成为非严整的方格网；城市中出现了商业街道，道路开始具有生活性，成为居民的生活中心；城市水系与道路网结合，出现了对外交通枢纽。东京汴梁的城市道路系统布局对以后的都城，如元大都及明清时代北京有很大影响。

（2）现代城市交通规划的发展

新中国成立后一直到 20 世纪 80 年代，我国城市交通的主要构成是自行车交通，全国城市中的汽车不足 200 万辆，城市交通的矛盾不突出，人们对城市交通的认识局限在道路的规划和建设方面。随着改革开放的深入及城市化进程的加快，城市交通从来没有像现在这样受到各级政府和社会各界的关注和重视，也从来没有感受到如此之大的需求压力。我国的城市交通规划事业是伴随着城市交通发展的压力，从无到有逐渐成长起来的。

20 世纪 70 年代末，西方国家的城市交通工程、城市交通规划思想传入了我国，人们开始认识到城市交通丰富的内涵。1979 年，在城市规划学术委员会下成立了大城市交通学组，针对当时的城市交通状况，提出了一系列城市交通建设的指导思想，如交通规划是城市规划的组成部分，强调道路功能的划分，按交通流的性质和要求设计城市道路，城市道路交通规划要为长远发展留有余地等。由此开始，人们对城市交通的认识由单纯的道路逐渐扩展到道路和交通两个方面。

20 世纪 80 年代初前后，我国几个大城市相继开始了交通调查，拉开了我国城市交通规划起步的序幕。1978 年上海组织了机动车 OD 调查，1981 年天津组织了居民出行调查和货物流动调查，1982 年徐州进行了居民出行调查，等等。之后，到 20 世纪 80 年代末，全国有 30 余个城市进行了居民出行调查和公共交通出行调查，这些调查对了解我国城市交通的基本状况、探索交通流的特征奠定了基础。在这一阶段，城市交通规划的重点在于摸清情况，对城市交通流的认识从道路表象延伸到交通源头的分析，实现了认识上的第一次飞跃。城市规划学术委员会大城市交通学组在学术年会上提出了“全面规划，综合治理大城市交通的倡议书”，第一次把城市交通提到了“全面规划、远近结合、标本兼治、综合治理”的高度。随着改革开放的深入，城市建设和社会经济有了很大的发展，城市交通建设滞后的矛盾已经表露出来。为了进一步组织好学术研究，1985 年大城市交通学组升格为中国建筑学会城市交通规划学术委员会。在深圳市举行的成立大会上，专家们指出城市交通有进一步恶化的可能，现代城市交通已经发展成为一个复杂的系统，根本出路在于综合治理。在这次会上，专家们还认真讨论了深圳市交通规划所引进的技术方法，即交通生成、交通分布、交通方式分担、交通分配

“四阶段”交通需求分析方法。到目前为止，“四阶段”分析模式仍是我国城市交通规划中交通分析的主流模式，并在实践中不断地完善和深化。但在这一时期，由于对交通规划内容的理解还有偏颇，在相当长的一段时间内，人们把“四阶段”交通分析看作交通规划，过分看重了交通分析的结果，而对分析的过程和规划方案的实施研究不够，以至于交通规划在城市交通建设方面的指导性没有充分发挥出来。应该说，这一阶段的城市交通规划属于探索期，侧重于理论研究，侧重于描述交通流规律的模型研究。

在近 20 年的技术探索和实践中，城市交通规划市场也由封闭型向开放型发展。20 世纪 80 年代中期开始，北京、上海、广州等城市先后开展了多种形式的国际合作，利用国外咨询公司的技术和经验，进行城市交通研究和规划编制。1987—1990 年，上海与美国巴顿·阿希曼公司合作，以引进的分析工具 EMME/II 为平台，建立了上海市交通模型；1990 年，北京与香港政府拓展署合作进行了 LOTU 模型的移植和开发，之后在执行中英政府科技合作协议时，又与英国的 MVA 公司合作，引进了 TRIPS 交通规划软件包，开发并建立了北京市城市交通规划战略模型；1993 年，广州市政府与世界银行指定的 MVA 公司合作，开展了“广州市交通规划研究”，技术分析的平台也是建立在引进的 TRIPS 和 START 分析软件之上。国外咨询公司的介入，不仅带来了新的技术，也带来了新的理念，开阔了视野，深化了城市交通规划的内容，推动了国内城市交通战略规划的研究。

20 世纪 90 年代以来，城市机动车快速增长，年均增长率达到了 15%～30%，1995 年与 1983 年相比，车辆数增长了 200%。随着城市经济的发展和人民生活水平的提高，人们开始追求机动化的交通方式，1994 年北京市私人汽车保有量超过 10 万辆，占城市汽车总量的 17%。在南方沿海城市，摩托车急速增长，呈现出摩托车取代自行车的趋势。而在上海，则表现在助力车的增长方面，短短几年，助力车已增加到 40 万辆。虽然在 20 世纪 80 年代后，城市道路建设有较大的改观，1980—1994 年，城市道路面积的年平均增长率为 11.6%，人均道路面积由 2.8 m^2 增加到 6.6 m^2，但反映道路服务水平的人均长度和面积率指标仍然较低，车均道路指标仍呈缓慢增加或下降趋势。

在交通供需矛盾十分尖锐的情况下，城市交通存在的新问题日益增多，城市交通拥堵的现象从特大城市逐步向大城市和中小城市蔓延。在实践中，城市交通规划的观念发生了重大的变化，在这一时期，国家出台了汽车产业政策、城市土地政策等一系列与城市交通发展具有直接关系的方针政策，引发了城市交通结构向机动化方向转化的趋势。人们意识到，要缓解城市交通拥挤，仅仅靠修路已经无法满足日益增长的交通需求，交通规划与城市发展的决策过程、交通政策的选择越来越密切。必须实行交通需求管理，调整不合理的交通结构和道路设施结构，优先发展公共交通，重视静态交通的建设。特别是随着城市汽车化的起步，交通污染和能源消耗问题日益突出，可持续发展的城市交通作为一个新的课题摆在了我们的面前，由此产生了交通规划理念上的又一次飞跃。交通规划开始重视编制的过程和战略的选择，而不是结果。可以说，城市交通规划走上了理性化发展的道路。

7.2 城市内部交通规划

7.2.1 城市道路系统规划

城市道路系统是指城市范围内由连接城市各部分的不同功能等级的道路、各种形式的交叉口、广场等设施以一定方式组成的有机整体，是承担客、货运交通的主要空间。城市道路系统既是各种功能用地的“骨架”，又是城市进行生产和生活活动的“动脉”，同时，也是绿化、排水、防灾、通风、采光及其他基础设施的主要空间。

城市道路是整个城市的“骨架”，在很大程度上左右着城市的发展方向和规模，是保证城市功能发挥的基础设施。城市道路的设计工作是一项复杂的系统工作，通过合理设计道路和交通设施，以便用同周围用地相互补充的方式提供所期望的交通流量。

1. 城市道路网络布局

城市道路分类的目的在于充分实现道路的功能，并使道路交通更趋合理、有效。不同类型的城市道路所起的作用不同，市政道路主要有交通性、生活性、景观性和商业性 4 个方面的功能和分类。根据道路在城市道路网中的地位、交通功能及对沿线建筑物的服务功能，将城市道路划分为快速路、主干路、次干路和支路 4 类［《城市道路交通规划设计规范》（GB 50220—1995）］。

（1）快速路

快速路应为城市中大量、长距离、快速交通服务。快速路的对向车行道之间应该设中央分隔带，其出入口应采用全部控制或部分控制。快速路两侧不宜设置吸引大量车流和人流的公共建筑出口。快速路在特大城市或大城市中设置，主要联系市区各主要地区、市区和主要近郊区、卫星城镇、主要对外公路。其主要为城市远距离交通服务，具有较高车速和大的通行能力。

城市快速路网是在城市干道网基础上发展起来的，其特点是要求汽车的行驶不能人为中断（行人过街、信号灯、路口警察指挥等）。城市快速路网上的交叉口一般要做立交，保证道路交通的连续和快速。

城市快速路网必须同城市的用地功能布局、自然条件及城市其他规划和对外交通相配合。从某种程度上讲，城市快速路网要为城市交通提供较高的可靠度。因此，在这个意义上，快速路网不同于干道网，它不仅要连接主要的分区，还要使交通不间断地运行，其规划标准要高于干道网。具体表现在：

① 城市快速路的计算行车速度为 60～80 km/h，道路平面线形要满足高速行驶的要求，因此在选线时，要避免过多的曲折；

② 快速路要严格限制横向交通的干扰（包括机动车、非机动车和行人），与其他快速路

及主干路相交时，必须采用立交，只允许有少量的合流和分流车辆存在；

③ 道路横断面布置要接近高速公路标准，对不同方向的交通流和不同的交通方式必须进行隔离；

④ 规划足够的车行道宽度，以利发展需要；

⑤ 选择恰当的立交形式，避免由于立交通行能力的限制而影响汽车的运行，降低快速路网的标准；

⑥ 纵断线形要保证在高速行车允许范围内，在凹形曲线底部要有充分的排水设备，从而保证道路不积水；

⑦ 与城市整体路网配合，使车辆能通顺地进出快速路网。

以上是对城市快速路网的基本要求，在建设规划过程中，还要注意与之配套的服务设施及道路标志的完善，使城市快速路网的服务质量真正达到高水平。

（2）主干路

城市主干路是城市中为相邻组团之间、与市中心区之间的中距离常速交通服务，是城市道路网的“骨架”，与快速路共同承担城市的主要客、货交通出行。大城市主干路多以交通功能为主，可以划分为以货运和客运为主的交通性主干路，也可以根据功能需要设置为生活性景观大道。

不同的城市，应根据本身的特点和问题，制定出适合本市的主干路规划。城市主干路应与城市的自然环境、历史环境、社会经济环境、交通特征和城市总体规划相适应；城市主干路还应与自然地形相协调，在路线高程上与周围用地相配合，减少道路填、挖方量。

城市主干路是城市交通的“动脉”，在规划时一定要突出其交通功能，应拟定较高的建设标准。一般要求如下：

① 城市主干路的布置应避免穿过完整的功能区；

② 主干路上的机动车与非机动车应分道行驶；

③ 交叉口之间分隔机动车和非机动车的分隔带宜连续；

④ 主干路两侧不宜设置公共建筑物出入口等。

（3）次干路

次干路与主干路结合组成干道网，起集散交通的作用，兼有服务功能。次干路一般不设立体交叉，部分交叉口也可以扩大，一般可设 4 条车道，也可不设单独的非机动车道。次干路兼有服务功能，允许两侧布置吸引人流的公共建筑，但应设停车场。城市次干路用于联系主干路，与主干路结合组成道路网，并作为主干路的辅助道路（起集散交通的作用），设计标准低于主干路。

（4）支路

支路是次干路和街坊的连接线，用于解决局部地区交通，以服务功能为主。支路是一个地区内（如居住区内）的道路，是地区通向干道的道路。部分支路用以补充干道网的不足，可以设置公共交通路线，也可以作为自行车专用道。支路上不宜通行过境交通，只允许通行为地区服务的交通。支路则为各街坊之间的联系道路，并与次干路连接，设计标准低于次干路。

虽然次干路和支路不是城市交通的主动脉，但它们起着类似人体的支脉和毛细血管的作用，只有通过它们，主干路上的客、货流才能真正到达城市不同区域的每一个角落；主干路上的交通流也靠它们汇集、疏散。因此，在城市道路网规划中，决不能因为重视主干路的规划建设而忽视了次干路和支路。

与城市主干路相比，次干路和支路上的交通量要小一些，车速也较低。次干路和支路主要解决分区内部的生产和生活活动需要，交通功能没有主干路那样突出，在它们两侧可布置为城市生活服务的大型公共设施，如商店、剧院、体育场等。城市次干路和支路与主干路一样为城市提供公共空间，起着各种管线的公共走廊和防灾、通风等作用。

2. 城市道路系统规划的基本原则

城市道路系统既是组织城市各种功能用地的“骨架”，又是城市进行生产和生活活动的“动脉”，在城市道路系统规划中应遵循以下基本原则。

（1）与城市用地布局规划相协调

城市用地布局利用城市道路系统将各个部分用地相衔接，构成一个有机的整体，两者之间的关系是相互依存、相互支撑的。一方面，城市道路系统规划应当以合理的城市用地功能布局为前提；另一方面，城市用地布局规划也应该充分考虑城市道路系统的需求，两者之间紧密结合，才能获得合理的规划方案。

城市道路系统在城市用地布局方面主要发挥以下 3 个方面的作用：一是分隔用地的界限；二是联系用地的通道；三是组织景观的廊道。

（2）与城市交通需求特征相匹配

城市交通需求明确了城市客、货运出行的总量和时空分布等特征，城市道路系统的主要服务对象是城市交通需求所产生的客、货运出行。按照供需关系理论，两者之间必须相互匹配，否则将出现城市道路系统供应不足或者浪费等现象。

城市道路系统规划应当主要考虑以下 3 个方面的交通需求特征：一是交通出行总量；二是交通出行结构划分；三是交通出行时空分布。

（3）与地形、地貌、地物等相适应

在确定道路系统规划线位和红线宽度的过程中，应当综合考虑地形、地貌、地物等方面的因素，坚持节约用地和工程投资等原则，尤其是在地形起伏较大的丘陵地区和山区。同时，道路系统规划还应当注意所经过地段的工程地质条件，尽量避免地质和水文地质不良的地段。另外，城市道路系统规划，尤其是在原有城市建设用地方面，还应考虑既有建筑、河流、文物保护等现状地物条件。

（4）与城市的历史风貌、自然环境相协调

中国是文明古国，有丰富的文化遗产，许多城市已有上千年的历史。另外，我国是多民族国家，地大物博，不同地区和民族之间的文化水乳交融，相映生辉，同时又保持着鲜明的地方和民族特色，研究和保留价值很高。城市道路网规划作为城市规划的重要内容，一定要注意与历史遗迹和自然条件相协调，从而创造出和谐、自然的城市气氛，增强欣赏价值，保护城市特有的文化资源。

（5）与城市的规模、性质相适应

不同规模、性质的城市对其道路网的结构和建设水平的要求是不同的。原则上讲，大城市要求有城市高速路网体系及主干路形成的道路网骨架；中等城市一般不需要高速路网体系，但要有主干路骨架，配以次干路和支路形成整个路网；小城市路网主要由次干路及支路组成。

城市性质对道路网的要求难以像城市规模那样具体。工业性城市要求道路网提供快速、便捷的交通服务；旅游性城市的道路网要求赏心悦目、环境优美；一般性城市要求安静、舒适；商业性城市最好规划一些步行街，以方便购物，商业网点之间的交通联系则要便捷、通畅。

3. 城市道路系统规划的一般过程

城市道路系统规划根据规划阶段和深度的不同，分为城市道路网系统规划和城市道路规划设计两项内容。

城市道路网系统规划的主要任务是制定城市道路网的发展目标、发展策略，确定近远期道路网体系结构、布局和规模，确定具体道路的功能、规模、总体要求，提出建设时序、实施政策建议等。其规划的一般过程如下：

① 现状基础资料收集；

② 现状问题分析；

③ 交通需求分析；

④ 城市道路网系统初步方案规划；

⑤ 城市道路网系统规划方案指标评价；

⑥ 编制城市道路网系统规划方案。

城市道路网规划设计的主要目的是：确定道路等级、建设规模、规划性质、线位、红线宽度、横断面形式、控制点坐标、交通设施布局、交通组织方案等内容，处理好与相关专业规划的衔接，为道路工程设计方案提供技术支撑。城市道路网规划设计的一般工作程序如下：

① 对规划道路沿线及周边区域有详细的现场踏勘；

② 调查和收集相关的交通、用地及社会经济基础资料；

③ 研究并提出道路规划线位、红线宽度、横断面布置等方案和要求；

④ 对规划道路在设计阶段及实施阶段应注意的事项或要求提出意见和建议。

7.2.2 城市轨道系统规划

城市轨道交通以其速度快、运量大、准时舒适等优势，逐渐成为未来各大城市公共交通发展的基本方向。城市轨道交通规划是城市内部交通规划中的重要环节，主要包括城市轨道交通线网规划、城市轨道交通线路规划设计。

1. 城市轨道交通线网规划

城市轨道交通线网是指由多条轨道交通线路通过换乘车站衔接组合而形成的网络系统。根据《城市轨道交通线网规划编制标准》（GB/T 50346—2009），城市轨道交通线网规划的主要任务是：依据城市综合交通规划提出的城市轨道交通发展目标和原则要求，确定城市轨道交通线网的规划布局，提出城市轨道交通建设用地的规划控制要求。

城市轨道交通线网规划的原则主要有：① 城市轨道交通线网规划应与城市总体规划相协调；② 轨道交通线网规模与城市经济、交通需求相适应；③ 城市轨道交通线网规划应考虑主要客运交通走廊、主要客流集散点；④ 城市轨道交通线网规划应具有协调轨道交通、缓解拥堵和交通导向的功能；⑤ 城市轨道交通线网规划应考虑工程的可实施性；⑥ 城市轨道交通线网规划应考虑运营的经济合理性；⑦ 城市轨道交通线网规划应考虑与其他交通系统相协调。

城市轨道交通线网规划包括以下内容：① 分析城市交通现状，预测城市客运交通需求；② 论证城市轨道交通建设的必要性；③ 分析城市轨道交通发展目标和要求；④ 研究确定城市轨道交通线网的规模；⑤ 研究城市轨道交通线网结构，确定城市轨道交通线网规划方案；⑥ 对城市轨道交通线网规划方案进行综合评价；⑦ 提出城市轨道交通车辆基地的规模，确定车辆基地规划布局；⑧ 提出城市轨道交通建设用地规划控制要求。

城市轨道交通线网规划应包括线网结构和线网方案两个研究阶段。线网结构研究的主要任务是确定轨道交通线网的基本构架；线网方案研究的主要任务是确定轨道交通线网的规划布局原则，确定各条线路的敷设方式。

2. 城市轨道交通线路规划设计

城市轨道交通线路规划设计的主要目的是：依据上位规划和沿线现状条件等多方面要求，协调沿线土地利用、建筑物开发、市政基础设施等方面内容，并结合客流预测分析结果，优化轨道交通线路和场站布局方案，以及交通接驳设施方案，为轨道交通线路工程可行性研究、工程方案设计等提供技术支撑。

城市轨道交通线路规划设计通常包括线位及站点布局优化、线路沿线土地使用和交通设施优化调整、车站和场站设施详细设计 3 个阶段。

城市轨道交通线路规划设计的主要内容如图 7–2 所示。

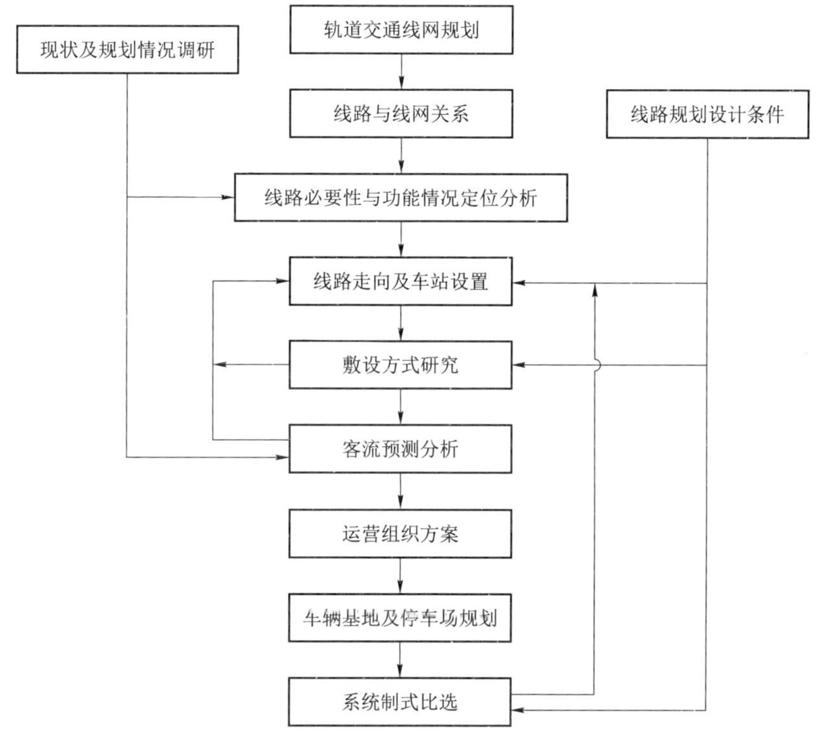

图 7–2 城市轨道交通线路规划设计的主要内容

① 线路必要性及功能情况定位。论证城市轨道交通线路建设的必要性及其在线网中的功能定位，分析轨道交通线路所经过地区的现状及规划情况、交通条件状况，在此基础上说明线路建设的意义、必要性，论证线路的功能定位。

② 线路与线网关系。首先说明轨道交通线网的远景线网规划及近期建设规划。在轨道交通线网规划的指导下，分析具体线路与线网中相关线路的关系。

③ 线路规划设计条件。分析线路沿线的用地、交通、市政等方面的规划设计条件。

④ 线路走向。对比预选的几条线路走向方案，提出推荐方案。

⑤ 车站设置。根据规划建设条件、线路功能定位、线路的技术标准，提出线路上车站设置分布、站点布设位置。

⑥ 敷设方案研究。轨道交通线路一般有地面线、地下线、高架线等敷设方式。线路敷设方式研究，需要根据建设条件和对周边的影响，提出线路各段的敷设方案。

⑦ 客流预测及运营方案。通过调查，根据线路方案和沿线用地现状及规划情况预测各段交通线路的客流量；根据客流预测结果，分析运营方案、车站设计、车辆配置、运营速度等。

⑧ 车辆基地及停车场。根据线路运营要求，车辆基地、停车场等具体规模要求，通过综合比选各个方案，提出选址、用地规划。

⑨ 系统制式比选。提出线路形态制式的选择原则，对比各种系统制式的特点、适用范围、对线路的适应条件，分析各种系统制式的优缺点，经过优化比选，提出推荐的系统制式方案。

7.2.3 城市交通枢纽系统规划

综合交通枢纽是地处两种或两种以上的交通方式衔接处，在交通网络上多条交通干线通过或连接，是多种交通方式（两种或两种以上）线路的交汇点。它能够实现多种交通方式的有效衔接，是交通网络的重要组成部分。连接不同方向上的客、货流，具有集散大量客流、实现客流中转、换乘等功能，配备了必要的运输组织、信息服务、交通控制等综合设施的客流集散场所，对交通网络的畅通起着重要作用。在交通组织上，综合交通枢纽承担着各种交通方式的衔接，实现不同方向和不同运输方式间交通的连续性，完成交通出行的全过程。

1. 城市交通枢纽的规划原则

规划建设城市交通枢纽，首先要考虑换乘协调，体现“以人为本”的原则，即保证人流在枢纽内换乘的安全性、连续性、便捷性、舒适性和客运设备的适应性。在交通枢纽内，各种接驳方式都有其存在的合理性，要组织好换乘交通，保证各交通系统间的衔接协调，必须遵循以下原则。

（1）换乘过程的连续性

乘客完成各种交通方式间的搭乘转换，应该是一个完整连续的过程。换乘的连续性是组成换乘交通最基本的要求和条件。枢纽的位置应为乘客提供方便的最佳交通工具及最佳交通线路的机会，这样才能保证出行连续，减少延误。

（2）客运设备的适应性

保证各交通方式的客运设备（包括各种交通工具的数量、客运站和枢纽中的站屋、站台、广场、人行通道、乘降设备、停车设施等）的运输能力相互适应和协调。

（3）客流过程的通畅性

使乘客尽可能均匀地分布在换乘过程的每一个环节上，不要在任一环节滞留、集聚，保证换乘过程的紧凑和通畅。

（4）换乘的舒适性和安全性

安全是对乘客的尊重，是规划建设交通枢纽注重的首要原则。换乘过程的舒适、安全，不仅对乘客个人的生理、心理产生影响，同时也可能对社会产生意想不到的影响。过分拥挤和无安全感会给乘客造成旅途疲劳，心理压力大，情绪烦躁，从而影响乘客的工作、学习和生活等各个方面。

2. 城市交通枢纽的规划方法

（1）交通分析为主导

以交通模型为基础、交通预测为核心的交通规划方法，是交通枢纽规划的基本方法。城市交通枢纽规划要从某一城市具体的综合交通规划入手，以交通引导枢纽的土地利用和方案规划。

（2）定性分析和定量分析相结合

交通枢纽规划不仅涉及交通方面的专业知识，同时也需要具有历史、建筑、美术等多方面的专业知识，既有专业性，又有综合性。枢纽规划的技术路线和方法可以有较强的适应性，但根据枢纽的换乘对象不同、地点不同，枢纽的规划思想会有较大差别，既有规律性，又有不稳定性；既有数据计算，又要有经验判断。所以，在交通枢纽规划时，应采用定性分析和定量分析相结合、专家经验和数理论证（模型预测）相结合的系统分析方法。

（3）静态和动态相结合

交通规划实际是交通需求和交通供给这一对矛盾因素的动态平衡过程，交通枢纽规划也是针对这一动态过程的规划。因为交通枢纽规划与地区发展密切相关，也要侧重远景年的长远规划，在这一过程中有许多因素影响。在利用交通模型预测时，要充分估计到不定因素的影响和客流自然调节平衡的可能性，要注重各种因素的不确定性，并考虑进行多动态的层次分析。虽然因素分析及预测主要是相对于远景年的，但其中仍然存在规律性，这为静态前提下的宏观分析计算提供了可能。因此，在规划方法上应注意静态和动态相结合。

（4）枢纽规划与远景方案相结合

枢纽规划的主要目的是勾画远景，可操作性是规划成败的关键，要考虑设计的阶段性和连续性。因此，必须进行科学的近期实施规划，并使近期实施与远期规划之间有科学合理的过渡和延伸，才能确保远景规划的实现。另外，近期的交通治理或工程建设都应在远景规划指导下进行，脱离远景目标的建设往往是没有生命力的。

3. 城市客运枢纽规划

城市交通枢纽是城市客、货流集散和转运的地方，可以分为城市客运交通枢纽、城市货运交通枢纽和设施性交通枢纽。城市客运交通枢纽是城市交通运输体系的重要组成部分，是城市客流集散的中心点，承担着城市日常客流的换乘功能和直通功能，是满足城市客流方向多样性、复杂性需求的换乘中心。

城市客运交通枢纽的布局规划是根据对社会经济发展和交通需求的预测结果，利用交通规划和网络优化理论，对所规划的交通枢纽的场站数量、大小和位置进行优化，同时调整枢纽内部及相互间关系，以实现整个交通枢纽系统的运输效率最大化。其主要内容涉及社会经济与交通运输的调查与分析、发展预测、交通枢纽场站布局优化、枢纽系统设计、社会经济评价等工作。

城市客运交通枢纽层次化结构的布局是对城市客运交通枢纽布局规划提出的一种规划运作方法，是对现有规划方法的一种补充。城市客运交通枢纽的层次化布局可以分为两个阶段：一是宏观总体布局阶段，主要是根据未来城市布局结构和空间结构，从宏观层面上进行抽象性的布局；二是微观选址布局阶段，其内容是在得到第一阶段所描绘的枢纽布局的框架下，利用现有规划模型进行具体的选址。具体如表 7–3 所示。

表 7–3　具有层次化结构的城市客运交通枢纽的布局

不同阶段	解决的问题	考 虑 因 素
宏观布局阶段	功能区枢纽的等级、实现枢纽的层级结构划分	城市布局形态和空间结构、城市交通规划目标、城市客运交通枢纽等级标准
微观选址布局阶段	具体建设位置、与线网的衔接	功能分析、覆盖区域的人口、环境等

4. 城市货运枢纽规划

城市货运交通枢纽是以城市为依托，与陆路、水路、航空等交通方式相配套，具有对跨省市货物运输进行集散、中转、存储、配送等功能，是装备先进、管理科学、信息灵通、功能齐全的运输综合设施，它起到类似集散点的作用。

按照服务范围和性质，城市货运交通枢纽可以分为地区性货物物流中心、生产性货物物流中心和生活性货物物流中心；按照使用特性，城市货运交通枢纽可以分为普通货物物流中心、特殊货物物流中心、综合货物物流中心；按照城市货运交通枢纽功能，分为集货中心、分货中心、配送中心、转运中心、存储加工中心；按照日处理货物量，分为 A、B、C、D 级流通中心。

货运交通枢纽规划布局原则为：① 均衡布设。根据货物的基本流向，将货物流通中心均匀地布设在城市各方向的出入干道附近。② 交通方便。货物流通中心应具有良好的外部道路条件，同时应考虑与其他运输方式进行转换，方便联运。如在港口码头、火车站、高速公路、航运枢纽附近建立货物流通中心。③ 协调发展。货物流通中心的规划，应与城市发展规划协调。货物流通中心的用地与城市规划用地性质不发生大的矛盾，规划方案对一定时期的国民经济发展有适应能力，为中心的发展留有一定的用地。④ 保护环境。货物流通中心聚集有大量货运汽车，汽车产生的尾气和噪声对环境造成危害；流通中心进行货物加工，也会对环境产生一定污染。因此，在规划货物流通中心时，应充分考虑环境保护问题。⑤ 节省投资。货物流通中心的布设，应充分考虑用地的既有条件和可利用的建筑、设备。经过经济分析，决定方案的取舍，避免造成资金浪费。

7.3　城市对外交通规划

7.3.1　城市对外交通规划概述

1. 城市对外交通的概念

城市对外交通是指城市与其他城市之间的交通及城市地域范围内的城区与周围城镇、乡村的交通，是以城市为基点，与城市外部空间联系的各类交通运输方式的总称。城市对外交通主要包括铁路、公路、水路、航空、管道运输等，其中航空运输是点上的运输方式，铁路和水路是线上的运输方式，公路运输可以实现面上的运输，独立完成“门到门”运输任务。城市对外交通应妥善处理好各种交通运输方式之间的关系，使其相互协作、互为补充，发挥各自的优势，建立高效的城市对外交通系统，使其具有速度快、容量大、费用低、安全性高、低污染、乘坐舒适等特点，实现城市与外部空间的高效连接。

2. 城市对外交通的定位

城市对外交通是城市形成与发展的重要条件，也是构成城市的重要物质要素。它把城市与外部空间联系起来，促进城市对外的政治、经济、科技和文化的交流，从而带动城市的发展与进步。城市对外交通运输设施在城市中的布置，对城市发展和规划布局有重要影响，是城市总体规划的一项重要内容。另外，城市对外交通线路和设施的布局直接影响到城市的发展方向、城市布局、城市干路走向、城市环境及城市景观。因此，城市对外交通对城市的总体规划布局有着举足轻重的作用。

3. 城市对外交通规划的目标和原则

（1）城市对外交通规划的目标

城市总体规划阶段的城市对外交通规划应根据经济发展做出交通预测和分配，并进行规划，其中铁路、公路、海港、河港、机场等系统规划，应根据城市总体规划和上位系统规划，合理确定其在城市中的功能定位和规划布局，以满足交通运输和城市发展的需要，其具体目标如下：

① 构筑各种交通方式相对完善、相互协调的城市对外综合交通体系；

② 加强与周边重点城市快速通道的建设，支撑区域城市群一体化发展；

③ 城市客、货运的重要基础设施规划，满足城市社会经济发展的需要；

④ 规划便捷的城市对外出入口，服务城市快进快出的对外交通需求。

（2）城市对外交通规划的原则

在城市对外交通规划中，一方面要充分利用国家和区域交通设施规划建设条件来加强市域内城镇间的交通联系，发展市域城镇体系；另一方面，要根据市域城镇经济、社会发展的需要，进一步补充和进行局部调整，完善城市对外交通规划。城市对外交通规划要着重考虑城市的地理位置、职能、规模、发展潜力及其在全国或地区交通运输网中的地位，遵循以下基本原则：

① 以城市总体布局为前提，追求城市发展的整体效益；

② 兼顾各类交通运输方式的特点，合理进行城市对外交通综合运输的布局规划；

③ 注重城市对外交通与城市内部交通的衔接，保证城市内外交通的连续、协调和共同发展；

④ 对外交通运输设施的布置，应使其对城市的干扰降为最低；

⑤ 对外交通应注意反映城市富有地方特色的面貌；

⑥ 对外交通用地布局应考虑国防上的要求。

4. 城市对外交通规划的基本内容

城市对外交通规划包括城市规划区内的铁路、公路、港口、机场等相关系统规划，通过合理的规划，使铁路、公路、航空和水运等城市对外交通运输方式互相配合、衔接，形成结构合理、高效便捷的城市对外综合交通网络。在规划过程中，要依据城市具体情况，研究城市对外交通线路和运输枢纽的布局，妥善处理好与其他相关专业规划之间的衔接，明确对外交通发展的战略目标、体系结构、总布局、功能等级等。

（1）铁路规划

城市规划区范围内的铁路设施布局和规模，应与城市规划布局和土地使用及其他交通设施布局相协调，根据国家铁路网规划、城市总体规划，在城市对外交通系统中统筹规划。

铁路规划的内容包括铁路在城市对外交通系统中的地位、规划原则、客货运量预测、线路及站场等铁路设施布局与规模、近期及远期规划等。特大城市、大城市、铁路枢纽所在城市可在城市总体规划指导下进行铁路专项规划。具体的铁路线路、站场等建设项目，应当在城市规划布局指导下进行选线、选址规划。

（2）公路规划

为沟通城市或主城区与外界联系的快速干线、一般干线及其相应附属设施均为公路的规划范围。明确规划范围后，根据城市总体规划及结合相关专项，按规划和有关规定对公路布局、功能和定位等进行合理规划。公路网规划以出行时间确定合理的通达目标和服务水平，以公路交通流量分布和流向为依据，选择合理的等级结构、路网布局、等级标准，处理好与城市路网的有机衔接。公路客运站场应以城市人口分布和客流吸引强度为依据，选择合理的站场规模和布局，与城市交通特别是城市公交良好衔接。公路货运站应该以城市产业、开发区布局和物流分布与组织为主要依据进行布局规划。

（3）水运规划

水运规划内容包括水运客货运量、规模、航道布局及通航等级规划、岸线利用规划、海港、河港布局规划等。充分利用区域和市域内的水系统资源，考虑物流构成、分布、集散特征和集疏运输条件，合理规划航道和港口，要处理好航道、港口与城市用地布局的关系，处理好港口集疏运输系统和陆域交通的有机衔接。

（4）航空规划

航空规划的内容包括航空业务量预测、航线规划、机场规模和等级、机场布局规划、机场配套设施规划等。航空规划要处理好机场建设与城市用地布局的关系，并注意航空运输与其他交通方式之间的衔接。

7.3.2 铁路规划

铁路运输具有高速、大运量、长途运输效率高等特点，因而在城市对外交通中铁路运输占有重要地位，是目前我国客、货运输的主要方式。城市对外铁路系统规划的主要内容包括城市中铁路线路、铁路车站及枢纽等布设规划。

1. 铁路线路规划

从运输特性上看，铁路是一种集约式的运输方式，其规模效益十分突出。但是由于铁路运输技术的复杂性及设施设备的专业性，铁路运输网布设的灵活性欠佳，铁路线路对城市空间具有一定的分隔效应，给铁路沿线两侧的交通带来不便，给城市生活和发展带来了很大影响。如果规划不当，不但会造成铁路在市区穿越或绕行的问题，也会形成铁路远离城市布置，使铁路与城市联系不便，增加了市内交通运输里程，造成长期性的浪费。因而如何使铁路在城市中的布设既能给城市生产与生活带来方便，又能在充分发挥其运输效能的基础上减少对城市的干扰，是城市铁路系统规划中的重要内容。

铁路线路在城市中的布设应遵循以下原则：

① 应与城市土地利用规划相协调，尽量不对城市内部空间造成影响；

② 铁路的噪声、振动、空气污染严重，应尽量避开城市人口居住区、文教区、商业区等人口密集地区；

③ 客运站、货运站、编组站、工业站、维修站等宜设置在城市外围；

④ 线路选线应充分考虑城市地质、水文和地质等因素，尽量避开工程建设条件较差的地区，协调与城市道路、交通和环境的关系，充分利用现有设备，节约投资和用地；

⑤ 综合考虑城市未来的空间发展方向，铁路线路不应成为未来城市空间发展的制约。

铁路线路的规划应与城市道路系统相配合，总体上应尽可能减少铁路线路与城市道路的交叉点，尽量使铁路线路不与城市主干道相交，道路要在铁路占地最窄的部分穿过。在方格网式道路系统的城市中，铁路在市区内应尽量与城市主干道平行，仅与次要道路相交；在环形放射式道路系统的城市中，铁路线应与干道平行地引入市区，并切忌道路与车站相交。

铁路与城市道路的交叉有平面交叉和立体交叉两种方式。从便利交通与保证安全的角度看，以立体交叉为好，但建造费用较高。因此，当铁路与城市道路的交叉不可避免时，应合理选择交叉方式。

2. 铁路车站及枢纽规划

铁路车站及枢纽是铁路运输的主要设备，在城市范围内主要包括中间站、客运站、货运站等，是城市客流和货流的产生地和消散地，也是组织城市交通的重要地点。在城市铁路布局中，铁路车站位置起着主导作用，线路的走向是根据场站与场站、场站与服务地区的联系需要而确定的。车站的数量和分布同城市的性质、规模、地形、规划、布局形式及铁路运输的性质、流量、方向等特点有关，而铁路车站的正确布设是协调铁路与城市的关系、充分发挥铁路与城市功能的关键。

（1）中间站在城市中的布置

中间站遍布全国铁路沿线中小城镇和农村，为数众多，是一种客货合一的车站。其主要作业是办理列车的接发、通过和会让，一般服务于中小城镇，设在城市区的中间站又称客、货运站。中间站在城市中的布置形式主要取决于货场的位置。按客运站、货运站和城市三者的相对位置关系，有客货城同侧布置，客货对侧、客城同侧布置，客货对侧、货城同侧布置3种布置方式（见图7–3）。

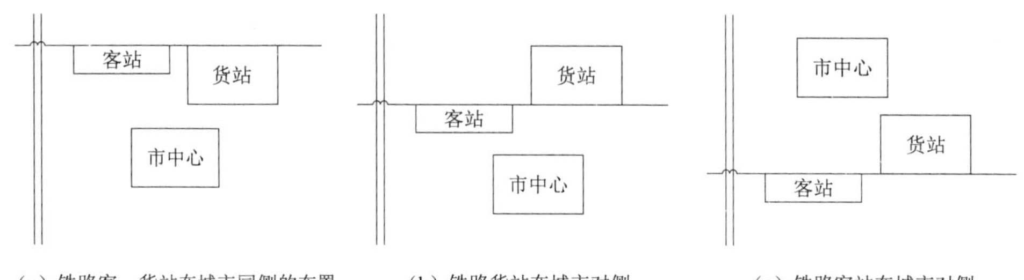

（a）铁路客、货站在城市同侧的布置　（b）铁路货站在城市对侧、客站与城市同侧的布置　（c）铁路客站在城市对侧、货站与城市同侧位置

图7–3　中间站与城市的位置关系

客货同侧布置的优点是铁路不切割城市，城市使用方便；缺点是客、货有一定干扰，对运输量有一定的限制，因而这种布置方式只适用于一定规模的小城市及一定规模的工业区。

客货对侧布置的优点是客、货干扰小，发展余地大，但这一布置形式必然造成城市交通跨越铁路的布局，因而在采用这种布置形式时，应使城市布置以一侧为主，货场与城市主要货源、货流来向同侧，尽量减少跨越铁路的交通量，以充分发挥铁路运输的效率。

（2）客运站在城市中的布置

客运站的主要任务是组织旅客运输，安全、准确、迅速、方便、舒适地为输送旅客服务。客运站站场的组成主要有站台、到发线、机车走行线、站前广场等。

① 客运站的位置。客运站的图示有通过式、尽头式（见图7–4）和混合式3种布置。一般来说，客运站距市中心2～3 km以内是比较便利的。中小城市客运站通常采用通过式的布置形式，可以提高客运站的通过能力；大城市、特大城市的客运站常采用尽头式或混合式的布置，可以减少干线铁路对城市的分割。大城市、特大城市客运站地区的城市交通条件较好，城市功能比较综合配套，常形成综合性的交通、服务中心。为方便旅客，避免交通性干路与站前广场的相互干扰，可将地铁直接引进客运站，或将客运站伸入城市中心地下。

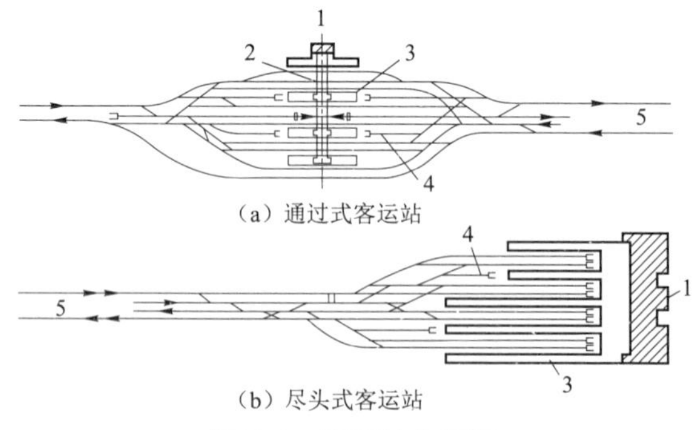

（a）通过式客运站

（b）尽头式客运站

图7–4　客运站布置图

1—站房；2—天桥；3—站台；4—机车等待线；5—去客车整备场

通过式客运站的优点是作业分散在两个咽喉区进行，通过列车不必变更运行方向，因而通行能力大，但这一布置难以深入城市，旅客距离车站较远，南京站就是这一布置形式；尽头式客运站的特点与通过式相反，它的优点是易深入市区，能布置到市中心边缘，从而方便旅客，其缺点是大大限制了通行能力，北京站就是一例；混合式客运站的优缺点介于通过式和尽头式之间，它适宜于有大量长途、市郊列车始发、终到的车站。

② 客运站的数量。对中小城市来说，一般设一个客运站即可满足铁路运输要求（城市用地过于分散的除外，如秦皇岛市），这样管理与使用都较方便。但是大城市，特别是特大城市，由于用地范围大、旅客多，如果仅设一个客运站，势必导致旅客过于集中，加重市内交通的负担，因而应根据城市旅客的数量及流向情况分设两个甚至两个以上的客运站。

③ 客运站与市内交通的关系。铁路客运站是旅客出行的一个中转站，也是对外交通与市内交通的衔接点，旅客要到达最终目的地还必须由市内交通来完成。因此，客运站必须与城市主要干道相衔接，以方便联系城市各部分及其他联运对外交通设施（车站、码头等）；还要协调好铁路与市区公交、长途汽车和商用服务的关系，做到功能互补和利益共享，实现地区发展目标。

④ 站前广场。铁路站前广场是铁路与城市交通联系的纽带，是人流、车流的集散地，同时也是城市的大门，对外开放的门户。因此，在站前广场布置时不能单纯依靠车站本身，还必须利用城市特有的自然环境与广场周围的公共建筑有机结合为一个建筑群体，使客运站站前广场成为集交通、服务于一体，反映城市面貌、展示当地文化的窗口，天津客运站是一成功的例子（见图 7–5）。

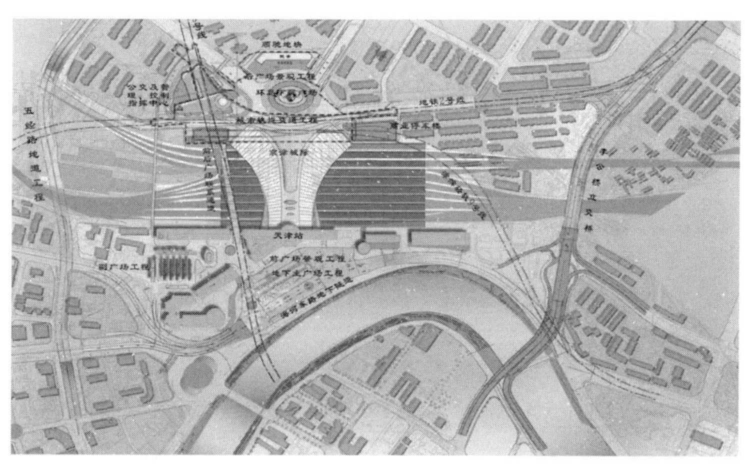

图 7–5 天津站站前广场规划图

（3）货运站在城市中的位置

货运站是专门办理货物装卸作业、联运或换装的车站。货运站可分为综合性货运站和专业货运站。综合性货运站面对城市多头货主，办理多种不同品类货物的作业；专业货运站专门办理某一种品类货物的作业，如危险品、粮食等。规划货运站在城市中的位置时，既要考虑货物运输经济性要求，同时也要尽可能减少货运站对城市的干扰。

城市中货运站的布置一般应遵循以下原则。

① 以发货为主的综合性货运站应伸入市区接近货源或消费区；以中转为主的货运站宜设在郊区，或接近编组站、水陆联运码头；以大宗货物为主的专业性货运站宜设于市区外围，接近其供应的工业区、仓库区；危险品货运站应设在市郊，并避免运输穿越城市。

② 货运站应与市内交通系统紧密配合。

③ 货运站应与编组站联系便捷。

④ 不同类货运站设置应考虑城市自然条件的影响。

⑤ 货运站的用地尺度应适当，并留有发展余地。

货运站在大城市一般以地区综合性货场为主，按地区分布，并考虑与规划区货种特点和专业性货场结合。中等城市货运站较少，一般设在城市边缘，在服务地区和性质上有所分工。

图 7–6 是货运站在城市中的位置图。

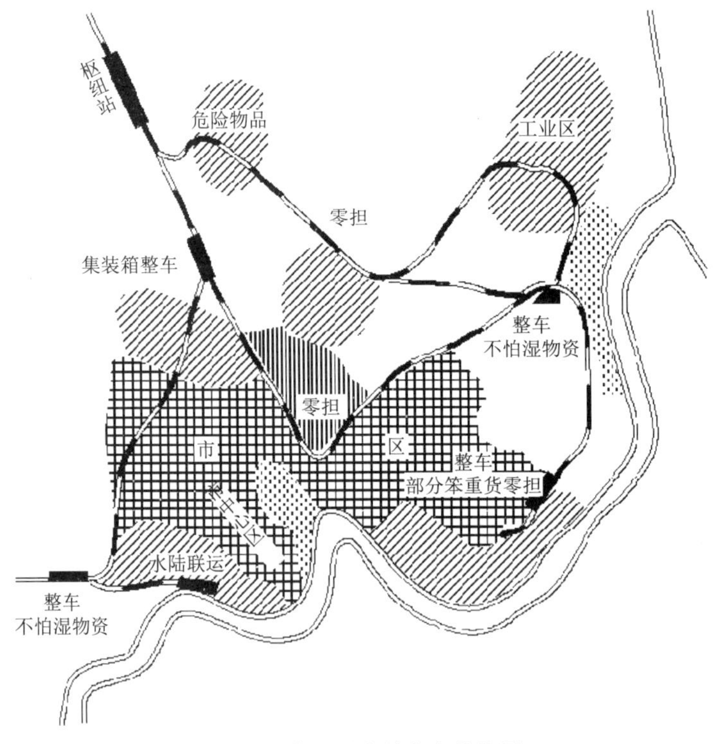

图 7–6　货运站在城市中的位置

（4）城市铁路枢纽的布置

位于两个或两个以上方向铁路干线、支线交叉或衔接的铁路网点或网端，设有多个专业车站或客货联合站及相应的联络线、进站线路等，在统一的高度指挥下协同作业，组成的一个整体即是铁路枢纽。铁路枢纽是城市综合运输枢纽的一个重要组成部分。

城市铁路枢纽的布置应注意以下两方面的问题。

① 铁路枢纽布置与城市规划布局的关系。铁路枢纽设备在枢纽内的布置应符合铁路枢纽总体规划和铁路远景运量发展的要求，并为满足铁路通过能力、作业安全便利、节省工程和运营成本提供有利条件。同时，铁路枢纽在城市中的布置应符合城市总体发展规划、工业布局的要求。铁路枢纽在城市中的布置有两种基本形式，即三角形枢纽和十字形枢纽（见图 7–7）。

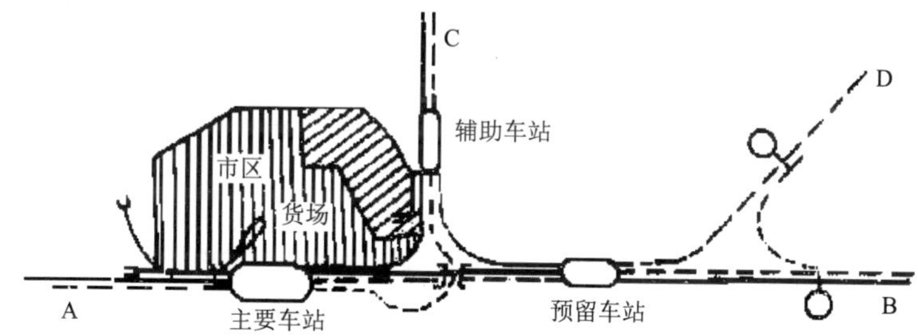

（a）三角形枢纽示意图

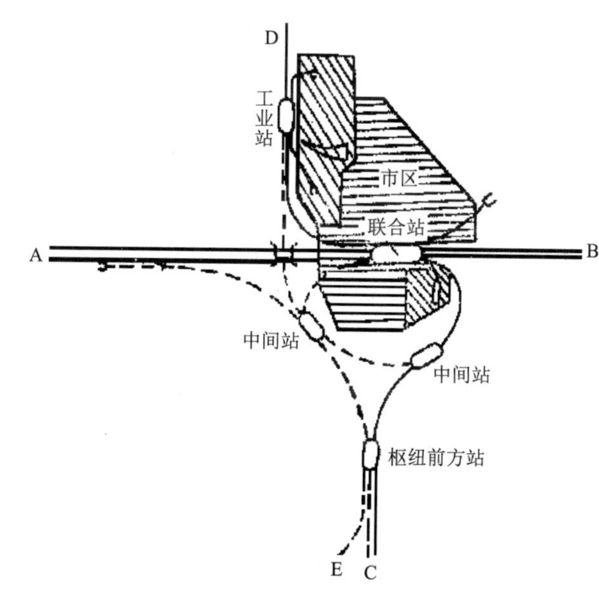

（b）十字形枢纽示意图

图 7–7　铁路枢纽布置示意图

图 7–7（a）为三角形枢纽，它由 3 个（或 3 个以上）主要干、支线方向引入形成三角形状态，一般在主车流方向上设一处客货联合站。当 3 个方向都有较大车流时，必须在 3 个方向上同时设置编组站，这时客运站应设在靠近城市的干线上；当引入方向多于 3 个时，布置

形式如图中虚线所示。

图 7–7（b）为十字形枢纽，一般由两条主要干线相交而成，当两条干线的直通车流较小，且交换车流较少时，在相交处附近设客、货站较有利。城市应位于铁路枢纽的某一象限内，互相干扰小，并有发展余地；跨象限会被铁路分割，造成互相干扰严重。

② 铁路与城市道路交叉。应尽量减少铁路与城市道路的交叉数量，穿越市区的铁路路线要沿工业区和居住区的分界线引入市区，处于工业区内的专用线不应设在居住区的一侧。

7.3.3 公路规划

公路运输是城市综合运输的重要组成部分，它以自己活动的广泛性和灵活性，深入到城乡生活的各个方面——从政治、经济、军事、文化、教育到市民的衣、食、住、行、用。公路运输以其独特的特点在各城市交通中占据重要地位，并成为城市发达程度的重要标志之一。

在城市范围内的道路有公路与城市道路之分，但两者又有一些共同的特点，难以简单界定。通常，我们将主要承担联系城市各功能区内和各功能区之间交通的道路称为城市道路，而将主要连接各城镇、乡村和工矿基地的郊外道路称为公路。

公路设施主要有线路和场站。

1. 公路线路的布置

城市是国家公路网的节点和枢纽，合理布置城市范围内的公路线路对提高公路运行效益，改善城市内部交通具有十分重要的作用。

我国是发展中国家，农村人口较多，随着商品经济的发展，近郊公路街道化较为普遍。一些城市是沿着公路两侧发展起来的（见图 7–8）。这些城市内的主干道就是城市公路，这类公路具有公路与城市道路的两种功能，这一公路线路的布置形式，由于过境交通大，行人多，且分割城市，不利于交通安全，不能适应城市现代化的要求。

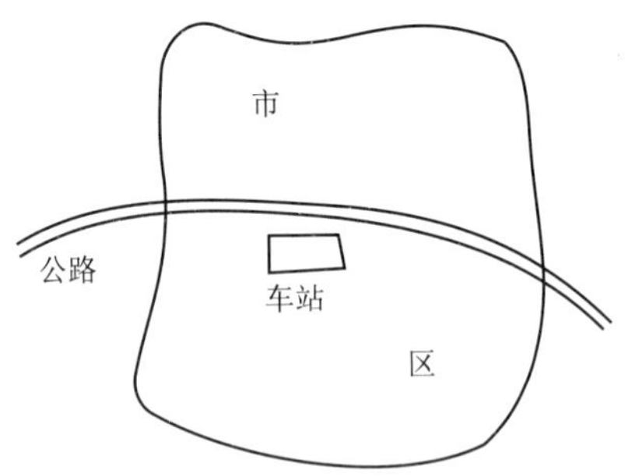

图 7–8 公路街道化后的城市公路

公路线路在城市中的布置有 5 种形式：穿越式、绕行式、混合式、城市环式、组团式。对各城市来说，采用哪种布置方式，要根据城市规模和性质、公路的等级和车流量组成决定。其典型布置形式如图 7–9 所示。

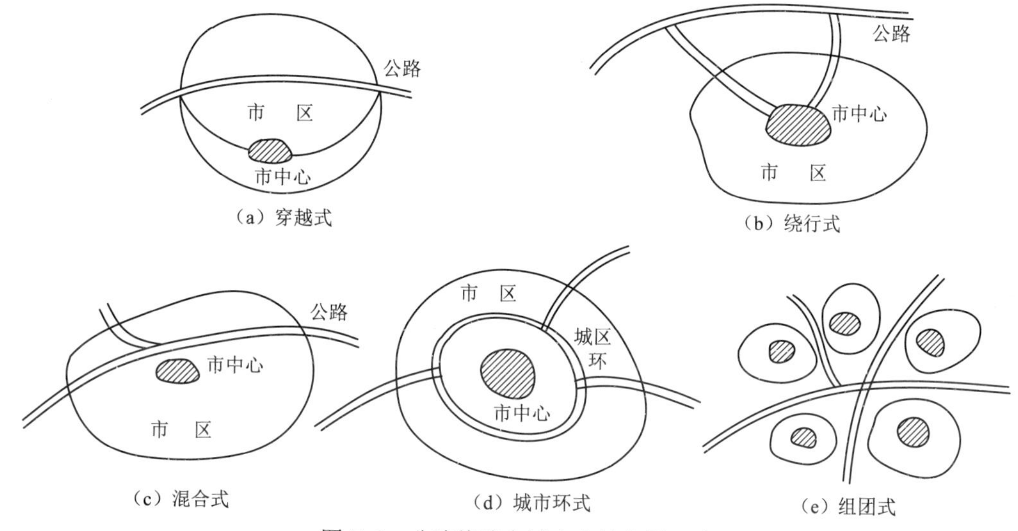

图 7–9 公路线路在城市中的布置形式

通常，公路等级较低、通过城市的车流入境比例较大时，可采用穿越式的布置形式［见图 7–9（a）］，这种布置由于分割城市，故只适用于小城市；当城市规模较大或公路等级较高及入城交通量少时，则宜采用绕行式布置形式，可离开城市布置公路，用入城道路联系城市道路［见图 7–9（b）］；当城市规模较大，公路入境交通较多时，宜采用城市部分干道与公路对外交通连接的方式，但应避免对城市交通密集地区的干扰，宜与城市交通密集地区相切而过［见图 7–9（c）］；当城市规模再大时，城市设有环路，过境的交通可以利用环路通过城市，而不必穿越市区［见图 7–9（d）］；组团式结构的城市，过境公路可从组团间通过，与城市道路各成系统，互不干扰［见图 7–9（e）］。

随着经济的发展，我国高速公路发展很快，高速公路与城市道路的衔接与布置遵循“近城不进城，近城不扰民”的原则，与城市的联系一般要求采用专用联络线（集散道）和互通式立体交叉（见图 7–10）。

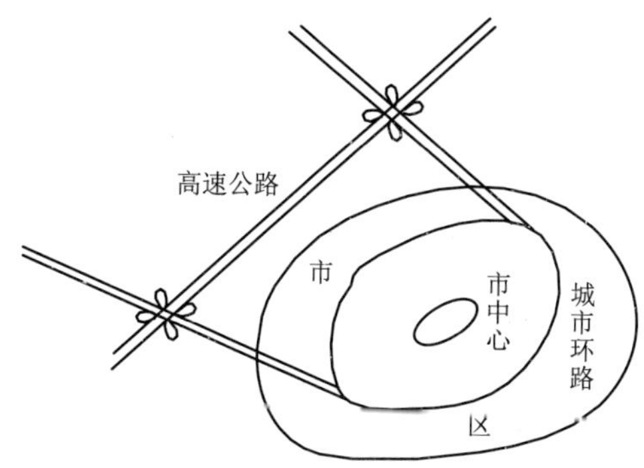

图 7–10 高速公路在城市中的布置

2. 公路场站位置的选择

公路场站是公路运输办理客、货运输业务及保管、保养、修理车辆的场所，是构成城市公路运输网的重要组成部分。公路场站包括客运站、货运站、技术站（停车场、保养场、汽修场、汽车加油站等）。

城市公路场站位置的选择要符合城市总体规划要求，以获得城市的最佳经济效益。

（1）客运站

对外交通的公路客运站即长途汽车站。长途汽车站的位置选择对城市规划布局有较大影响，在选择站场位置时，既要使用方便，又不影响城市生活，并与火车站、港口有良好的联系，便于组织联运。在中小城市宜集中设置客运站，甚至火车站与长途汽车站联合布置［见图 7–11（a）］；在大城市，客运量大，线路方向多，车辆也多，可采用分路线方向在城市设多个客运站［见图 7–11（b）］。

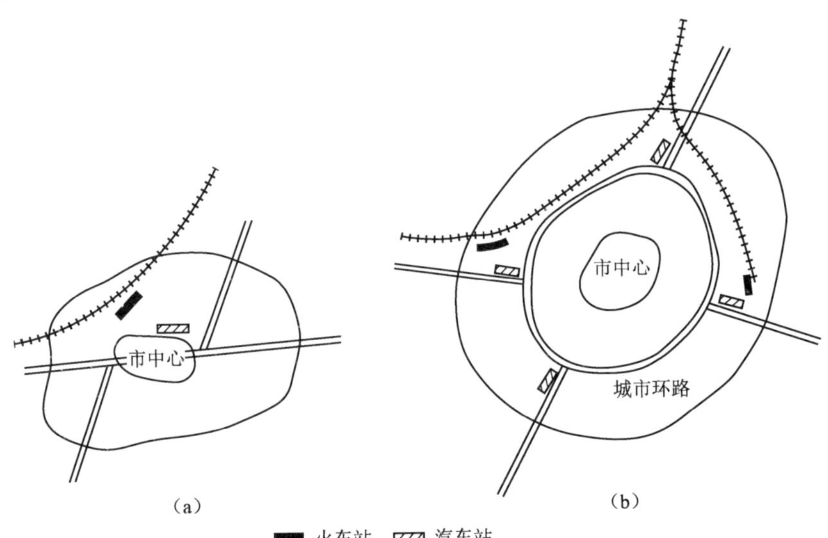

图 7–11　客运站在城市中的布置

（2）货运站

货运站的位置选择与货主的位置和货物的性质有关。供应居民日常生活用品的货运站应布置在市中心区边缘，与市区仓库有直接的联系；以中转货物为主或货物的性质对居住区有影响的货运站不宜布置在市中心区或居住区内，而应布置在仓库区或工业区货物较为集中的地区，也可设在铁路货运站、货运码头附近，并与城市交通干线有较好的联系。

（3）技术站

技术站一般用地要求较大，且对居住区有一定干扰，一般设在市区外围靠近公路线的附近，与客、货站联系方便，与居住区有一定距离。

在中小城市，可将客运站、货运站合并，并可将技术站组织在一起。

7.3.4 港口规划

港口是港口城市的门户，是水陆联运的枢纽，是所在城市的一个重要组成部分，也是对外交通的重要通道。

港口具有运输、工业和商业等多种功能，是所在城市的重要经济资源。因此，在城市规划中应合理布置港口及其各种辅助设施，妥善解决港口与城市布局的关系。

1. 港址选择

港址选择是在河流流域规划或沿海航运区规划的基础上进行的，位置的选择应从以下两方面来考虑。

（1）港口与城市配置的要求

① 港址必须符合城市总体规划的利益，如不影响城市的交通，尽量留出岸线以供城市居民需要的海（河）滨公园、海（河）滨浴场之用等，做到充分发挥港口对外交通的作用，尽量减少港口对城市生活的干扰。

② 中转、水陆联运换装作业的港口位置应放在城市中心区范围以外，与城市对外交通有良好的联系，以最大限度地减少对城市的干扰。

③ 港址应不影响城市的安全和卫生，多尘、有气味的货物作业区应远离居住区，布置在城市下风向；石油作业区应建在城市下游；危险品作业区应远离市区。

（2）港口自身要求

从港口条件考虑主要有港口自然条件和港口建设方面的要求，具体表现在以下几个方面。

① 港址应选在地质条件好，有足够水深（或经过适当疏浚后就能达到所需水深）和水域、有良好的掩护条件的地方，以及能防淤、防浪，水流平稳，流水影响小，可供船舶安全顺利运转和锚泊的地方。

② 港址应有足够的岸线长度和足够的陆域面积或有回填陆域的可能性，以便港口作业区和陆域上各种建筑物合理布置。

③ 港址应有远景发展需要的水域和陆域面积。

④ 港址应选在能方便布置陆上各种运输线路，与工业区和居住区交通方便的地方。

⑤ 建港工程量最小，工程造价最低和日常疏浚维修费用最小。

2. 港口与城市布局的关系

在港口城市规划中，港口布置与城市布局应综合考虑，做到以港促城，以城带港，使港口发展与城市发展相协调。下面着重介绍 3 个方面的问题。

（1）港口布置与工业布局的关系

港口建设与工业发展有着密切的关系，世界上大多数重要工业基地都建设在港口及其附近，这是因为港口能够通过水运为工业生产提供大量廉价的运输通道。

（2）岸线分配

岸线是港口城市的重要物质基础，地处整个城市的前沿，岸线的合理分配是港口城市总体规划的首要内容。岸线的分配总原则是“深水深用，浅水浅用，避免干扰，统一规划”。港口城市的岸线分配，不仅要为城市工业、客货运输服务，而且应留一定比例用作城市居民观赏、娱乐之用。工业用岸线通常要分成若干作业区，如客运作业区、快货作业区、煤和矿石作业区、建筑材料作业区、木材作业区、危险品作业区和涉外作业区等。港口各作业区的岸线分配，要以满足生产服务为前提，注意各作业区本身的要求，并避免相互干扰。

从城市布局角度分析，应将为城市居民服务的客运作业区和快货作业区布置在城市中心区附近，中转联运作业区布置在市区范围以外，危险品作业区应远离市区。同时对污染、易爆、易燃的作业区的布置要不危及航道、锚地、城市水源、游览区、海滨浴场等水、陆域的安全和卫生要求。

（3）集疏港运输组织

港口通过能力与港口仓储能力和集疏港运输能力密切相关。对港口城市而言，港口货物的吞吐反映在两方面：以城市为中转点向腹地集散；以城市为起终点，由城市自身产生与消化。前者是中长距离为主的城市对外交通；后者则是以短途运输为主的城市市内交通。因此，在城市规划设计中，需妥善做好集疏港运输组织，提高港口的流通能力。

7.3.5 机场规划

机场已成为现代城市的重要组成部分，现代航空业的发展给人们带来了便利，赢得了时间，缩短了距离，扩大了交往空间，同时也给城市生活带来了较大的影响。因此，合理选择机场在城市中的位置，以及机场与城市的距离和交通联系是城市对外交通规划的重要内容之一。

1. 机场位置规划

机场位置选择包括两层含义：一是从城市布局出发，使机场方便地服务于城市，同时，又要使机场对城市的干扰降到最低程度；二是从机场本身技术要求出发，使机场能为飞机安全起降和机场运营管理提供最安全、经济、方便的服务。因此，机场位置的选择必须考虑到地形、地貌、工程地质和水文地质、气象条件、噪声干扰、净空限制及城市布局等各方面因素的影响，以使机场的位置有较长远的适应性，最大限度地发挥机场的效益。

从城市布局方面考虑，机场位置选择应考虑以下因素。

（1）机场与城市的距离

从更大地发挥航空运输的高速优越性方面来说，机场要接近城市；但从机场本身的使用和建设，以及对城市的干扰、安全、净空等方面考虑，机场远离城市较好，因而要妥善处理好这一矛盾。选择机场位置时，应努力争取在满足合理选址的各项条件下，尽量靠近城市。根据国内外机场与城市距离的实例，以及它们之间的运营情况分析，建议机场与城市边缘的距离在 10～30 km 为宜。

（2）尽量减少机场对城市的噪声干扰

飞机起降的噪声对机场周围会产生很大影响，为避免机场飞机起降越过市区上空时产生干扰，机场的位置应设在城市沿主导风向的两侧为宜，即机场跑道轴线方向与城市市区平行且跑道中心线与城市边缘距离在 5 km 以上［见图 7–12（a）与图 7–12（b）］。如果受自然条件影响，无法满足上述要求，则应使机场端净空距离城市市区 10 km 以上［见图 7–12（c）］。

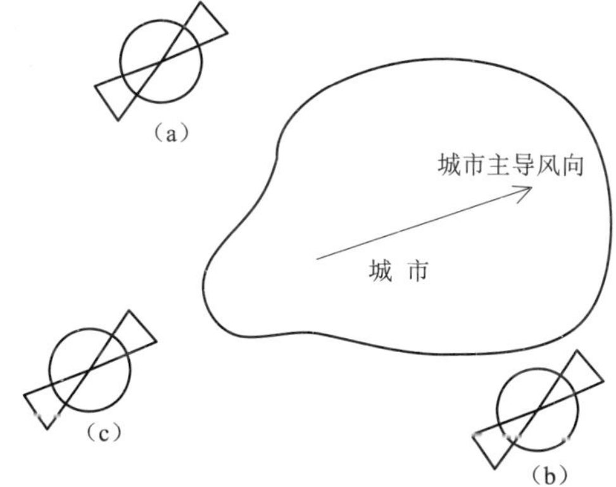

图 7–12 机场在城市中的位置

从机场自身技术要求考虑，机场位置选择应考虑以下因素。

（1）机场用地方面

机场用地应尽量平坦，且易于排水；要有良好的工程地质和水文地质条件；机场必须要考虑到将来的发展，既给本身的发展留有余地，又不致成为城市建设发展的障碍。

（2）机场净空限制方面

机场位置选择一方面要有足够的用地面积，同时应保证在净空区内没有障碍物。机场的净空障碍物限制面尺寸要求可查询民航规范。

（3）气象条件方面

影响机场位置选择的气象条件除了风向、风速、气温、气压等因素外，还有烟、气、雾、霾、雷雨等影响。烟、气、雾等主要是降低飞行时的能见度，雷雨则能影响飞行安全。因而雾、层云、暴雨、暴风、雷电等恶劣气象经常出现的地方不宜选作机场。

（4）机场与地区位置关系方面

当一个城市周围设置几座机场时，邻近的机场之间应保持一定的距离，以避免相互干扰。在城市分布较密集的地区，有些机场的设置是多城公用，在这种情况下，应将机场布置在各城使用均方便的位置。

（5）通信导航方面

为避免机场周围环境对机场的干扰，满足机场通信导航方面的要求，机场位置应与广播电台、高压线、电厂、电气化铁路等干扰源保持一定距离。

（6）生态方面

机场选址应避开大量鸟类栖息的生态环境，有大量容易吸引鸟类的植被、食物或掩蔽物的地区不宜选作机场。

2. 机场与城市交通联系

机场不是航空运输的终点，而是地、空联运的一个枢纽点，航空运输的全过程必须有地面交通的配合才能完成，因而做好机场与城市的交通联系尤为重要。

汽车交通具有方便、灵活、可达性好、速度较高等优点，所以各国城市机场与城市联系的交通一般采用高速的汽车运输，国内外有些城市也采用铁路、轻轨等快捷的交通联系方式。

总之，在城市总体规划中，对机场与城市间的交通应建设专用道路，线路直捷，避免迂回，并最大限度地减少地面交通的时间，保证航空运输的高效性。

7.4 城市群交通规划

7.4.1 城市群交通规划的必要性

城市群的兴起已成为世界城市化发展的重要趋势，将导致未来人口和产业的聚集——由原来各自独立的城市的“点式聚集”变为向城市群的“面式聚集”。城市群是城市发展到成熟阶段的最高空间组织形式，是在较大空间范围内，由地域上集中分布的若干城市和特大城市集聚而成的庞大的、多核心的、多层次的城市集团，而交通网络就像人体的脉络一样，是现代化城市群的脉络。城市群的形成和发展离不开发达的交通运输业，良好的交通规划能引导城市群的有序发展；城市和城市群的高度发展能够更多地积累资金，进一步扩大交通基础设施的建设。因此，城市群的建设和交通系统的发展相互作用，如能精心加以研究和规划实施城市群交通系统，就会形成良性的循环作用，促进城市群的形成和发展。城市群交通规划是城市总体规划的重要组成部分之一。

1. 城市沿着交通轴线的扩展

城市会首先出现在交通方便的地方，因此城市的发展和城市群的形成往往遵循如下规律：① 水流是产生城市的重要自然条件，江河湖海的自然条件影响着城市的布局和发展，在河流入海处有利于形成较大城市；② 交通干线为城市发展创造了有利条件，城市的发展和富有，依赖发达的城市道路网系统，“若要富，先修路”已成为人们的共识；③ 城市的发展为交通建设提供了资金，而交通建设又为城市的进一步发展创造了条件；④ 交通轴线促使形成城市带或都市连绵区，呈线状分布的交通通道、连接起各枢纽中心的线状地带，往往成为新城镇发展起来的优先地带，即形成“发展轴”。可以说，城市群的形成和发展在很大程度上依赖于交通通道的形成。

2. 交通系统是城市群形成后强化城市间联系的载体

城市群的交通网络应是一个高度协调的综合运输系统，它应包含铁路、公路、水运、航空在内，主要包括大城市间的大运量快速通道、向外联系的交通干线、连接地区内城镇体系的交通网络骨架及对外联系的重要港口和疏港的重要通道等。其中，大城市间的快速通道缩小了城市群的时空范围，交通网络骨架是城镇体系规划中最重要的内容，航运中心是城市群与外部联系的主要手段。因此，在城市群的形成和发展的过程中，如何规划和建设好交通系统，以强化城市间的联系，是首先需要考虑的问题。

3. 交通规划的引导促使城市群有序发展

从城市群形成的机制来看，交通规划的引导促使城市群的有序发展，主要体现在：主要交通通道的布局对城市群的发展具有战略性和先导作用；路网交通的发展决定城市今后的发展趋势；交通规划对已有城市区域规划起着良好的调整作用。

进入21世纪，快速的经济发展和城市化进程预示着城市群在我国国土上即将形成。然而，目前我国还不存在城市群形式的交通运输规划，因此必须建立类似于单点城市交通规划或区域交通运输规划形式的城市群交通运输规划。

7.4.2　城市群交通系统特征分析

1. 城市群交通需求特征

城市群的形成是城市产业空间扩散和重新优化布局的结果，使得城市之间的经济联系，在贸易的基础上又出现了生产联系，这就决定了城市群交通需求与单个城市或区域的交通需求存在着很大的差别。随着城市化的进程加速和城市群的形成，城市群内部交通联系的范围越来越扩大；随着城市群经济的发展，与外部的交通联系也与日俱增，客、货运输量激增，我们只有在正确把握城市群交通需求特点的前提下，才能更好地进行城市群的交通网络规划。

（1）城市群内部交通流具有相对独立性和相对封闭性

城市群一般由若干发展水平相仿、产业联系紧密的城市组成，这些城市分布在相邻地域，彼此之间存在频繁的物流和人流往来。城市群的地域当量半径一般在200 km内。这种交通流和距离条件使得城市群的交通流以内向为主，适宜中短途汽车运输，容易形成高等级的公路网络。这种网络一头衔接外延交通干线，另一头连通城市群内部的航空港、车站、码头和各城市的进出口，具有相对封闭、相对独立的特征。这种特征启示我们一方面有必要深入研究城市群内部交通的规律；另一方面，城市化高级阶段以后城市交通的研究重点不再是单个城市的交通问题，而是城市群区域整体的交通问题。

（2）城市群内部交通需求具有密度高、规律性强的特征

城市群作为一个发展水平较高的地域经济综合体，客、货运交通需求都较高，城市间的交通联系造成城市间的货运流动呈小批量、高密度，人员流动呈周期性、高频率的特点。货

运方面，城市群不同部分之间横向联系的发展必然增加货运密度。同一产品生产的不同工序、同一产品不同零部件的加工可能放在城市群内不同地点进行，这些地点的货运需求将日趋常规化，货运频率大大提高。客运方面，通勤交通会构成城市群交通需求的一大部分。由于产业分散到城市群的广阔地域上，传统城市内部通勤交通流的相当部分转移到城市群地域上，使城市间客运交通需求出现空前集中的现象。通勤交通流不仅数量大，而且时间和地段非常集中，容易对交通系统造成较大压力。另外，由于城市群一般都是经济发达地区，人员流动性也比其他地区强。经商流、旅游流与通勤流的结合形成了城市群内部巨大的客运需求量。可见，适应城市群交通需求这一特点，在城市群中重要干道上建立大容量、快速化的交通设施是很必要的。

（3）城市群内部交通需求质量要求更高

由于城市群中城市之间有着广泛的生产合作关系，因此城市群内部交通网络体系必须保证交通出行的顺利快捷发生，尤其是对城市群货运交通方面。如前所述，城市群内部的货运交通相当部分是满足生产过程连续性所需要的。对实行实时生产管理和“零库存”的现代企业而言，及时、准确的货运已成为维持正常生产的必要条件。因此，对货运需求的质量要求高达到空前的水平。客运方面，城市群多处于发达地区，居民收入水平较高，因而必然对舒适、安全、快速的出行有很高的有效需求。空调巴士、空调列车，特别是小汽车交通必然会成为乘客的需求热点。城市交通当局对此应有充分准备，一方面，建设高速公路时预留较多车道；另一方面，不断增加和改善大容量、快速、舒适的公共交通服务，防止小汽车交通泛滥造成城市群干道上交通拥挤。

（4）城市群对外交通呈现一体化特征

城市群内部交通发展到一定水平，城市群交通会出现一体化的内在需求。客、货运将不一定选择本市的对外交通枢纽及对外交通体系进出，而是按照成本最小化、收益最大化的原则在整个城市群内选择最佳出入境方式。便捷的城市群内部交通使这种选择成为可能。因此，应把城市群作为一个整体，统一规划对外交通，如城市群的重点出海港口、中心机场、铁路公路枢纽和场站等都按照城市群整体最优原则来布局建设。

2. 城市群交通系统特征

城市群交通系统本身是一个复杂的、开放性的巨系统，与一般的交通系统相比，城市群交通系统涵盖的地理范围更大，构成要素更多，从人、运输工具、交通设施等基本单元到交通流、路网等。与一般的交通系统和区域交通相比，城市群交通系统具体以下主要特征。

① 城市群交通系统虽然也属于派生性需求系统，不仅要满足供需平衡，而且与城市和区域交通相比，更注重不同运输方式之间的协作发展。

② 城市群交通系统涵盖的范围大，但并不具有严格意义的地理界限，空间上可以随着城市群的发展和交通通道的延伸而变化。

③ 城市群交通系统服务的对象已经从满足人、车辆的出行要求，实现城市和区域交通的

功能，发展到直接服务于区域经济发展战略实施和城市群体空间集聚扩散的要求。

④ 城市群交通系统与城市和区域交通系统相比，更注重对外部环境影响和反馈的研究，研究方法上已经从单纯的工程技术角度发展到系统工程理论的应用。

⑤ 城市群交通系统研究最终提出的不是详尽的实施方案，而是战略性的发展意见。

城市群交通网络作为一种自组织系统，拥有 3 个层次的追求：近期的“目的”、长远的“目标”和最高的“理想”，同时其必须以可持续发展思想为核心，在社会公平、增长与效率、资源需求与限制等原则下，寻求交通与自然、经济的协调发展。其交通规划要实现的目标如下：

① 建立合理有效的综合运输体系，为经济发展奠定物质基础和创造良好的外部条件；

② 实现城市群综合交通系统与区域经济发展的有效协调；

③ 达到各种运输方式的优势互补、协调发展；

④ 引导城市群空间结构的有序演变，充分发挥聚集与扩散作用；

⑤ 打破行政和行业界限，努力在不均衡发展战略中创造协调发展的条件。

7.4.3 城市群快速轨道客运系统规划

城市群的快速客运系统对城市群的形成和发展起着重要的作用，高速客运系统的完善规划与城市群的有序发展密切相关，是城市群交通规划的重要组成部分。而快速轨道客运交通系统以其运量大、快速、准时和乘坐舒适等优点，已经成为当今世界上绝大多数大城市及超级都市解决城市和城市交通集散问题的根本途径，是建立城市群快速客运系统骨干交通线的理想交通方式。城市群快速轨道客运系统是城市群经济和区域城市化发展到一定水平、居民交通出行率达到一定程度后必然的产物，是区域间紧密联系、相互依存的各个城市之间的重要基础设施。

1. 城市群轨道交通系统模式分析

在轨道交通模式选用中，首先需要抓住 3 个指标，即适当的运量（运输能力）、运行速度和设站的间距；其次还应考虑当地的地形、地面交通、房屋建成等情况；然后根据城市群的轨道交通客流需求特点，选用多种轨道交通模式相互配合使用的系统。

（1）快速、大运量的骨干轨道交通系统

在城市群的不断形成与发展进程中，各种类型的城市集聚与扩散作用不断加剧，快速、大运量的骨干轨道交通系统不可或缺。但是，新建一个轨道交通系统所耗不菲，故可以考虑运用部分国有铁路资源。但这种轨道交通系统相对现有的国有铁路干线网来说，只能使用部分的、短途的线路，无法真正实现完全利用现有国有铁路，也会对现在拥挤的国有铁路造成一定影响，所以仍有部分大量线路需要新建。这种线路在国外早已存在，一般被称为市郊铁路。这种快速、大运量的骨干轨道交通运输方式为节省成本，可以在建设中选择使用和国有铁路相一致的技术标准，不仅便于和国有铁路进行衔接，还可以减少建造经营维护的成本。

为了加快此类轨道交通系统的运行速度，可以使用较为先进的车体和电力驱动机车，并与现有国有铁路的电气化改造相呼应。

利用这类时速超过 100 km/h 主要连通周边各个城市的铁路干线系统——市郊铁路，可以有效地将乘客快速地送至城市群内的任一城市，同时还可以根据客流量的大小来调整发车频率，使其成为一种可靠稳定的公共交通工具。不过为了保证系统的可靠性，需要更新及增加一些必要的硬件设施，如增添必要的复线和支线、现代化机电、信号设备系统等。

（2）地铁系统

地铁是地下铁道的简称，是城市快速轨道交通的先驱者，也是城市群快速轨道客运系统中不可或缺的组成部分，其主要目的是将到达城市的出行者分散并输送至目的地。地铁的造价虽然昂贵，一般为每千米 3 亿～6 亿元，但其有其他交通方式不可比拟的各项优势：地铁系统的运能大、速度快，启动、制动迅速；地铁系统技术成熟度高；地铁系统性能安全可靠，对环境污染小，充分利用地下空间，不与地面建筑和地面交通相互干扰等。地下铁道是世界各国大都市市区公共交通系统的最佳选择，但地下铁道的造价往往十分昂贵，拆建和改建也很困难，因此在规划和设计时必须考虑周到。

（3）城市轻轨运输系统

城市轻轨铁路是从有轨电车发展起来的，可以设在地面、地下或高架线路上。轻轨铁路交通相对于城市公共汽车交通来讲，效率高，容量大，速度快，乘客舒适安全；相对于地下铁道交通来讲，造价低（如果在地面，仅为地下铁道造价的 1/7～1/5；如果为高架，仅是地下铁道造价的 1/4～1/2），运行经济，建造方便。轻轨铁路交通目前已成为国内外用来解决城市交通的一种有效手段，受到世界许多国家的重视。

根据城市群交通各种形态的路网，考虑地形、服务对象等情况，轻轨铁路在城市群交通网络中的主要地位是：作为城市群快速铁路网的支线；大城市的环状交通线；沿着各个大中城市的主要交通线敷设；联系各散居住宅区和闹市区或工业区之间的交通线。

2. 城市群轨道交通规划要点和客流需求特点

（1）规划要点

城市群轨道交通规划的目标在于建立一个合理的轨道交通网络，使未来的城市群能有序地发展，使原有城市结构内部的各种“城市病”减至最小，最大限度地满足客流需求。城市群轨道交通规划的步骤与一般交通规划相似，也应遵循社会经济与交通调查、可行性研究、客流需求预测、方案拟订、评价与论证等一系列的方法进行，其要点和步骤如下：

① 明确主要通道和客流方向；

② 选定重要交通枢纽和站点；

③ 根据城区布局、站间距等进行交通分区；

④ 拟订路线布局的战略方案；

⑤ 预测客流需求；

⑥ 确定路线网络方案和技术标准；

⑦ 进行方案评价和论证；

⑧ 拟订近期规划方案和长期规划方案。

（2）客流需求特点

城市群轨道交通规划的方法和客流需求预测方法与一般交通规划中的方法相似，但是在交通客流需求预测中，城市轨道交通具有一些独有的特点：

① 城市轨道交通的客流是指单位时间内线路上各个流动方向乘客流动人数的总和；

② 在客流需求预测分析中，除了轨道交通乘客外，还应考虑其他方式公共客运的分流；

③ 轨道交通的客流量预测工作受城市建设政策性的影响较大；

④ 轨道交通的乘客主要关心的是出行时间（包括车上时间、停车时间、换乘时间等），而不是路径的长度；

⑤ 轨道交通上的列车是定时、有规则地行驶的，有固定的通行能力。

3. 车站、换乘和与其他各种交通方式的衔接

轨道交通必须设置固定的车站，车站有多种类型，结构也比较复杂。按照运营特点，可以将车站简单地区分为中间站、换乘站及停车场与车辆段。轨道交通的车辆受轨道的限制不能直接到达乘客的目的地，除了部分乘客可以通过步行到达目的地外，其他乘客一般要通过其他公共交通车辆换乘。在重要的交通枢纽，要考虑轨道交通与国家干线铁路、水运交通和航空交通的衔接。在交通规划阶段，重点工作在于控制车站用地及车站与周围设施和环境的协调。

中间车站的长度应满足站台、列车长度和必要车站设备的要求，对于具有 8 节车厢的列车，中间站控制用地的长度为 270～280 m；对于 6 节或 4 节编组的轻轨车站，可以相应缩短。中间车站的宽度则应视车站的类型而定，对于地铁的中间车站，规划的控制用地宽度可取 30 m；对于地面车站和高架车站，车站本身占地宽度只需 20 m 左右，但要注意与周围建筑物和环境的协调。

当轨道交通路网中线路互相交叉时，在线路交叉点需要设置换乘车站。换乘车站的规模和用地范围视换乘方式和车站的形式各异。同样，根据出入车站乘客的多少和与其他交通方式之间的换乘，也要考虑是否布置站前广场。常见的换乘车站形式有同站台换乘、节点换乘、站厅换乘、通道换乘 4 种。

停车场与车辆段的设置是为了列车的编组、停放和维修，其用地规模与其承担的线路长短、配属的车辆数、布置形式等有关。车辆段的用地规模为 0.20～0.45 km^2，停车场的用地规模为 0.05～0.20 km^2。在规划阶段，可以按照停车辆数乘上 2 000～2 200 m^2/辆粗略估算，进行用地控制。

城市轨道交通应能尽量与其他各种交通方式衔接，方便乘客直接换乘。这种衔接点往往是长途客运和短途客运的接口，其中应主要考虑国家铁路干线的火车站、公路长途汽车客运

站、航空港、水运港口（客运码头）等。

7.5 城乡一体化交通规划

7.5.1 城乡一体化交通的概念与特征

长期以来，由于受行政分级管理、城乡差距和城乡壁垒的制约，人们习惯把交通划分为城市公共交通、公路对外交通（其中包括农村交通）。而随着城乡一体化进程的不断加快，特别是交通管理体制的逐步理顺和管理职能的进一步明确化，城乡经济、物质、文化交流日益频繁，使得城市公共交通和公路对外交通的边界越来越模糊，城市公共交通设施和公路对外交通设施在功能和布局上越来越具有趋同性和同一性。

所谓城乡交通一体化，粗略地讲，就是打破城市交通和公路对外交通的界限，打破交通行政等级划分制约，打破城镇和农村分割，从城乡一体化发展高度，对路网、站场、线路、运输、市场、管理等交通要素进行统筹考虑、统一规划、整体布局、一体化建设和管理，实现城乡交通全衔接、全沟通、全畅达，体现城乡交通科学、公平、协调发展，让城市居民和农村居民享受同等优质、价廉、方便、快捷的交通文明服务。

城乡交通一体化的特征主要表现为整体性、衔接性、公平性和共享性。整体性是指城乡交通是一个有机整体，要求在规划和布局上要统筹考虑、整体布局和协调发展。衔接性是指城乡交通要相互对接、有机连接、合理搭接、无缝链接，城乡交通之间没有分割、断头和瓶颈。公平性是指城乡交通在发展机会、享受政策、交通服务等方面的公平一致，为确保公平性，农村交通还应获得更大支持和扶持。共享性是指城乡交通路网、站场、线路、信息等资源优化配置、彼此共享，而且应进行城乡交通资源有机整合，发挥资源的最大效能。

在城乡一体化的形成与发展过程中，交通体系的作用是至关重要的，它强化了城乡间的分工协作关系，促进了城乡空间网络的发展，使城乡一体化结构形态得以完善。城乡交通体系主要包括公路、水运及铁路，其中与城乡一体化关系最直接的是公路网络。它可分为联系中心城市和各城镇的干线公路、连接各城镇间的支线公路及村级路网 3 个层次。这 3 个层次相结合，构成多层次有机高效的公路路网，可大大便利城乡居民的工作与生活出行。

7.5.2 城乡公交网络系统构建

（1）城乡公交线网规划原则

① 城乡公交线网规划应与城乡总体规划相结合。在具体线路的走向设计上，应充分考虑道路资源、城镇产业布局、用地规划等多种因素的影响，要与乡镇企业布局、道路状况、人口密度、远期规划等因素相适应，并引领城乡发展。

② 乘客换乘量较小，有良好的可达性。在推行城乡公交一体化的过程中，对近郊乡镇或大型集散点，可考虑通过延伸城市固有公交线路，以达到提供出行服务的目的，使农村客运

和城市公交有效衔接、资源互补。

③ 充分联系交通枢纽的原则。乡镇和城市相比，其功能区划分不是特别明显，且各村落分布比较分散，直达性的原则在乡村线路的布设上不是特别适用，而是更应遵从充分联系交通枢纽的原则，就是充分发挥各乡镇、大型中转点、枢纽站的作用，加强各村居民点和中心乡镇、枢纽站之间的联系，妥善布设城区、乡镇、村之间的公交线路网。

④ 近期实施与远期规划相结合的原则。城乡一体化公交线网规划首先要解决城乡居民关注的重点和热点线路，要充分尊重城乡居民的出行需求，统筹整合现有的城乡客运线路和城区公交线路，对二者进行优化调整，满足城乡居民出行需求，同时要结合城乡总体规划，对城乡公交线路网进行优化整合，逐步建立起以干线为骨架、支线为支撑、附线为脉络的城乡公交线路网。

（2）城乡公共交通系统的层次

城乡公共交通网络层次能够清晰地反映出某地的交通规划全貌，并且依据层次的划分进行建设，也会让发展思路更加顺畅，规划决策者在进行决策时的目的性也会更强。在这里需要指出的是，高铁和普通铁路交通的功能主要是长途客货的运输，一般跨市甚至跨省。按照公共交通的类别，城乡公交网络系统可分为 5 个层次，即城际轨道交通、城市轨道交通、城市快速公交、常规公交主干线、常规公交支线。而按照公交线路的不同功能，又可以将城乡公交线路网络划分为 3 个层次，分别为一级线路网、二级线路网和三级线路网（见表 7–4）。

表 7–4 城乡公交线路网层次

线网层次	线网构成	功 能
一级线路网	由城区公交线路、直达近郊的城乡公交线路及连接城区和中心乡镇的城乡骨干线路组成	主要布设于城区通行状况良好的道路及城区通往近郊乡镇的主干道，主要服务于城市居民及部分近郊乡镇居民
二级线路网	由一般乡镇或偏远乡镇之间的直达公交线路组成	布设于一般乡镇和中心乡镇之间的非骨干线路上，是一般乡镇依托中心乡镇联通城区的通道
三级线路网	由连接乡镇与自然村的公交线路及连接自然村与自然村之间的线路组成	主要为农村居民服务，是农村居民进行外部沟通的基础通道，是城乡公交线路网的最低层次

（3）城乡公交网络构建方法

根据上述对公交网络系统层次的划分，可以在城乡范围内构建“点–线–面”为一体的公共交通网络。“点”即公共交通枢纽，是公共交通线路和公共交通服务分区的核心和纽带；“线”即公共交通线路，在城乡一体化的公共交通组织下构建不同层次的公共交通线路，串联公交枢纽和覆盖公交服务分区；“面”即公交服务分区，是公共交通组织的基础，在市域范围内划分若干公交服务分区，在每个分区内以公交枢纽为核心，组织公交干线和支线线路，城乡之间则以轨道交通和大容量公共交通系统为主要公交方式。

（4）城乡公交线网规划方法

城乡一体化公交线网规划要使用分级布设的方法，再结合现有的公交场站、大型枢纽站、换乘点的布局，对所有已经开通和需要开通的线路进行梳理，按照先干线、再支线、后附线的原则进行逐条布线，然后根据城市各功能区的划分、道路资源状况、人口分布情况、居民出行习惯等实际情况进行合理的调整，形成城区公交线路网，即一级线路网；其次是对城区周边的近郊乡镇进行摸查，依托现有的城乡公交枢纽站和农村客运站，对连接城区和周边乡镇的线路进行优化整合，逐步形成二级线路网；再次就是梳理一般乡镇或者偏远乡镇之间的线路，形成一般乡镇和中心乡镇之间的连接，形成环形的三级线路网；最后要结合道路资源和人口分布情况、村民出行习惯等因素，建设行政村和一般乡镇之间的营运线路网及四级线路网，保证偏远村落的居民出行。

7.5.3 城乡道路网体系

1. 城乡道路网功能分类与等级划分

依据城乡空间一体化和交通一体化发展需求，城乡道路网可分为主骨架、次骨架和联网道路 3 大类。

（1）主骨架

该层次由域内联系重要节点的干线道路、地方道路和城市主干道组成。其一，快速高效连接中心城市，使区域接收中心城市的辐射；其二，完成区域向周围区县的辐射和连通，承担区域的对外快速交通，能够在区内使交通集结后，满足区内与周边区县、其他地市中心及与外省之间的长距离运输需求；其三，连接现有各个区域，完成各产业园区之间的有效连通和便捷交通。

（2）次骨架

实现各个区域内重要节点与次重要节点及一般节点的连接，这些线路在区域内纵横交错，都有一定的经济腹地，道路规划等级也较高，起到了区内经济社会活动集散与组织的作用，多与主骨架道路衔接，构成区域内货物运输、经济交流的重要道路网络，能够有效地带动各区域的发展。

（3）联网道路

具有地区内相互衔接，丰满路网结构的作用，主要由一般节点至行政村之间联系的公路和城市支路组成。这些道路有效地促进了骨架道路与各区域路网之间的联系，统筹城乡发展、服务农村特色经济发展，是直接服务广大城乡居民、全面实现小康社会的重要一环。

具体来说，城乡道路网又可分为区域快速路、市域快速路、市域结构性主干路、片区主干路、片区次干路、片区支路 6 个等级。其中，区域快速路主要承担市域范围内过境交通及外围城镇之间联系交通的功能；市域快速路主要承担中心城区内及中心城区到镇区的机动车快速交通联系；市域结构性主干路主要承担中心城区内及中心城区到镇区的主要客运交通联系；片区主干路、次干路和片区支路是中心城区及镇区内部的道路网络。

2. 城乡道路网规划原则

① 与区域道路规划相协调。研究区域的道路布局要与中心城市、区域城市群、都市圈的骨架道路布局相协调，与相邻区县道路相衔接，避免出现断头路，建立区域一体化的道路布局规划，促进区域经济一体化发展。

② 与城乡空间发展相协调。城乡的空间发展通常是沿着交通区位优势最佳的方向发展，道路布局具有引导城乡空间发展的作用。道路网布局要适应城乡一体化的发展阶段和发展特征，结合城乡空间发展战略，将土地开发与交通发展统一规划，切实引导城乡在空间上有序发展，避免跳跃式的发展，促进土地的集约利用。

③ 明确道路功能。城乡一体化区域的运输需求大，多元化特征明显，明确各种道路的运输功能，是保证运输有效、集约的重要手段。实行出行长短距离分离、客货需求分离、快速交通与常速交通分离，促进道路功能的回归，实现各种交通流“各行其道，各司其职”。

④ 明确道路的衔接标准。研究区中各组团的交通特征存在差异，建设标准也不尽相同，应加强各区域之间、城市与外部节点之间的道路整合，尤其是强化与中心城区及外围地区的道路系统的有机衔接。加强各层道路网的形态整合，建设标准的合理衔接，保证路网运输能力的整体运行水平。

⑤ 与城乡地理环境相适应。城乡一体化的快速推进，往往会导致对生态环境、人文特色的严重破坏。新建路网的建设，要珍惜城乡的自然资源，因地制宜，与城乡地理环境相协调，最大限度地降低对自然的破坏，促进道路设计与城乡景观的协调。

⑥ 满足道路网的生长性需求。道路的布局规划，要立足长远，保证道路的生长空间。道路规划减少断头路、蜂腰等畸形路网的产生，减少因布局不均匀导致的路网方向性与通行能力不匹配问题，次干线道路、集散道路的布局，要满足未来道路加密的空间间距的需要。

3. 城乡道路网布局形式

在上述主骨架、次骨架和联网道路中，联网道路的建设受各交通节点内部因素影响较大。因此下面重点介绍主骨架和次骨架的道路布局，联网道路在满足分区内部交通需求的基础上，与上述两个层次的道路网合理衔接。

（1）主骨架布局

考虑到中心城区对于市域各节点的吸引力较大，中心城区与外部市域节点间的道路采用放射性结构，为便于土地的整体开发，并提高道路的覆盖度，在地形平坦地区，推荐主骨架道路布局采用方格网结构，受地理条件限制的地区，可以结合树形、条形等路网结构布局。主骨架道路布局模式如图 7–13 所示。

（2）次骨架布局

次骨架道路的布局要与主骨架布局相协调，辅助主骨架道路提高对各运输节点的覆盖度，加强节点与主骨架道路的联系，要为未被主骨架道路覆盖的节点提供与主骨架的联系，并为下级节点与上层节点之间提供交通联系。次骨架道路的布局模式如图 7–14 所示，与主骨架道路并行布局，作为主骨架道路的辅助线，保证所有节点的连通性要求，并为城镇等规模较小的节点提供出行服务。次骨架道路的布局，要加强对城镇节点土地开发的交通引导，促进城镇经济的发展。

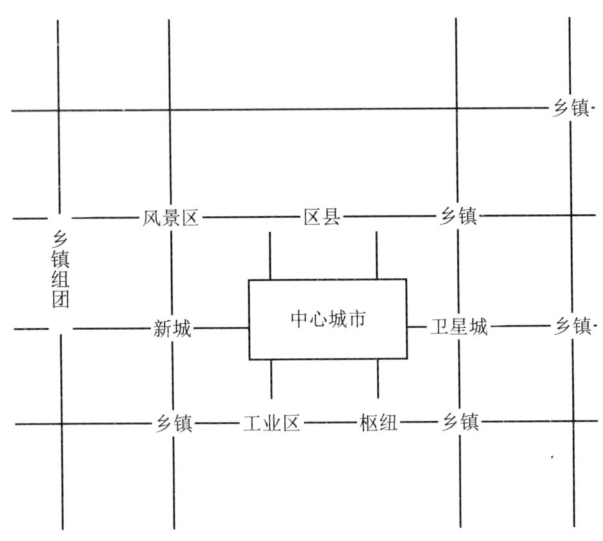

图 7–13　主骨架道路的布局模式

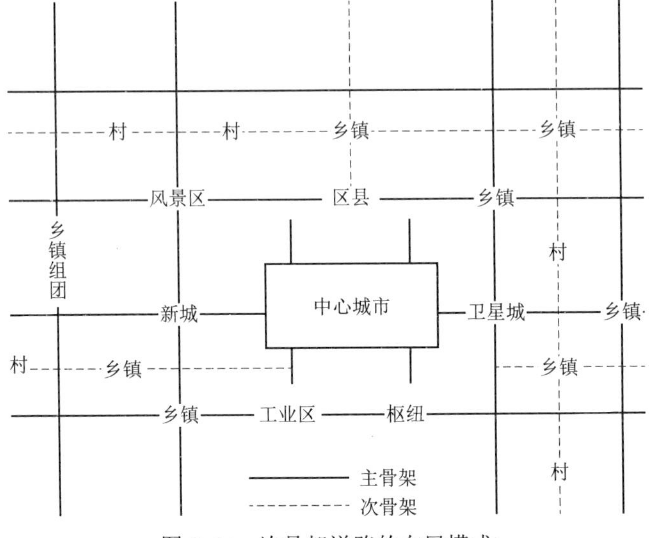

图 7–14　次骨架道路的布局模式

4. 城乡道路网布局方法

区域快速路是市域过境车辆的主要通道，规划按照一级公路标准建设，远期对区域快速路重要节点采用立交形式，和城镇交通分流，保持车流的快速和连续性。市域快速路是城镇之间机动车联系的主要通道，按照城市快速路标准建设，对于穿越城镇地区预留建设高架或隧道的条件，和其他主要道路相交采用立交行驶，和片区次干路和片区支路相交采用出入口控制的方式。市域结构性主干路是市域城镇之间客运联系的主要通道，兼顾机动车的通行需求。片区主干路是各片区内的主干路，是各片区内部通行的主要道路。各个片区包括中心城区及外围城镇的镇区。片区主干路大多以交通功能为主，适当限制直接面向主干路的开口。片区次干路以各片区为单元自成网络，主要承担片区内短距离交通联系，同时分流片区主干路交通，对道路网络骨架起补充作用，直接服务于沿线建设用地。片区次干路以生活性功能为主。片区支路布局应保证支路网的系统性、差异性和有序性，注重合理的支路网密度，与城市整体路网协调，充分利用现状，挖掘现有设施潜力。

5. 城市道路与公路衔接

道路按其使用范围或地理空间不同分为公路、城市道路等。公路和城市道路均是为交通运输需求服务的设施。公路是连接城市位于城市规划区范围以外的道路，而城市道路是位于城市规划区范围内的基础设施。公路与城市道路相互衔接时，应根据性质、类别、等级、设计时速等，尽量同级、特征相近时连接。

公路与城市环路的连接是目前比较常见的一种连接方式，对于环形放射状的城市路网，公路与城市环路连接形成的放射线是随环路直接阶跃式向外推移的。环路主要发生在市区不同人口密度分布的接口处，从而兼容环线两侧的利益需求，并使得交通效应最大。

高等级公路与城市道路必须采用立体交叉连接，可采用上跨式或下穿式的简易立体交叉、部分互通式或完全互通式立体交叉连接。

若公路与城市道路在同一个平面上直接连通形成平面交叉，交叉口宜采用信号灯控制交叉口、展宽式路口、渠化交叉路口等。交叉口周围不宜布局大型永久性的建筑。

城市的建设和发展是循序渐进逐步向外扩张的过程，城郊的公路路段面临着向城市道路功能的转变。为避免早期过大增加投资或者后期改建用地不足，首先应确定公路近期和远期与城市连接的终点，以近期和远期终点之间的距离为过渡段，近期满足公路的运输需要，远期达到城市道路的使用功能。

思 考 题

1. 什么是城市交通和城市交通规划？
2. 简述城市交通规划与城市总体规划的关系。
3. 简述城市内部交通和城市对外交通的关系。
4. 城市轨道交通线网规划的原则是什么？

5. 城市对外交通规划的内容是什么?
6. 什么是城乡一体化和城市群?
7. 城市群交通需求的特点是什么?
8. 城乡一体化交通的理念和要求是什么?
9. 城乡公交线网规划的原则是什么?
10. 城乡道路网布局形式有哪些?

第 8 章

城镇化发展与城乡一体化

依据国家和各级政府颁布的城乡规划管理有关法规和具体规定，引导和调节城乡的各项建设事业有计划、有秩序地协调发展，保证城乡规划的目标得以实现。本章是城市总体规划的法律层面要求，分别介绍了城乡一体化的理念和要求，以及城乡规划的主要内容和实施管理制度、方法，重点阐述了城乡规划的主要内容。

8.1 城乡一体化的理念与要求

8.1.1 城乡一体化与新型城镇化

改革开放以来，城市化进程不断加快，各地的乡村建设也得到了较大的发展，但随之而来也出现了乡镇建设无序、缺乏规划、环境恶化、城乡差距加大等一系列的问题，城乡矛盾日益加剧。在此现实情况下，《中华人民共和国城乡规划法》（简称《城乡规划法》）的出台对于打破城乡分割的管理体制，指导城乡一体化规划和建设，协调城乡空间布局，改善人居环境，促进城乡经济社会全面协调可持续发展具有重大意义。《城乡规划法》首次明确把村庄纳入规划，标志着中国将改变城乡二元结构的规划制度，进入城乡统筹的规划管理新时代。《城乡规划法》相比《城市规划法》更加强调城乡统筹，强化监督职能，进一步明确要求落实政府责任。

城乡规划是指对一定时期内城乡的经济和社会发展、土地利用、空间布局及各项建设的综合部署、具体安排和实施管理。该规划包括城镇体系规划、城市规划、镇规划、乡规划和村庄规划。城市规划、镇规划按照编制城乡规划的阶段又可分为总体规划和详细规划。城乡规划可以保证经济、社会和环境在城乡空间上协调、可持续发展；为城市和村镇的建设、管理提供基本依据；促进和保障城乡规划及相关法律、方针政策的贯彻执行；保障城乡各项建设纳入城乡规划的轨道，促进城乡规划的实施；保障公共利益，维护国家、集体、公民个人等各方面的合法权益。

城乡一体化是在城乡规划中必须始终贯彻的一种理念，从系统的观点来看，它指的是城市和乡村是一个整体，其间人流、物流、信息流自由合理地流动，城乡经济、社会、文化相互渗透、相互融合、高度依赖，城乡差别很小，各种时空资源得到高效利用。在这样一个系统中，城乡的地位是相同的，但城市和乡村在系统中所承担的功能将有所不同。城市通过集聚人流、物流、能量流和信息流等，并与外围地区发生多种联系，吸引和辐射外围腹地，因而是一个国家和区域的中心，是科技文化思想的策源地，是现今社会生产力和现代市场的载体；乡村作为城市的补充，为城市居民提供食物，为工业提供原料，为商业提供市场，为生态环境提供绿色的开放空间。城乡差异必然存在，城乡一体化并不是把乡村完全变成城市，它们之间的差异，根本上体现为中心与边缘、向心和离心的关系。城乡一体化强调城乡间人口、技术、资本、资源等要素的交流、融合、贯通，但并不排斥差别，相反这种差别，是城乡之间合作、互通和城市化的基本动力，而且在科学合理的配置安排下可以转化为各自特色，促进协调发展。

在实现城乡一体化的过程中，新型城镇化是最重要的一个阶段。2014 年 3 月 16 日，新华社发布《国家新型城镇化规划（2014—2020）》，明确指出，要坚持走中国特色新型城镇化和农业现代化道路，推动城镇化和农业现代化相互协调。其主旨在于通过推动城镇化和农业现代化的协调发展，最终实现城乡一体化的发展目标。文件在第六篇中从新型城镇化的角度提出了推动城乡发展一体化的几项措施。

（1）完善城乡发展一体化体制机制

推进城乡统一要素市场建设。加快建立城乡统一的人力资源市场，落实城乡劳动者平等就业、同工同酬制度。建立城乡统一的建设用地市场，保障农民公平分享土地增值收益。建立健全有利于农业科技人员下乡、农业科技成果转化、先进农业技术推广的激励和利益分享机制。创新面向“三农”的金融服务，统筹发挥政策性金融、商业性金融和合作性金融的作用，支持具备条件的民间资本依法发起设立中小型银行等金融机构，保障金融机构农村存款主要用于农业农村。加快农业保险产品创新和经营组织形式创新，完善农业保险制度。鼓励社会资本投向农村建设，引导更多人才、技术、资金等要素投向农业农村。

推进城乡规划、基础设施和公共服务一体化。统筹经济社会发展规划、土地利用规划和城乡规划，合理安排市县域城镇建设、农田保护、产业集聚、村落分布、生态涵养等空间布局。扩大公共财政覆盖农村范围，提高基础设施和公共服务保障水平。统筹城乡基础设施建设，加快基础设施向农村延伸，强化城乡基础设施连接，推动水、电、路、气等基础设施城乡联网、共建共享。加快公共服务向农村覆盖，推进公共就业服务网络向县以下延伸，全面建成覆盖城乡居民的社会保障体系，推进城乡社会保障制度衔接，加快形成政府主导、覆盖城乡、可持续的基本公共服务体系，推进城乡基本公共服务均等化，率先在一些经济发达地区实现城乡一体化。

（2）加快农业现代化进程

坚持走中国特色新型农业现代化道路，加快转变农业发展方式，提高农业综合生产能力、抗风险能力、市场竞争能力和可持续发展能力。保障国家粮食安全和重要农产品有效供给，提升现代农业发展水平，并且完善农产品流通体系。

（3）建设社会主义新农村

提升乡镇村庄规划管理水平。适应农村人口转移和村庄变化的新形势，科学编制县域村镇体系规划和镇、乡、村庄规划，建设各具特色的美丽乡村。按照发展中心村、保护特色村、整治空心村的要求，在尊重农民意愿的基础上，科学引导农村住宅和居民点建设，方便农民生产生活。在提升自然村落功能的基础上，保持乡村风貌、民族文化和地域文化特色，保护有历史、艺术、科学价值的传统村落、少数民族特色村寨和民居。

加强农村基础设施和服务网络建设。加快农村饮水安全建设，因地制宜采取集中供水、分散供水和城镇供水管网向农村延伸的方式解决农村人口饮用水安全问题。继续实施农村电网改造升级工程，提高农村供电能力，实现城乡用电同网同价。加强以太阳能、生物沼气为重点的清洁能源建设及相关技术服务。基本完成农村危房改造。完善农村公路网络，实现行政村通班车。加强乡村旅游服务网络、农村邮政设施和宽带网络建设，改善农村消防安全条件。继续实施新农村现代流通网络工程，培育面向农村的大型流通企业，增加农村商品零售、餐饮及其他生活服务网点。深入开展农村环境综合整治，实施乡村清洁工程，开展村庄整治，推进农村垃圾、污水处理和土壤环境整治，加快农村河道、水环境整治，严禁城市和工业污染向农村扩散。

加快农村社会事业发展。合理配置教育资源，重点向农村地区倾斜。推进义务教育学校标准化建设，加强农村中小学寄宿制学校建设，提高农村义务教育质量和均衡发展水平。

总的来说，新型城镇化以城乡统筹、产业互动、资源节约、环境友好、生产发展、生活富裕、生态宜居为基本特征，是大中小城市、小城镇与新农村协调发展、工业化和城镇化良性互动、城镇化和农业现代化相互协调的过程。新型城镇化的核心在于不以牺牲农村与农民、农业和粮食、生态和环境为代价，而是立足于工业反哺农业、城市支持农村、财政补贴农民，实现城乡一体化和公共服务均等化，促进经济社会可持续发展，实现人口、资源、环境与发展四位一体的相互协调。新型城镇化以生态文明理念和科学发展观为指导，不仅是一种规模设计科学、职能定位准确、空间布局合理的城镇化道路，更是集约、智能、绿色、低碳的城镇化发展道路。在城乡一体化规划中，必须贯彻新型城镇化的概念，新型城镇化是实现城乡一体化的必由之路，城乡一体化必须在新型城镇化的推进中进行规划。

8.1.2　城乡一体化的理念

城乡一体化就是要把工业与农业、城市与乡村、城镇居民与农村居民作为一个整体，统筹谋划、综合研究，通过体制改革和政策调整，促进城乡在规划建设、产业发展、市场信息、政策措施、生态环境保护、社会事业发展的一体化，使整个城乡经济社会全面、协调、可持续发展。要实现城乡一体化，就要推动城市基础设施向农村延伸，城市公共服务向农村覆盖，城市现代文明向农村辐射，立足于建立城乡统一的生产要素市场和经济社会管理体系。

（1）区域整体发展的理念

城镇与乡村是一个在发展中存在整体性关联的区域，要使一个城乡混杂发展的综合体逐步演变为城乡有机结合的整体，就必须强调区域经济、社会、生态及城乡空间发展的整体性，同时处理好发展中的时序关系。

（2）可持续发展的理念

可持续发展作为一项重要的指导思想，对于提高规划的科学性有着直接的现实意义，并影响城乡的未来发展，在城乡一体化规划中要处理好以下关系。

① 人与自然之间的和谐。正确构建人类社会与自然之间的生态经济关系，保持生态环境的合理承载容量，臻于人地和谐，以保证经济、社会的持续发展。

② 发展主体之间的公平性。主要包括两方面的含义：一是纵向上的公平，表现在当代与未来之间，规划中超前对城乡发展空间进行引导、控制，安排好开发时序，并为未来发展留有余地；二是横向上的公平，表现为一个主体的发展不应损害其他主体的健康，在规划中正确考虑每一个开发单元与其所在区域及其他单元的整体协同关系。

③ 发展的持久性。要求社会经济发展考虑资源的有限性与再生能力。具体表现为：控制城镇发展速度与规模，采取集约性的空间增长模式。

（3）人文主义的理念

人文主义正日益成为城市、区域发展的基础价值理念，其基本思想是以人为本，坚持人性化的需要是社会、经济发展的根本动因和最终归宿，具体到规划中，要求处处着意营造适宜的人居环境，优化区域、城镇空间形态，配置健全的生活服务设施，方便人们的多样性和多元化的需求，注意在经济、社会、生态之间找到平衡。

8.1.3 城乡一体化的要求

（1）满足人的需求

人往往与社会环境相互作用，人的行为是满足人需求的外在表现，是内化了的社会环境，是人和环境相互作用的结果，构成了新社会环境的一部分，进而推动社会的发展，要使人格结构向有利于社会进步的方向发展，就需要人和社会环境之间形成一种良性循环。二元社会中城乡经济的落差造成城乡居民对城市生活的向往，而城市居民在享受城市文明的同时希望过田园牧歌式的生活，故以人为本的城乡一体化体系必须综合考虑城市居民和乡村居民的生活意愿。塑造满足城乡居民需求的美好环境是城乡一体化研究的重要课题，城乡的物质和能量的良性循环是城市环境的保障。乡村和城市用地的有机结合是调节生态环境的根本方法，是满足城乡居民对各自生活环境向往的需要，故城乡生态观的树立十分必要。城乡空间融合是城乡一体化理论的重要组成部分，是现代综合生态观的物质体现，它结合了城市与乡村的优点，是城乡全方位融合的物质载体，是规划师主要关注的内容。它避免了城市环境的过度集中，使城乡有机结合，形成城乡集聚和分散的辩证共存，从而满足人的需要。

（2）追求发展

城乡空间融合并不是人为的拼凑，而是经济发展的必然结果。经济发展是城乡一体化得以实现的根本，是永恒的主题。城乡经济一体化是城乡经济因素的最终整合结果，是经济发展的高级阶段。在这一阶段，城乡各种经济流通的障碍已被打破，实现了城乡各种经济因素在城乡范围内的合理流通，是城乡产业协调观的体现。在该阶段中城乡经济相互协调，共同发展，达到整体经济效益的最优。城乡一体化是基于保持城市与乡村两种不同的地域景观的前提下对人性的追求，对发展的追求，其内涵取向可用“自然–空间–人类”系统来表达。该系统是保存了城市和乡村鲜明特色前提下不同的自然要素和空间因素的组合优化，是产生最丰富精神价值和物质价值的社会系统。城乡经历了城乡共容阶段、隔离分化阶段、反差对立阶段，城市以技术革命推动社会走向后工业社会，城市郊区化倾向加深，城市和乡村开始走向互动融合。城乡空间融合是在保存城市和乡村两种地域形态的前提下，城市与乡村相互渗透，同时满足城市和乡村对自然需求的高级阶段。

（3）城乡空间融合

城乡空间融合是城乡空间合理、有机协调的结果。城乡一体化的地域空间系统是各级规模、等级、职能的城镇在乡村地域中的有序分布，是城乡一体化经济网络的空间投影，是有序的空间网络体。区域内各级城市规模结构合理、功能相互依赖、分工合作关系紧密，乡村则作为介质均匀地分布在各级城市四周。从景观生态学的角度看，城乡一体化的有序空间系统是众多基质、廊道组成的支撑系统。支撑系统包括区域级和城市级的交通体系和基础设施体系。统筹安排区域内基础设施，使总量上相对充裕，项目水平上具有超前性，是组织完善支持系统的必要条件。完善的支持系统缩短了城乡之间的空间距离，扩大了城乡市场的范围，使城市空间走向区域化，城乡居民同时享受现代文明，促进了城乡空间融合。

8.1.4 城乡规划发展的新理念

1.《城乡规划法》的颁布及立法目的

2007 年 10 月 27 日，十届全国人大常委会第三十次会议通过《中华人民共和国城乡规划法》，自 2008 年 1 月 1 日起施行。在《城乡规划法》出台以前，我国有关城市和乡村规划管理的法律、行政法规有《中华人民共和国城市规划法》（1979 年 12 月 26 日第七届全国人民代表大会常务委员会第十一次会议通过、1990 年 4 月 1 日起施行）和《村庄和集镇规划建设管理条例》（1993 年 5 月 7 日国务院令第 116 号公布、1993 年 11 月 1 日起实施），简称“一法一条例”。随着近年来城镇化进程的加快和社会主义市场经济体系的逐步建立，原有的以“一法一条例”为基础的城乡规划管理体制、机制遇到了种种问题，为适应我国经济社会快速发展的需要，为城镇化发展服务的城乡规划法律制度也应当与时俱进，有必要根据城乡建设和规划管理新情况，对原有的“一法一条例”所确定的城乡规划法律制度做出相应的调整。

《城乡规划法》的立法目的主要包括以下 3 方面。

（1）加强城乡规划管理

规划是人民政府行政管理权的重要内容之一。城乡规划管理就是要组织编制和审批城乡规划，并对城市、镇、乡、村庄的土地使用和各项建设的安排实施规划控制、指导和监督检查。城乡规划工作具有全局性、综合性，只有依法加强对城乡规划的管理，才能使依法批准的各类城乡规划得以落实，有序规范各项城乡建设活动。因此，加强城乡规划管理是城乡规划立法的直接目的。

（2）协调城乡空间布局，改善人居环境

加强城乡规划管理是本法的直接目的，但立法不能仅为了加强规划管理。将城乡规划的编制、审批、实施及监督检查活动纳入法制化轨道，依法规范、管理城乡建设活动，其根本目的在于以人为本，实现城乡空间协调布局，为人民群众创造良好的工作和生活环境。

（3）促进经济社会全面协调可持续发展

好的城乡规划应当立足当前、面向未来、统筹兼顾、综合布局，要处理好局部利益与整体利益、近期建设与长远发展、经济建设与环境保护、现代化建设与历史文化保护等一系列关系，充分发挥城乡规划在引导城乡发展中的统筹协调和综合调控作用，促进城乡经济社会全面协调可持续发展。

2.《城乡规划法》的特点

《城乡规划法》是在总结十几年来《城市规划法》和《村庄和集镇规划建设管理条例》施行的基础上所制定的法律，自 2008 年 1 月 1 日起施行。从《城市规划法》到《城乡规划法》，首次明确把村庄纳入规划，标志着中国将改变城乡二元结构的规划制度，进入城乡统筹的规划管理新时代。根据《城乡规划法》，包括城镇体系规划、城市规划、镇规划、乡规划和村庄规划在内的全部城乡规划，将统一纳入一个法律管理，目的是“协调城乡空间布局，改善人居环境，促进城乡经济社会全面协调可持续发展”。

《城乡规划法》的施行，将进一步强化城乡规划的综合调控作用，在城乡经济发展与建设中，加强对自然资源和文化遗产的保护与合理利用，加强对环境的保护，坚持社会的平衡发展，从而促进城乡经济社会全面协调可持续发展，实现全面建设小康社会的目标。

《城乡规划法》与 1990 年颁布实施的《城市规划法》最大的不同是强调城乡统筹，最显著的进展是强化监督职能，最明确的要求是落实政府责任。主要表现在以下几个方面。

① 由“城市规划”到“城乡规划”，调整的对象即从城市走向城乡，从而将原来的城乡二元法律体系转变为城乡统筹的法律体系。

② 从坚持的原则来看，《城市规划法》是“指导建设”，而《城乡规划法》则是强调资源保护。

③ 从方法上来看，《城市规划法》重规划的编制和审批，《城乡规划法》则重规划的实施和监督，这是二者最大的区别。

④《城乡规划法》有严格的责任追究，并把对城乡规划主管部门自身工作的约束摆到重要的位置。

⑤《城市规划法》强调规划部门的作用，《城乡规划法》则强调公众参与和社会监督。今后城乡规划报批前应向社会公告，且公告时间不得少于 30 天。组织编制机关应当充分考虑专家和公众的意见，并在报送审批的材料中附具意见采纳情况及理由。村庄规划在报送审批前，还要经村民会议讨论同意。

⑥《城乡规划法》完善了对违章建筑的处理机制，依法设定了责令停止建设、限期改正、处以罚款、限期拆除、没收违法实物或者违法收入等各类行政处罚和行政强制措施。

⑦ 在城市化快速发展阶段，规划必须充满弹性，才能动态地适应城市的快速变化。为此，《城乡规划法》同时也重视了规划的修改，专门设立一章，明确城乡规划修改的条件和修改审批的程序。

3. 城乡规划的理念与方法创新

城市来自自然，但随着城市工业迅猛发展，城市离自然越来越远。随着城市化的加快和城市类型（基于功能分化）的迅速增加，城市与自然环境的矛盾日益突出。城市的扩展过程成为自然环境变为人工环境的过程，城市成为人类改造自然最为彻底的地方，城市发展对环境的负面效应也越来越得到关注。重新认知城市生态关系引发理念创新，而规划方法、建设方法和工程措施的创新更成为通向理想城市的必由之路。特别是随着城市科学的发展，人们对城市的认识轮廓越来越清晰，城市生态学理论的应用逐步得以普及。

传统城市规划方法从人口预测入手，根据建设用地标准估算建设用地规模。而一些大城市如北京的总体规划（1992 版）刚经国务院批准，城市用地规模就已经突破，而且经常出现城市土地的集约化利用程度低、生态环境破坏等问题。因此，针对传统从建设用地入手的城市规划所出现的诸多弊端，从非建设用地入手的城市规划是对传统城市规划方法的一个强有力的补充，是缓解传统城市规划与城市建设矛盾的一种全新而有效的尝试，正是在这样的尝试中创出了“禁止、限制和适宜建设的地域范围”的概念和思路。

从非建设用地入手进行城市规划，就是从自然要素的规律出发，分析其发展演变规律，在此基础上确定人类如何进行社会经济生产和生活，有效地开发、利用、保护这些自然资源要素，促进社会经济和生态环境的协调发展。实现了规划师与决策者们从“想建什么”到“不该建什么”的思维模式的转变，使得城市生态系统的完整性得以保障，最终使得整个区域和城市实现可持续发展。

具体方法在北京和广州都有应用，主要是在地面考查和认识地物的基础上，对处理过的卫星图像进行目视解译和计算机自动解译，按照一定的土地分类标准得出遥感影像的土地利用分类图，利用 GIS 空间分析功能对利用类型相同的土地进行叠加计算，得到不同土地利用类型叠加图，根据相关法规对各类土地利用限制条件进行分析，得出区域生态敏感性分析图谱。在此基础上将城市发展的硬约束固化在土地上，尽可能全面涵盖和明确城市非建设用地的范围及其具体要求，进而得出建设用地的最高阈值，反推有限土地可以承载的人口规模，然后通过常规的城市规划方法具体落实到地块，细化到控制性详细规划程度。这种方法在广州番禺区的应用效果很好，北京推出的《限建区规划》也是这种方法利用的成果集成。

8.2 城乡规划体系及工作内容

8.2.1 新型城镇化背景下的城乡规划

1. 城乡规划聚焦内容

城乡规划作为空间资源合理配置的重要手段、上级政府的宏观调控工具和城市发展的重要公共政策，从宏观到微观保障了空间资源配置、监管的完整性。在新型城镇化背景下，城乡规划需要聚焦以下 3 方面的内容。

（1）区域协调

规划视角从关注中心城市转向关注区域协作、大中小城市和小城镇协调发展。从区域的视角更加注重城市之间以功能联系为纽带的资源配置方式。与传统城镇体系规划相区别，新型城镇化背景下的城乡规划更加注重功能、形态、结构、设施与政策之间的协调。

（2）城乡协调

城乡社会经济一体化发展，不是要把农村都变成城市，更不是追求城乡的“一样化”，而是要按照各自的发展规律，走城乡差别化、协调发展道路，包括城乡空间的协调发展、城乡产业的协调发展、城乡居民生活的协调发展、城乡文化和风貌特色的协调发展等。

（3）城市内部优化提升

功能提升、环境改善、多元包容和安全宜居日益成为现阶段我国城市发展的重点，城市规划的任务重点也从满足空间扩张为主向综合实现方面转变，在发展中解决城市运营效率低、城市功能品质不高和城市内部发展不平衡等问题。

2. 城乡规划转型挑战

在新型城镇化背景下，城乡规划的主要任务已经从满足基本的增长需求向促进城镇化过渡，向统筹社会、经济及环境均衡的科学发展转变，在转变的过程中也面临着一系列的转型挑战。

（1）规划的目标理念向以人为本转变

在新型城镇化背景下，要求城乡规划回归到人的本位，以提供美好健康的生活环境为根本目标。规划师需重新审视自己的社会责任，在工作中更加强调对社会问题的研究与分析，从注重人口规模转向注重人口结构分析和人的需求研究，从片面关注城市居民转向全面关注城市居民、进城务工人员、农村居民及留守人口的社会需求，并以人的视角进行规划和设计。

（2）规划的价值观向社会、经济、文化及生态多元价值观转变

在经历了空间超常规的快速发展之后，如今先发地区的城市空间框架基本拉开，而环境、

社会、文化及特色等方面的问题开始凸显，传统专注于空间增长的宏观结构规划已不能解决新时期的城市问题。以经济增长为基本导向的依赖路径要逐渐向统筹经济、社会及环境均衡的科学发展路径转变。城乡规划必须适应城市发展模式的价值观转换。

（3）规划的主导方式向存量规划转变

在国家宏观调控和严峻的资源环境约束背景下，城市发展道路亟需由粗放式、资源高消耗式增长向内涵式、资源集约式发展转型，控制增量、盘活存量、优化结构与提升品质是未来城市空间发展的主要方式。城乡规划的空间要素从增量土地向存量土地转变，增量和存量规划并重成为未来一个时期城乡规划工作的必然选择。

（4）规划的工作方法向精细化规划研究转变

面对日渐成熟的建成环境和复杂的城市问题，规划的工作方法需要从粗线条式规划向精细化规划研究转变。通过对存量土地的梳理和再利用，对历史、文化价值的重新认识和挖掘，对社会问题的研究和分析，以及对优势资源要素的判断和整合，达到城市功能提升、品质改善、特色重塑和多元包容的目的（见表 8–1）。

表 8–1　城乡规划任务重点改变

比较项目	城镇化发展路径		城乡规划任务重点	
	传统城镇化	新型城镇化	前阶段规划	现阶段规划
关注对象	关注城市，城市单极放大，主要追求物质文明	关注区域，共同追求物质文明、精神文明和生态文明	以城镇建设空间为规划对象	以城乡整体空间为规划对象
核心标志	以城市人口占总人口的比例大小为标志	以城乡统筹能力与城乡一体化水平的高低为标志	以人口规模和城镇化率为重要目标	以人的需求为核心目标，解决社会和个人的多样化需求
动力机制	以工业经济发展为主	以城市经济发展为主，强调工业服务双轮驱动	为工业发展寻求空间载体，以产业园区规划、城市新区规划为主要标志	大中城市主城区“退二进三”，城市内部进行优化提升，以新一轮总规修改、控规修编为主要标志
发展路径	大量占有资源、大量消费资源，严重污染环境	走资源节约、环境友好之路，推行循环经济与低碳经济	—	集约、绿色、低碳的规划理念
社会效应	不断加剧城乡二元结构	逐步减缓和消除城乡二元结构	将人作为均一、抽象的个体看待	关注“半城镇化”人口和“两栖”人口
空间布局	以“摊大饼”的模式扩张，产生严重的“城市病”	大中小城市与小城镇协调发展，克服“城市病”	以中心城市为主要对象，满足城市极速扩张的空间需求	以城市群为主要形态，以都市区、县城为基本单元，注重区域协调，城乡协调

8.2.2　城镇体系规划、乡规划和村庄规划

根据《城乡规划法》，城乡规划包括城镇体系规划、城市规划、镇规划、乡规划和村庄规

划。城市规划、镇规划分为总体规划和详细规划。详细规划分为控制性详细规划和修建性详细规划。本节主要介绍城镇体系规划、乡规划和村庄规划的相关内容。

1. 城镇体系规划

1）城镇体系规划基本概念

城镇体系是指在一个国家或相对完整的区域中，有不同职能分工、不同等级规模、空间分布有序、联系密切、相互依存的城镇群体。城镇体系规划是指一定地域范围内，以区域生产力合理布局和城镇职能分工为依据，确定不同人口规模等级和职能分工的城镇的分布和发展规划。

近年来，城镇体系规划的重要性日益得到重视。2008 年实施的《城乡规划法》中明确规定："国务院城乡规划主管部门会同国务院有关部门组织编制全国城镇体系规划，用于指导省域城镇体系规划、城市总体规划的编制。"根据《城乡规划法》和《城市规划编制办法》的相关内容，我国已经形成一套由国土规划—城镇体系规划—城市总体规划—城市分区规划—城市详细规划等组成的空间规划系列。城镇体系规划处在衔接国土规划和城市总体规划的重要地位。城镇体系规划既是城市规划的组成部分，又是区域国土规划的组成部分。

城镇体系规划要达到的目标：通过合理组织体系内各城镇之间、城镇与体系之间及体系与其外部环境之间的各种经济、社会等方面的相互联系，运用现代系统理论与方法探究整个体系的整体效益。城镇体系规划一方面需要合理解决体系内部各要素之间的相互联系及相互关系，另一方面又需要协调体系与外部环境之间的关系。其主要作用：① 指导总体规划的编制，发挥上下衔接的功能；② 全面考察区域发展态势，发挥对重大开发建设项目及重大基础设施布局的综合指导功能；③ 综合评价区域发展基础，发挥资源保护和利用的统筹功能；④ 协调区域城市间的发展，促进城市之间形成有序竞争与合作的关系。

城镇体系规划一般分为全国城镇体系规划、省域（或自治区域）城镇体系规划、市域（包括直辖市、市和有中心城市依托的地区、自治州、盟域）城镇体系规划、县域（包括县、自治县、旗、自治旗域）城镇体系规划 4 个基本层次。城镇体系规划区域范围一般按行政区划定。规划期限一般为 20 年。

2）城镇体系规划的内容

（1）全国城镇体系规划的内容

① 明确国家城镇化的总体战略与分期目标。落实以人为本、全面协调可持续的科学发展观，按照循序渐进、节约土地、集约发展、合理布局的原则，积极稳妥推进城镇化。与国家中长期规划相协调，确保城镇化的有序和健康发展。根据不同的发展时期，制定相应的城镇化发展目标和空间发展重点。

② 确立国家城镇化的道路与差别化战略。针对我国城镇化和城镇发展的现状，从提高国家总体竞争力的角度分析城镇发展的需要，从多种资源环境要素的适宜承载程度来分析城镇发展的可能，提出不同区域差别化的城镇化战略。

③ 规划全国城镇体系的总体空间格局。构筑全国城镇空间发展的总体格局，并考虑资源环境条件、人口迁移趋势、产业发展等因素，分省区或分大区域提出差别化的空间发展指引和控制要求，对全国不同等级的城镇与乡村空间重组提出导引。

④ 构架全国重大基础设施支撑系统。根据城镇化的总体目标，对交通、能源、环境等支撑城镇发展的基础条件进行规划。尤其要关注自然生态系统的保护，它们事实上也是国家空间总体健康、可持续发展的重要支撑。

⑤ 特定与重点地区的规划。全国城镇体系规划中确定的重点城镇群、跨省界城镇发展协调地区、重要江河流域、湖泊地区和海岸带等，在提升国家参与国际竞争的能力、协调区域发展和资源保护方面具有重要的战略意义。根据实施全国城镇体系规划的需要，国家可以组织编制上述地区的城镇协调发展规划，组织制定重要流域和湖泊的区域城镇供水排水规划等，切实发挥全国城镇体系规划指导省域城镇体系规划、城市总体规划编制的法定作用。

（2）省域城镇体系规划的内容

① 制定全省（自治区）城镇化和城镇发展战略。包括确定城镇化方针和目标，确定城市发展与布局战略。

② 确定区域城镇发展用地规模的控制目标，并结合区域开发管制区划，确定不同地区、不同类型城镇用地控制的指标和相应的引导措施。

③ 协调和部署影响省域城镇化与城市发展的全局性和整体性事项。包括确定不同地区、不同类型城市发展的原则性要求，统筹区域性基础设施和社会设施的空间布局及开发时序，确定需要重点调控的地区。

④ 确定乡村地区非农产业布局和居民点建设的原则。包括确定农村剩余劳动力转化的途径和引导措施，提出农村居民点和乡镇企业建设与发展的空间布局原则，明确各级、各类城镇与周围乡村地区基础设施统筹规划和协调建设的基本要求。

⑤ 确定区域开发管制区划。

⑥ 按照规划提出的城镇化与城镇发展战略和整体部署，充分利用产业政策、税收和金融政策、土地开发政策等手段，制定相应的调控政策和措施，引导人口有序流动，促进经济活动和建设活动健康、合理、有序地发展。

（3）市域和县域城镇体系规划的主要内容

根据《城市规划编制办法》的规定，市域城镇体系规划应当包括下列内容。

① 提出市域城乡统筹的发展战略。其中，位于人口、经济、建设高度聚集的城镇密集地区的中心城市，应当根据需要提出与相邻行政区域在空间发展布局、重大基础设施和公共服务设施建设、生态环境保护、城乡统筹发展等方面进行协调和建议。

② 确定生态环境、土地和水资源、能源、自然和历史文化遗产等方面的保护与利用的综合目标和要求，提出空间管制原则和措施。

③ 预测市域总人口及城镇化水平，确定各城镇人口规模、职能分工、空间布局和建

设标准。

④ 提出重点城镇的发展定位、用地规模和建设用地控制范围。

⑤ 确定市域交通发展策略，原则上确定市域交通、通信、能源、供水、排水、防洪、垃圾处理等重大基础设施、重要社会服务设施和布局。

⑥ 在城市行政管辖范围内，根据城市建设、发展和资源管理需要划定城市规划区。

⑦ 提出实施规划的措施和有关建议。

3）城镇体系空间布局的基本类型

城镇体系空间布局是区域自然环境、经济结构和社会结构在空间上的一种投影，反映了一系列的规模不等、职能各异的城镇在空间的组合形式（低水平均衡阶段、集合发展阶段、集聚扩散阶段、高水平网络化发展阶段）。城镇体系空间规划布局的具体工作就是把不同职能和不同规模的城镇落实到空间，综合考虑城镇与城镇之间、城镇与交通网之间、城镇与区域之间合理结合。规划的主要内容包括：① 分析区域城镇现状空间网络的主要特点和城市分布的控制性因素；② 区域城镇发展条件的综合评价，找出地域结构的地理基础；③ 设计区域不同等级的城镇发展轴线，高级的轴线穿越区域城镇发展条件最好的部分，尽可能多的城镇；④ 综合各城镇在职能、规模和网络结构中的分工和地位，将它们今后的发展对策进行归类，为未来生产力布局提供参考；⑤ 根据城镇间和城乡间交互作用的特点，划分区域内的城市经济区，充分发挥城市的中心作用，促进城乡经济的结合，带动全区经济的发展。

下面以市域城镇的空间组合为例介绍空间布局的基本类型。市域城镇空间由中心城区及周边其他城镇组成，主要有以下几种组合类型（见图 8–1）。

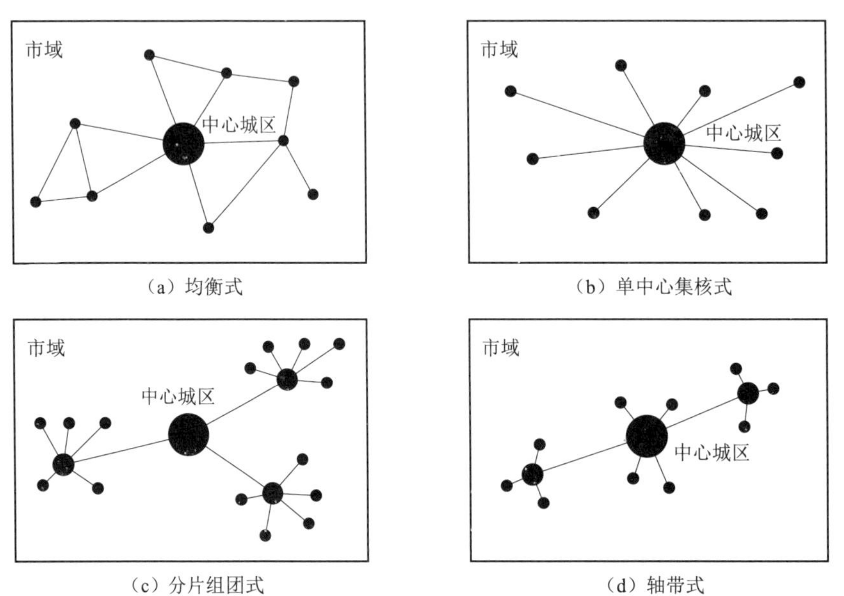

（a）均衡式　（b）单中心集核式

（c）分片组团式　（d）轴带式

图 8–1　市域城镇空间布局的基本类型

① 均衡式［见图 8–1（a）］：市域范围内中心城区与其他城镇的分布较为均衡，没有呈现明显的聚集。

② 单中心集核式［见图 8–1（b）］：中心城区聚集了市域范围内大量资源，首位度高，其他城镇的分布呈现围绕中心城区、依赖中心城区的态势，中心城区往往是市域的政治、经济、文化中心。

③ 分片组团式［见图 8–1（c）］：市域范围内城镇由于地形、经济、社会、文化等因素的影响，若干个城镇聚集成组团，呈分片布局形态。

④ 轴带式［见图 8–1（d）］：这类市域城镇组合类型一般是由于中心城区沿某种地理要素扩散，如交通道路、河流及海岸线等，市域城镇沿一条主要延伸轴发展，呈“串珠”状发展形态。中心城区向外集中发展，形成轴带，市域内城镇沿轴带间隔分布。

2. 乡规划和村庄规划

1993 年 6 月国务院发布了《村庄和集镇规划建设管理条例》，对于加强城市和乡村的规划、建设与管理，遏制城市和乡村的无序建设等问题，起到了重要作用。但是，经过多年来的发展变化，我国乡村规划工作也面临着一些新问题：一是城乡分割的规划管理制度不能适应城镇化快速发展的需要。由于城乡二元化的规划管理体制，实践中由两个部门分别负责城市规划和乡村规划的编制管理，客观上使得城市和乡村规划之间缺乏统筹考虑和协调。这种就城市论城市、就乡村论乡村的规划制度与实施模式，已不能适应城镇化快速发展的需要。二是乡村规划制定和实施的管理相对滞后，农村建设量大面广，加上乡村规划管理力量薄弱，管理手段不足，难以应对日益增加的农民住宅、公益设施和乡镇企业等建设的要求，乡村中无序建设和浪费土地的现象严重。一些乡村虽然制定了规划，但由于没有体现农村特点，难以满足农民生产和生活的需要。

为了落实城乡统筹发展的要求和建设社会主义新农村的需要，必须做到规划先行、全盘考虑、统筹协调，避免盲目建设，从根本上改变农村建设中存在的没有规划、无序建设和土地资源浪费的现象。对此，《城乡规划法》对乡规划和村庄规划的制定和实施也做出了相应的规定，如明确乡规划和村庄规划的编制主体、编制程序、内容及实施等内容。《城乡规划法》第三条乡村规划的编制做出了规定：“县级以上地方人民政府根据本地农村经济社会发展水平，按照因地制宜、切实可行的原则，确定应当制定乡规划、村庄规划的区域。在确定区域内的乡、村庄，应当依照本法制定规划，规划区内的乡、村庄建设应当符合规划要求。县级以上地方人民政府鼓励、指导前款规定以外的区域的乡、村庄制定和实施乡规划、村庄规划。”

乡规划是指对一定时期内乡的经济和社会发展、土地利用、空间布局及各项建设的综合部署、具体安排和实施管理。村庄规划是指在其所在乡（镇）域规划所确定的村庄规划建设原则基础上，对一定时期内村庄的经济发展进行综合布局，进一步确定村庄建设规模、用地范围和界线，安排村民住宅建设、村庄公共服务设施和基础设施建设，为村民提供适合当地特点并与社会经济发展水平相适应的人居环境。村庄规划主要是安排农民的住宅基地和少量公共建筑。中心村的建设规划，除布置建筑物外，还要安排必要的生活服务设施和简易的公用工程设施。乡规划、村庄规划应当从农村实际出发，尊重村民意愿，体现地方和农村特色。

8.3 城乡规划的实施与管理

8.3.1 城乡规划实施管理方法

根据《城乡规划法》的规定，城乡规划实施管理主要由依法采取行政的方式行使管理职能，兼采用科学技术的方法和社会监管的方法及经济的方法，结合起来综合运用，以达到加强城乡规划实施管理的目的。

（1）行政的方法

《城乡规划法》第三章明确规定，城乡规划的实施，主要由城乡规划主管部门依法对建设项目选址、建设用地、建设工程、乡村建设的当前建设项目实施行政管理，即依法行政。需要经过申请、审查、核定、提出规划条件、报批、复核、核发规划许可证等一系列程序和手段来实施行政许可的管理职能。换而言之，就是依靠行政组织，根据行政权限，运用行政手段，履行行政手续，按照行政方式来进行城乡规划实施管理。城市、县人民政府城乡规划主管部门是具体进行城乡规划实施管理、核发规划许可证的行政主体。

（2）法制的方法

我国已经颁布了一系列关于城乡规划、建设和管理的法律、行政法规、部门规章、地方性法规、地方政府规章和规范性文件，初步具备了有法可依的条件。依法行政，就是城乡规划主管部门在城乡规划实施管理的过程中，必须依照法律规范的规定行事，有法必依，严格执法，依法办事，不得违法，违法必究。城乡规划实施管理的过程是一个具体执法的过程。一方面，城乡规划主管部门要加强对法律法规的宣传，使大家知法、懂法、守法，以便规范自己的建设行为；另一方面，城乡规划主管部门要依法行政，运用法律手段认真执法，法有授权必须行，法无授权不得行，正确用法，自觉守法，充分调动法律规范来履行城乡规划实施管理工作。

（3）科学技术的方法

《城乡规划法》第十条规定：“国家鼓励采用先进的科学技术，增强城乡规划的科学性，提高城乡规划实施监督管理的效能。”这就指出了在城乡规划实施管理中运用科学技术方法的要求，即应当采用当代的先进科学方法、先进技术、先进设备来加强规划管理工作。采用科学技术的方法是一种辅助管理的方法，它能够提高城乡规划实施管理的效能，把管理工作提升到一个新的水平。科学技术的方法，不仅包括基础资料的科学准确性、计算机运用、办公自动化和网上实施管理等，还应包括先进的管理理念、专家咨询、科学决策和效能监察等。

（4）社会监管的方法

《城乡规划法》不仅对城乡规划制定过程中的公众参与做了明确规定，对于城乡规划实施管理过程中的公众参与也做了规定：一是任何单位和个人有权就涉及其利害关系的建设活动是否符合规划的要求向城乡规划主管部门查询；二是有权举报或者控告违反城乡规划的行为；三是应将经审定的修建性详细规划、建设工程设计方案的总平面图予以公布；四是应将依法变更后的规划条件公示等。这些措施和方式，就是通过法律规定，促进城乡规划实施管理中的政务公开，便于公众参与，增强社会监管的力度，从而运用社会监管的方法来加强城乡规划实施管理工作。

（5）经济的方法

经济的方法，就是通过经济杠杆，运用价格、税收、奖金、罚款等经济手段，按照客观经济规律的要求来进行管理，这是对行政管理的方法的补充。《城乡规划法》在“法律责任”一章中规定了对于违法建设的罚款和竣工验收资料逾期不补报的罚款处罚，就是城乡规划实施管理中关于经济方法的运用。

8.3.2 城乡规划实施管理制度

根据《城乡规划法》，城乡规划许可制度由“建设项目选址意见书”“建设用地规划许可证”“建设工程规划许可证”及“乡村建设规划许可证”4项制度构成。城市、镇称“一书两证”、乡村称“一证”。规划实施许可制度的设立，体现了城乡规划同时规范政府行为和管理相对人的双重功能和职责，确立了城乡规划对城乡建设活动实施综合调控和具体管理的工作机制和程序，为城乡规划的实施管理提供了有效的制度保障。

（1）建设项目选址规划管理

按照国家规定需要有关部门批准或者核准的建设项目，以划拨方式提供国有土地使用权的，建设单位在报送有关部门批准或者核准前，应当向城乡规划主管部门申请核发选址意见书。

（2）建设用地规划管理

在城市、镇规划区内以划拨方式提供国有土地使用权的建设项目，经有关部门批准、核准、备案后，建设单位应当向城市、县人民政府城乡规划主管部门提出建设用地规划许可申请，由城市、县人民政府城乡规划主管部门核发建设用地规划许可证。以出让方式取得国有土地使用权的建设项目，在签订国有土地使用权出让合同后，建设单位应当持建设项目的批准、核准、备案文件和国有土地使用权出让合同，向城市、县人民政府城乡规划主管部门领取建设用地规划许可证。

（3）建设工程规划管理

在城市、镇规划区内进行建筑物、构筑物、道路、管线和其他工程建设的，建设单位或者个人应当向城市、县人民政府城乡规划主管部门或者省、自治区、直辖市人民政府确定的镇人民政府申请办理建设工程规划许可证。对符合控制性详细规划和规划条件的，由城市、县人民政府城乡规划主管部门或者省、自治区、直辖市人民政府确定的镇人民政府核发建设工程规划许可证。

(4) 乡村建设规划管理

在乡、村庄规划区内进行乡镇企业、乡村公共设施和公益事业建设的，建设单位或者个人应当向乡、镇人民政府提出申请，由乡、镇人民政府报城市、县人民政府城乡规划主管部门核发乡村建设规划许可证。进行乡镇企业、乡村公共设施和公益事业建设及农村村民住宅建设，确需占用农用地的，应当办理农用地转用审批手续后，由城市、县人民政府城乡规划主管部门核发乡村建设规划许可证。建设单位或者个人在取得乡村建设规划许可证后，方可办理用地审批手续。

思考题

1. 什么是城乡一体化和新型城镇化?
2. 城乡一体化的理念和要求是什么?
3. 城乡规划发展的新理念在《城乡规划法》中是如何体现的?
4. 在新型城镇化背景下，城乡规划面临哪些转型挑战?
5. 简述城镇体系规划、乡规划和村庄规划的主要内容。
6. 市域城镇空间布局的基本类型有哪些?
7. 城乡规划实施管理的方法是什么?
8. 什么是城乡交通一体化?

第 9 章

城市总体规划编制与审批

明确城市总体规划的编制方法及规划纲要的编制内容，编制好的城市总体规划按照《城乡规划法》要求分别由政府审批，审批过程本身是一个立法过程。本章是城市总体规划有效实施的保证，分别介绍了城市总体规划的纲要编制任务、内容及编制方法和审批流程。

9.1　城市总体规划纲要编制

为了保证城市总体规划纲要的编制过程的科学性和高效性，在城市总体规划纲要的编制过程中，首先要进行纲要研究。因为城市总体规划的内容非常广泛和综合，并且总体规划的审批包括大量的专项规划，如果城市性质、预测城市发展规模及根据自然、经济等条件研究城市空间的布局结构，城市重大基础设施的布局和道路主干网系统的构建等重大原则出现问题，将影响城市总体规划的编制效率。

9.1.1　城市总体规划纲要编制的主要任务和内容

城市总体规划纲要的主要任务是研究确定城市总体规划的重大原则，作为编制城市总体规划的依据。

《城市规划编制办法》（2005 年）中确定城市总体规划纲要包括下列内容：论证城市国民经济和社会发展条件，原则确定规划期内城市发展目标；论证城市在区域中的地位，原则确定市（县）域城镇体系的结构与布局；原则确定城市性质、规模、总体布局，选择城市发展用地，提出城市规划区的初步意见，研究分析确定城市能源、交通、供水等城市基础设施开发建设的重大原则问题及实施城市总体规划的重要措施。

9.1.2 城市总体规划纲要编制成果

城市总体规划纲要的成果包括专题研究报告、文本和示意性图纸。

1. 专题研究报告

对城市重大问题进行研究形成的报告，包括人口规模预测、城市用地分析、城市定位及产业发展研究、城市发展方向与布局、住宅建设、城市现代化标准和指标体系、城市水资源条件等专题研究。北京市 2004 年版城市总体规划编制过程中组织了城市社会发展问题研究、北京人口与就业问题研究、住房与社区发展研究、郊区经济社会协调发展研究、首都中央政府行政区空间布局研究等 27 项专题研究，覆盖面极其广泛且有针对性。

2. 文本

分析城市自然、历史、现状特点，分析论证城市在区域发展中的地位和作用、经济社会发展目标、发展优势与制约因素，划定城市规划区范围；原则确定规划期内的城市发展目标、城市性质、初步预测人口规模、用地规模；提出城市用地发展方向和布局的初步方案；提出禁建、限制和适宜建设的地域范围；对城市能源、水源、交通、基础设施、防灾、环境保护、重点建设项目等主要问题提出原则规划意见。

3. 示意性图纸

区域城镇关系示意图（图纸比例 1/200 000～1/50 000，标明相邻城镇位置、行政区划、重要交通设施、重要工矿和风景名胜区）、城市现状示意图（图纸比例 1/25 000～1/10 000，标明城市规划区和城市规划建设用地大致范围，标注各类主要建设用地、主要干道、河湖水面、重要的对外交通设施）及其他必要的分析图纸。

9.2 城市总体规划编制方法

9.2.1 城市总体规划编制要求

城市总体规划的编制应符合规范化、科学性、针对性及综合性。

1. 规范化

鉴于城市总体规划的重要作用和法律地位，无论是制定的程序还是编制内容都必须严谨、规范，要保证与政策的高度一致性。编制总体规划可以理解为是制定法律文件，本身必须遵守国家的相关法律法规，符合标准规范，因此需要在总体上掌握我国的法律体系，应清楚地知道总体规划在我国法律体系中的地位。规范化也是确保规划质量的技术保障。

2. 科学性

编制规划是城市规划实践的重要内容之一，总体规划涉及城市发展的重大战略问题，必须科学、严谨地予以对待。编制总体规划不仅要对重大问题进行研究论证，各个技术环节都必须有并且能够提供科学依据。在规划编制中运用先进技术手段和不断更新的科研成果，有助于规划师在编制总体规划的过程中科学地分析判断问题，正确把握规划决策。

3. 针对性

城市的产生和发展有其规律性，但是对于不同地理环境、不同发展时机的城市，规划编制需要有针对性。在我国东南沿海地区，城市用地紧张，工业项目集中，对总体规划中人口和用地指标一般有严格要求；中部地区大多城市属于发展时期，对总体规划中的基础设施的规划深度要求较高；西北部贫困地区则更注重城市环境保护、治理与城市景观规划的内容。另外，编制总体规划要求规划师能够运用自己的专业知识技能，寻找并发现影响物质空间形成的动因，进而提出有效的政策，制订出最小风险的规划方案。

4. 综合性

城市总体规划涉及城市政治、经济、文化和社会生活各个领域，与许多学科和专业相关，规划的综合性体现在要尽可能地使相关研究和关注共同参与到编制过程中，在研究确定和解决城市发展的重大问题上发挥更大作用。

9.2.2 城市总体规划编制工作程序

1. 现状调研

现状调研主要是通过现场踏勘、部门访谈、区域调研、资料收集和汇总等方法，从感性到理性认识城市的初始过程，主要包括下列内容。

① 现场踏勘。城市总体规划对现场的踏勘由市域和中心城区两部分组成。其中，市域调查重点为各个下辖县及市区所属的城关镇、重点镇及有特色的一般镇，了解这些城镇的规模、职能、特性、经济基础与产业结构、发展潜力、交通条件和资源区位优劣势等内容，并收集文字材料便于核对，在现场踏勘过程中着重观察城市发展的活力、城市特色和交通便利度等内容，运用专业知识进行开放式的思考。在中心城区应对城市建成区，包括与建成区连成片的建设区域及对周边村庄和城市可能发展的区域进行踏勘，核对并标注各类用地，对于图上没有更新的地块应按精度要求进行补测，保证总体规划的现状图上各要素的准确性与真实性。

② 部门访谈。部门访谈是对与规划相关的各个部门的综合调研，了解各个部门所属行业的现状问题和工作计划，要求各部门提供与总体规划相关的专业规划成果，并对城市总体规划提出部门意见，各项会议内容要进行分类整理。

③ 区域调研。区域调研包括两项内容：一是主观感受城市与区域之间的交流程度和相互影响程度，也可以通过一些经济流向或客、货流向数据表示；二是考察周边城市与编制总体

规划城市的共同点，便于从大区域把握城市定位。调研的内容包括与周边城市的交通条件、交通距离、客货流向等，还包括周边城市自身的城市结构、路网骨架、产业结构、经济基础、新区建设、旧城风貌等内容，寻找相似性和可借鉴的方面。

④ 资料收集和汇总。通过各种途径收集城市相关资料，对编制总体规划的城市进行初步了解，一般分两个阶段进行：一是进现场前先收集资料，形成初步印象；二是进现场后，在地方情况基本掌握的前提下，关注各方面的意见和公布的相关数字及数据，以便对比分析。

基础资料汇总是城市总体规划中一项烦琐但很关键的工作，基础资料内容的翔实、准确与及时直接影响着城市总体规划的最终成果的可操作性和科学性。基础资料汇总一般包括项目负责人进行专业调查资料、收集文件与文献资料和座谈及访谈笔记汇总。

⑤ 现状分析。以分析图、统计表和定性、定量分析的形式撰写调研分析报告，评估城市问题，提出规划解决的重点，并尽可能与地方主管部门进行沟通，就分析结论交换意见。

2. 基础研究与方案构思

在现状分析的基础上展开深入研究，进一步认识城市，并以科学的分析研究为基础，理性地构思规划方案。目前常用规划办案的比较方式有：一是依据城市不同发展方向选择确定的多方案方式；二是依据城市不同发展速度确定的多方案方式；三是依据重点解决城市主要问题确定的多方案方式。在实际规划工作中，面对十分复杂的城市条件，往往综合 3 种方法，选定多个规划方案对比，就城市发展方向、主要门槛、城市结构、开发成本、路网结构、经济发展模式等进行对比，为优选最终方案提供依据。

3. 总体规划纲要

城市总体规划纲要是对重大原则性问题进行专家论证和政府决策的关键程序，是在更高层面进行协调、论证的过程。城市总体规划纲要的主要工作内容包括：分析论证城市在区域发展中的地位和作用、经济社会发展的目标、发展优势与制约因素，从土地、水、能源和生态环境等城市长期的发展保障出发，着眼区域统筹和城乡统筹，对城市的定位、发展目标、城市功能和空间布局等战略问题进行前瞻性研究，原则确定规划期内的城市发展目标、城市性质，初步预测人口规模、用地规模；提出城市用地发展方向和布局的初步方案；对城市能源、水源、交通、基础设施、防灾、环境保护、重点建设等主要问题提出原则性规划意见。

4. 成果编制与评审报批

① 规划与城市建设协调。城市总体规划的成果内容丰富，跨度大，专业性强。规划成果的编制不仅要求自身的周密、严谨和规范，并且要与地方城市建设进行充分协调，是一个理论性规划走向实践性规划的过程，是城市总体规划中十分关键的步骤。

② 评审报批。城市总体规划的评审报批是规划内容法定化的重要程序，通常会伴随着反复的修改完善工作，直至正式批复。个别总体规划的制定周期过长时，编制单位还需要对报批成果的主要基础资料进行更新。

9.2.3 城市总体规划的分析方法

城市规划涉及的问题十分复杂和烦琐，必须运用科学和系统的方法，在众多的数据资料中分析出有价值的结论。城市规划常用的分析方法有 3 类，分别是定性分析、定量分析和空间模型分析。

1. 定性分析

定性分析方法常用于城市规划中复杂问题的判断，主要有因果分析法和比较法。

（1）因果分析法

城市规划分析中涉及的因素繁多，为了全面考虑问题，提出解决问题的方法，往往先尽可能多地排列出相关因素，发现主要因素，找出因果关系。

（2）比较法

在城市规划中常常会碰到一些难以定量分析又必须量化的问题，对此可以采用对比的方法找出其规律性。例如，确定新区域或新城的各类用地指标可参照相近的同类已建城市的指标。

2. 定量分析

城市规划中常采用一些概率统计方法、运筹学模型、数学决策模型等数理工具进行定量化分析。

（1）频数和频率分析

频数分布是指一组数据中取不同值的个案的次数分布情况，它一般以频数分布表的形式表达。在规划调查中，经常有调查的数据是连续分布的情况，如人均居住面积，一般是按照一个区间来统计的。频率分布是指一组数据中不同取值的频数相对于总数的比率分布情况，一般以百分比的形式表达。

（2）集中量数分析

集中量数分析指的是用一个典型的值来反映一组数据的一般水平，或者说反映这组数据向这个典型值集中的情况，常见的有平均数、众数。平均数是调查所得各数据之和除以调查数据的个数；众数是一组数据中出现次数最多的数值。

（3）离散程度分析

离散程度分析是用来反映数据离散程度的，常见的有极差、标准差、离散系数。极差是一组数据中最大值与最小值之差；标准差是一组数据对其平均数的偏差平方的算术平均数的平方根；离散系数是一种相对地表示离散程度的统计量，是指标准差与平均数的比值，以百分比的形式表示。

（4）一元线性回归分析

一元线性回归分析是利用两个要素之间存在比较密切的相关关系，通过试验或抽样调查进行统计分析，构造两个要素间的数学模型，以其中一个因素为控制因素（自变量），以另一个预测因素为因变量，从而进行试验和预测。例如，城市人口发展规模和时间之间的一元线性回归分析。

（5）多元回归分析

多元回归分析是对多个要素之间构造数学模型。例如，可以在房屋的价格和土地的供给、建筑材料的价格与市场需求之间构造多元回归分析模型。

（6）线性规划模型

如果在规划问题的数学模型中，决策变量为可控的连续变量，目标函数和约束条件都是线性的，则这类模型称为线性规划模型。城市规划中有很多问题都是为在一定资源条件下进行统筹安排，使得在实现目标的过程中，如何在消耗资源最少的情况下获得最大的效益，即如何达到系统最优的目标。这类问题就可以利用线性规划模型求解。

（7）系统评价法

系统评价法包括矩阵综合评价法、概率评价法、投入产出法、德尔菲法等。在城市规划中，系统评价法常用于对不同方案的比较、评价、选择。

（8）模糊评价法

模糊评价法是应用模糊数学的理论对复杂的对象进行定量化评价，如可以对城市用地进行综合模糊评价。

（9）层次分析法

层次分析法将复杂的问题分解成比原问题简单得多的若干层次系统，再进行分析、比较、量化、排序，然后再逐级进行综合，它可以灵活地应用于各类复杂的问题。

3. 空间模型分析

城市规划各个物质要素在空间上占据一定的位置，形成错综复杂的相互关系。除了用数学模型、文字说明来表达外，还常用空间模型的方法来表达，主要有实体模型和概念模型两类。

（1）实体模型

实体模型除了可以用实物表达外，也可以用图纸表达。例如：用投影法画的总平面图、剖面图、立面图，主要用于规划管理与实施；用透视法画的透视图、鸟瞰图，主要用于效果表达。

（2）概念模型

概念模型一般用于图纸表达，主要用于分析和比较。常用的方法如下。

① 几何图形法：用不同色彩的几何图形在平面上强调空间要素的特点与联系。常用于功能结构分析、交通分析、环境绿化分析等。

② 等值线法：根据某因素空间连续变化的情况，按一定的差值，将同值的相邻点用线条联系起来。常用于单一因素的空间变化分析，如用于地形分析的等高线图、交通规划的可达性分析、环境评价的大气污染和噪声分析等。

③ 方格网法：根据精度要求将研究区域划分为方格网，将每一方格网的被分析因素的值

用规定的方法表示（如颜色、数字、线条等）。常用于环境、人口的空间分析等。此法可以多层叠加，常用于综合评价。

④ 图表法：在地形图（地图）上相应的位置用玫瑰图、直方图、折线图、饼图等表示各因素的值。常用于区域经济、社会等多种因素的比较分析。

9.3 城市总体规划审批

9.3.1 城市总体规划成果审查

1. 审查目的

① 从科学性角度审视城市总体规划，可以提高其综合性和系统性，促使城市总体规划的编制更加符合城市本身的发展规律，符合大多数市民的意志和公众利益，符合我国的国情。

② 从节约有限的资源的角度审视城市总体规划是否合理利用资源，如土地空间资源、水资源及生物资源等，使有限的资源能够被合理利用，因地制宜，走可持续发展的道路，为子孙后代造福，促使城市健康发展。

③ 在我国城市发展中，各地处于不同的发展阶段，城市总体规划的评审从客观的角度，按照不同经济发展水平、类型、地区、历史文化和历史基础，进行分类评审，注重评审的特殊性和重要性，进行科学合理的分析研究，客观有据地进行评议，从而提高城市总体规划的可操作性，促进城市总体规划的实施。

2. 审查原则

（1） 审查前置原则

我国的城市总体规划审批必须经过相应审查机构的审查，即由上级人民政府行政主管部门组织专家，通过评审会的形式进行技术审查，广泛征求相关部门和专家的意见，说明审查程序先于决策程序。

（2） 公众参与原则

《城乡规划法》明确提出，城乡规划报送审批前，组织编制机关应当依法将城乡规划予以公告，并采取论证会、听证会或者其他方式征求专家和公众的意见。组织编制机关应当充分考虑专家和公众的意见，并在报送审批的材料中附具意见采纳情况及理由。《城乡规划法》明确赋予公众查询权、举报权和控告权，公民有广泛的参与权利。

3. 审查程序

《城乡规划法》规定：“省、自治区人民政府组织编制的省域城镇体系规划，城市、县人民政府组织编制的总体规划，在报上一级人民政府审批前，应当先经本级人民代表大会常务委员会审议。”相应的审查机构行使的仅为审查权。目前许多城市采用规划委员会制度，相比全体市民参与规划决策而言，参与人员大量精减，人员具有代表性和专业性，会议讨论、协商的社会成本降低，使城市规划审批决策能够及时有效并尽可能体现正义，较为充分地保障城市规划审批决策体制的正义和效率。

城市规划委员会主要有顾问咨询型、管理协调型和管理决策型 3 种类型。按照城市规划审批决策体制的正义和效率价值兼顾与统一的要求，管理决策型城市规划委员会需要加强，而顾问咨询型和管理协调型基本违背了我国建立规划委员会实现以集体决策的方式取代过去行政首脑个人决策的方式的意图，未发挥应有的作用。

4. 审查依据

建设部 1998 年 8 月 3 日制定印发了《城市总体规划审查工作规则》（建规〔1998〕101 号），对上报国务院审批的城市总体规划审查的主要依据、审查重点、审查程序与时限做出具体规定。审查的依据如下：

① 党和国家的有关方针政策；

②《中华人民共和国城乡规划法》《城市规划编制办法》（建设部令第 146 号）及相关的法律、法规、标准规范；

③ 国家国民经济和社会发展规划、国家产业政策；

④ 全国城镇体系规划和省域城镇体系规划；

⑤ 当地经济、社会和自然历史情况、现状特点与发展条件。

5. 审查内容

① 城市的性质。主要包括：城市性质的确定是否经过充分论证，是否科学、实际，是否符合国家对该城市职能的要求，是否与全国和省域城镇体系规划相一致。

② 城市的发展目标。主要包括：城市发展目标的确定是否从当地实际出发、实事求是，是否有利于促进当地经济繁荣和社会全面进步，是否与国家国民经济发展和社会发展规划、国家产业政策相协调。

③ 城市的规模。主要包括：是否明确制定了人口规模与用地规模专题研究报告，确定不同规划时段控制性目标；人口规模的确定是否充分考虑了当地经济发展水平及土地、水等自然资源和环境等制约因素，是否经过科学测算并经专家专题论证；用地规模的确定是否坚持了国家节约和合理利用土地及空间资源的原则，是否符合国家《城市用地分类与规划建设用地标准》（GB 50137—2011），是否做到在一定行政区域内耕地总量的动态平衡。

④ 城市的空间布局和功能分区。主要包括：是否对城市空间布局做出统一规划，空间布局和功能分区是否科学合理；是否有利于提高城市的环境质量、生活质量和城市景观的艺术水平；是否有利于保护历史文化遗产、城市传统风貌、地方特色和自然景观。

⑤ 城市综合交通布局。主要包括：对城市交通是否做出统一规划，城市交通体系规划是否符合交通管理现代化的需要，城市对外交通系统的布局是否与城市交通系统及城市长远发展相协调。

⑥ 城市基础设施建设和环境保护。主要包括：是否综合协调并确定城市基础设施及市政公用事业的发展目标；是否合理配置各项城市基础设施建设；城市基础设施规划是否正确处理好远期与近期建设的关系；是否制定了城市环境保护规划，是否有利于城市环境的综合保护。

⑦ 协调发展。主要包括：规划编制是否与国土规划、区域规划、江河流域规划、土地利用总体规划相协调，是否有利于指导城市合理发展。

⑧ 规划实施。主要包括：是否有保证规划实施的政策措施、技术规定，有关政策措施是否可行。

⑨ 是否达到了《城市规划编制办法》（2005 年）的基本要求。

报送国务院审批的城市规划重点审查是否符合有关法律法规，是否符合规划编制相关规定，是否符合国家宏观调控政策和重大战略部署；未经部际联席会议审查同意的，不得提请国务院审批。

9.3.2 城市总体规划上报审批

技术审查会通过后的规划成果，由当地人民政府报同级人民代表大会审查通过，再送呈上级人民政府审批。设市城市的人口规模和建设用地规模要由上级行政主管部门送同级有关部门审核同意。

国务院审批的城市由住房和城乡建设部召集部际联席会议审查。有关城市人民政府根据规划纲要及有关的法律法规组织编制城市总体规划，报经省（自治区、直辖市）人民政府审查同意后，由省（自治区、直辖市）人民政府报国务院审批。住房和城乡建设部接国务院交办文件后，即将报批的城市总体规划连同有关附件分送国家发改委、科技部、国土资源部、铁道部、交通部、水利部、环保总局、民航总局、旅游局、文物局及解放军总参作战部等有关部门，征求意见，请各部门就与本部门管理职能相关的内容提出书面意见，并在规定时间内将书面意见反馈给住房和城乡建设部，逾期按无意见处理。

住房和城乡建设部依据协调意见，起草审查意见和批复代拟稿，与国务院有关部门的书面意见一并报国务院。在规划审查过程中，如有关部门意见有重大分歧，住房和城乡建设部认为有必要对该规划进行进一步修改完善的，可建议国务院将该规划退回报文的省（自治区、直辖市）人民政府，请其按要求修改完善后，另行上报。

城市总体规划上报材料包括规划文本、报告、图纸及省（自治区、直辖市）有关部门的意见、技术评审意见和省（自治区、直辖市）人民政府的审查意见。

上报审批工作由规划编制委托方负责，编制单位负责协助组织有关的技术文件。

目前我国城市规划审批仍然存在诸多问题：① 不少城市的总体规划在完成编制及评审后多年未获批准；② 一些城市已经获批的总体规划远未到规划年限，但已被大大突破；③ 已经获批的城市总体规划往往实施数年即被修编。反映出城市总体规划审批制度在一定程度上已与发展实际脱节。主要原因是目前对国家层面上最关注和需要控制的城市总体规划的内容，规定尚不十分明确。上报的城市总体规划内容面面俱到，重点不突出，造成城市总体规划的审批历时过长。因此，在上报国务院审批的城市总体规划中，应突出强化国家层面的审批内容，如城市建设用地的规模总量、城市的功能结构、重要的功能区及其规划政策、具有区域层面的重大基础设施（如机场、火车站等）的布局等，对具体的各类用地的布置，不必作为城市总体规划详细审查的内容。这样，既可以把握重大问题的审批和控制权，又可以将适当的自由裁量权留给地方政府。

思考题

1. 简述城市总体规划纲要的主要内容。
2. 简述城市总体规划编制的程序。
3. 简述城市总体规划编制的要求。
4. 简述城市总体规划的一般规划原则。
5. 简述城市总体规划的编制方法。
6. 简述城市总体规划审查的原则。
7. 简述城市总体规划审查的内容。
8. 简述城市总体规划审查的依据。
9. 简述城市总体规划审查的程序。
10. 简述城市总体规划审批的程序。

第10章

城市总体规划案例分析——保定城市总体规划

本章是城市总体规划的实例，分别介绍了保定市城市总体规划思路，保定市的城市性质、规模，以及用地布局、市域一体化规划。

10.1 城市总体规划思路

10.1.1 城市总体规划背景分析

1. 区位分析

区位条件是指一个地区与周围事物关系的总和，包括位置关系、地域分工关系、地缘经济关系及交通、信息关系等。在城市总体规划中，区位条件的分析非常重要，是区域背景条件分析的基础。

区位条件对城市发展的影响主要是通过地理位置、交通、经济、文化、信息等相互作用、密切联系而发挥作用的。区位作为地区的成长条件，是一种重要的资源。同样，区位条件也是城市发展的基础性物质条件。通过区位分析，探求城市在区域发展中的对策，对于明确区域发展优劣势，制定、实施正确的发展规划起着决定性的作用。

区位分析时，要把握好各要素与所要分析事物的联系，分析、评价区域中各种要素，以及城市与相连的各地理事物、现象在地理空间中的位置组合特征。从广义角度分析区位条件，包括区位特征分析和区位因子分析。前者强调区域的空间性，从自然空间、人文经济区位、交通区位、战略区位等角度进行分析；后者强调处于一定位置的区域所具备的开发建设的有利条件，包括自然因子（地形、气候、水文、生物、土壤等）和人文经济因子（农业、工业、交通、人口、市场、政策等）。

2. 区域分析

城市的区域条件和城市的地理位置一样，是影响城市形成和发展的空间条件。城市区域条件的内容丰富多样，包括矿产资源、淡水资源、动植物资源状况、基础设施状况，区域劳动力的数量和质量，经济发展的历史传统现状，经济发展水平和结构特征，未来的开发潜力等，都会影响区域内的城市发展。对这些条件分析的主要目的是明确城市发展的区域基础，评估潜力，为选择城市发展的方向、调整产业结构和空间结构提供依据。

在区域分析中，经济问题是分析研究的重点。区域经济分析主要从经济发展的角度对区域经济发展的水平及所处的发展阶段、区域产业结构和空间结构进行分析。它是在区域自然条件分析的基础上，进一步对区域经济发展的现状做一个全面的考察、评估，为下一步区域发展分析打好基础。区域经济发展水平和阶段的分析主要是在建立发展水平量度标准的基础上，通过横向比较，明确区域经济发展水平，确定其所处的发展阶段，为区域发展的战略决策提供依据。

10.1.2 城市发展目标与战略

1. 发展战略

研究城市发展战略，是在编制城市总体规划中，每个城市首先要解决的问题，可以说是城市规划的灵魂。从本质上说，城市的总体规划可以说是城市发展战略的时空安排。城市发展战略研究，就是要在全面了解城市情况，在分析城市政治（包括军事）、经济、社会、文化诸方面发展现状的基础上，根据省内外乃至国内外的政治、经济形势，提出城市发展战略目标。

在研究城市发展战略的过程中，既要论证城市的区位、资源等自然条件，研究其在地区、省、国家乃至世界范围内所处的地位和作用，又要研究城市的区域发展背景、城市的社会经济发展、城市的历史发展过程和人文特点，寻找城市发展的独特道路。

2. 战略目标

城市发展的战略目标和发展方向是统一的，发展方向通常是定性描述，而发展目标还应该有量的规定。有关城市发展目标的指标大致可以分为经济目标、社会目标和建设目标 3 类系统的指标。

（1）经济目标指标

经济总量指标：工农业总产值、国内生产总值、国民收入、社会总产值等。

经济效益指标：人均国内生产总值、人均国民收入等。

经济结构指标：第一、第二、第三产业之间的比例，工农业生产值比例等。

（2）社会目标指标

人口总量指标：人口发展规模、总人口的控制数量等。

人口构成指标：城乡人口比例、就业结构等。

居民物质生活水平指标：人均居住面积、人口自然增长率、人均期望寿命等。

居民精神文化生活水平指标：人均受教育的程度、每万人拥有各类学校数量、每万人拥有各类文化设施等。

（3）建设目标指标

建设规模指标：建设用地发展控制面积、建设用地占区域总面积的比重等。

空间结构指标：各类建设的用地比例。

环境质量指标：建筑密度、人口密度、人均公共绿地面积、大气环境质量指标、水环境质量指标等。

10.1.3 城镇体系规划

1. 城市体系分析

（1）历史背景分析

分析该区域各个历史时期城镇的分布格局和演变规律，揭示区域城镇发展的历史阶段及导致每个阶段城镇兴衰的主要因素，特别要重视历史上区城中心城市的转移和变迁。研究城镇体系历史上发展演变的规律，目的是解释当前城镇体系的形成和特点，为预测未来影响城镇体系发展的主要因素及其作用提供启示。

（2）区域基础分析

分析区域经济和城镇发展的有利条件和限制因素。它涉及自然资源和自然条件、环境生态结构、劳动力、经济技术基础、区域交通条件、地理位置等广泛的内容。区域基础分析要坚持辩证唯物论的立场，不能只讲有利条件，不讲限制因素，或对有利因素片面夸大，对限制因素轻描淡写。另外，还要认识到有利条件和限制条件是可以相互转化的。

（3）经济基础分析

深入分析各产业部门的现状特点和存在的问题，通过对进一步发展的条件分析、方案比较，指出城市主要部门发展的方向。

2. 规划方案的构思

（1）提出城乡统筹的发展战略

编制城镇体系规划要以战略研究为先导，通过战略研究发现空间变化的多种可能性，分析哪些是影响空间变化的决定性因素，这样编制的城镇体系规划才会有理有据。提出城乡统筹的发展战略，根据需要，提出与相邻行政区域在空间发展布局、重大基础设施和公共服务设施建设、生态环境保护、城乡统筹发展等方面进行协调的建议。

（2）提出空间管制原则和措施

城镇体系规划一项很重要的内容，不仅是要确定区域空间哪些地方可建，更重要的是确定哪些地方不可开发，或者说哪些地方的开发建设对生态环境很敏感，应限制开发。确定生态环境、土地和水资源、能源、自然和历史文化遗产等方面的保护与利用的综合目标和要求，提出空间管制原则和措施。

（3）提出城镇体系职能结构和城镇分工

它包括认识现状特点与问题、确定城镇职能结构发展方针、划分职能结构的等级序列与类型、选择重点发展城镇、确定主要城镇职能性质与发展方向等。

（4）确定城镇体系空间布局

城镇体系的空间网络结构是区域规划和城镇体系规划最重要、最具综合性的规划内容，是职能类型结构和规模等级结构在区域内的空间组合和表现形式。

对区域城镇空间网络组织的规划研究，把不同职能和不同规模的城镇落实到空间，综合考虑城镇与城镇之间、城镇与交通网之间、城镇与区域之间的合理结合。城镇体系的空间结构规划集中体现了城镇体系规划的思想和观点，是整个成果的综合和浓缩，是最富有地理变化和地理创造性的工作。城镇体系的空间网络结构是本区域的综合地域结构及与更大范围区域整合的集中反映。只有深入分析各地区特有的背景、条件、矛盾和出路，才能找出适合于它特有的空间结构。

（5）统筹安排区域支撑系统

原则确定市域交通、通信、能源、供水、排水、防洪、垃圾处理等重大基础设施，重要社会服务设施，危险品生产储存设施的布局。在规划中要提出与相邻地区在重大基础设施和公共服务设施建设、生态环境保护、综合防灾、水利建设等方面进行协调的建议。在城乡发展空间布局规划指导下，区域支撑系统规划将更具针对性和操作性。

10.1.4 城市性质确定

确定正确的城市性质，对城市规划和建设非常重要，它是城市发展方向和布局的重要依据。在市场经济条件下，城市发展的不确定因素增多，城市性质的确定除了充分分析城市发展条件、有利因素、区域的分工，确定城市将承担的主要职能外，还应充分认识城市发展的不利因素，说明不宜发展的产业和职能。

1. 城镇职能分析

城镇职能分析不仅要进行城市职能类型的划分，而且要研究单个城市的职能体系结构和特征，同时还应进行城市之间职能特征的对比分析。不仅要研究城市的基本经济活动，而且要研究城市的非基本经济活动，还应分析两类经济活动的相互关系。不仅要研究城市基本活动的量态特征，而且要研究这类活动的空间特征，还应分析其质态特征。

2. 性质确定

城市性质是指城市在国家经济和社会发展中所处的地位和所起的作用，是城市在国家或地区城市网络中分工的主要职能。城市性质体现了城市最本质特征的基本职能，代表城市的个性、特点，反映城市的发展方向。不同的城市性质决定着城市规划不同的特点，对城市规模的大小、城市用地组织布局结构及各种市政公用设施的水平起重要的指导作用。因此，在编制城市总体规划时，首先要确定城市的性质，这是决定一系列技术经济措施及其相适应的技术经济指标的前提和基础。

确定城市性质的依据包括国民经济和社会发展的中长期计划、远景规划和区域规划、城市的职能、城市区域因素等。

10.1.5 规模预测

研究城市规模的主要内容是要确定人口规模与用地规模，估计规划期内的建筑量，为城市布局和各项专业规划提供基础数据。

1. 城市规模

城市规模通常以人口规模和用地规模来界定。两者紧密相关，用地规模随人口规模变化而变化；根据人口规模及人均用地的指标就能确定城市的用地规模。所以，城市规模通常以城市人口规模来表示。因此，在城市发展用地无明显约束的条件下，一般先从预测人口规模着手，再根据城市的性质与用地条件加以综合协调，然后确立合理的人均用地指标，从而推算城市的用地规模。

确定城市规模对城市总体规划编制具有重要的意义：规模过大，用地过大，布局不紧凑，设施配置过多、过散，建设不经济，运行不经济；规模过小，用地过小，或制约发展，或布局混乱，设施配置过少，阻碍城市功能的充分发挥。

影响城市规模的因素有自然资源和能源、经济地理位置、交通地理位置、基础设施、经济实力、城市的性质和结构等。

2. 城市人口规模

预测城市人口发展规模是一项政策性、科学性很强的工作。既要了解人口现状和历年来人口变化情况，又要研究城市社会、经济发展的战略目标，城市发展的有利条件及限制因素，从中找出规律和发展趋势，预测城市人口发展，确定城市人口发展规模。

城市人口规模计算中的基数包括城市规划区范围内的所有居住人口、城市非农业人口、居住在城区的农业人口、一年以上的暂住人口等。目前常用的人口规模的预测方法有综合平衡法、劳动平衡法、职工带眷系数法、区域分配法、环境容量法、线性回归分析法等，这些方法都存在一定的缺陷，不可完全信赖，但它们之间可以相互校核。一般的做法是以一种方法为主，其他方法进行验算，以弥补不足。

3. 城市用地规模

城市用地规模是指到规划末期城市建设用地范围的大小。城市用地规模根据人口规模预测的结果和国家人均建设用地指标确定。在确定规划人均用地指标等级时，必须根据现状人均建设用地的水平，按照国家《城市用地分类与城市规划用地标准》的规定确定。所采用的规划人均建设用地指标应同时符合指标级别和允许调整幅度双因子的限制要求。

城市用地规模=预测的城市人口规模×人均建设用地标准

在计算城市用地规模时，用地计算范围应当与人口计算范围相一致。

10.2 城市性质与规模

为贯彻科学发展观，落实河北省委、省政府提出的“海陆联动、强化区域中心城市”的要求，依据相关法律、法规、规范、上一层次规划和《关于保定市城市总体规划编制工作有关问题的函》，结合保定市的实际情况，编制《保定市城市总体规划（2008－2020）》。

保定市的城市性质为国家历史文化名城，以先进制造业和现代服务业为主的京津冀地区中心城市之一。保定市的城市职能分为：① 国家历史文化名城；② 国家低碳产业示范区，京津冀地区重要的现代制造业及高新技术产业基地；③ 承接京津冀地区休闲、观光、度假职能；④ 体现商贸发达、环境宜居的城市职能，承担京津冀地区中心城市。

《保定市城市总体规划（2008—2020）》第 12 条确定的 2020 年保定市域总人口规模为 1 242 万人，其中城镇人口 700 万人左右，城市化水平为 57%左右。通过趋势线外推法进行保定市人口数量的预测，预测 2030 年保定市域人口规模为 1 328 万人。根据《保定市城市总体规划（2008—2020）》和《保定中心城市空间发展战略规划（2010—2030）》的预测，保定市中心城区人口规模：2020 年为 314 万人，2030 年为 496 万人。

10.3 城市用地及布局

10.3.1 城市土地利用结构和布局

《保定市城市总体规划（2008—2020）》制定了城镇空间布局规划，确定了“一城三星一淀八组团”的发展战略。“一城三星一淀”即保定市中心城区，徐水、清苑和满城 3 个卫星城，以及白洋淀。清苑卫星城位于保定市区南部，距保定市区约 10 km；满城卫星城位于保定市区西北，距保定市区约 17 km；徐水卫星城位于保定市区东北，距保定市区约 23 km。白洋淀位于保定市区的正东，距保定市区约 40 km，为著名的风景旅游区。8 个组团分别为中心城区、低碳新城/北部新城、徐水组团、满城组团、清苑组团、安新组团、物流组团和高铁组团。

市中心城区土地利用结构形成“两带两区三组团”的城市用地结构。“两带”：沿乐凯大街、朝阳大街等道路建设成南北发展带；沿七一路、天威路等道路建设成东西发展带。“两区”：京广铁路以西片区和京广铁路以东片区。京广铁路以西片区为市级商业金融、信息服务等综合服务中心，以及高新技术开发区、传统工业区兼有部分生活居住的功能区域；京广铁路以东片区为主要历史文化名城保护和现代文化展示区，兼具承接历史城区商业功能疏解的功能区域。“三组团”分别为中心城区北部组团、南部组团、东部组团。北部组团主要为金融行政办公、高科技产业、商业服务、公共设施齐全的生活居住等为一体的综合功能组团；南部组团由长城、中兴等城市支柱产业组成，形成以汽车制造为生产主链并向外延伸的产业集群功能组团，并配套相应的生活、居住、公共设施等组团级设施，服务于工业区；东部组团为由教育研发和交通枢纽形成集交通、教育研发、信息流通、商务活动和地方文化展示为一体的现代综合功能组团。

在城市的发展过程中，采用组团布局的发展模式，以防止城市呈蔓延式增长，通过快速交通、生态绿化、自然河流等形成绿色及开放空间对中心城市的渗透，各个功能组团之间实现空间隔离，将中心城市间隔成上述 8 个组团。保定中心城市建设用地规模预测如表 10–1 所示，用地布局规划如图 10–1 所示。

表 10–1　保定中心城市建设用地规模预测

组　团 \ 年　份	2015	2020	2030
中心城区（含高铁组团）/km^2	176.5	215	310
徐水组团/km^2	15.3	19	28
安新组团/km^2	20	25	32
清苑组团/km^2	16	21	30
满城组团/km^2	17.2	20	26
低碳新城/北部新城/km^2	11	33	68
物流组团/km^2	1	8	22
合计/km^2	257	341	516

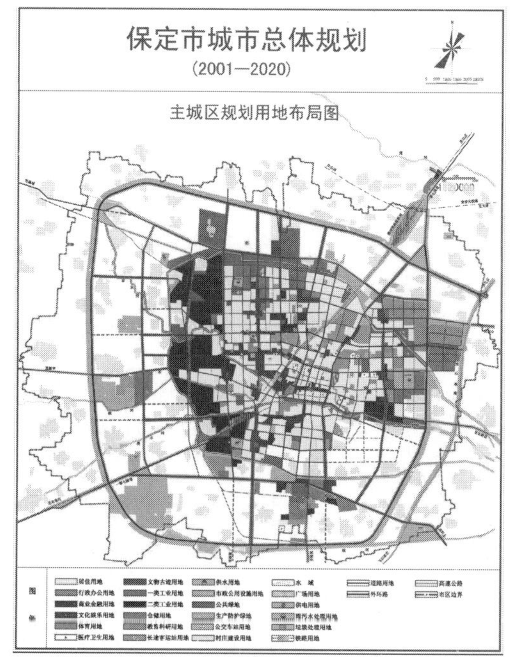

图 10–1　保定市用地布局规划

10.3.2 交通网络规划布局

1. 交通线网规划

（1）中心城区道路网络

根据保定市现有城市道路网的结构，形成由“环射”快速路系统和“井”字形主干路系统组成的城市道路网骨架。

“环射”快速路系统中，快速环路由东三环、南二环、西二环和北三环构成；“环射”状道路分别是指向安新的白洋淀大道，指向清苑的东三环向南延伸线，指向满城的北三环向西延伸线，指向徐水的 G107，指向大王店的西二环向北延伸线。环路是为了疏解过境交通，避免车流穿过城市核心区域，基本沿外围组团边缘经过。快速路不仅解决了过境车辆的问题，而且承担了组织城市内外交通的任务。

“井”字形的主干路由“七纵九横”组成。七纵（由东到西）包括东二环、长城大街、恒祥大街、阳光大街、朝阳大街、乐凯大街、西二环。九横（由北向南）包括马坊路、北二环、复兴路、七一路、东风路、天威路、三丰路、太行路、南部园区中路。

结合上述网络框架，近期方案侧重于完善旧城区内部及北部、东部组团道路的连通性；中期重点是南北纵向扩大市区道路网规模，具体规划为延伸并完善北三环以北和南二环以南的道路；远期考虑道路网的完善。如图 10–2 所示。

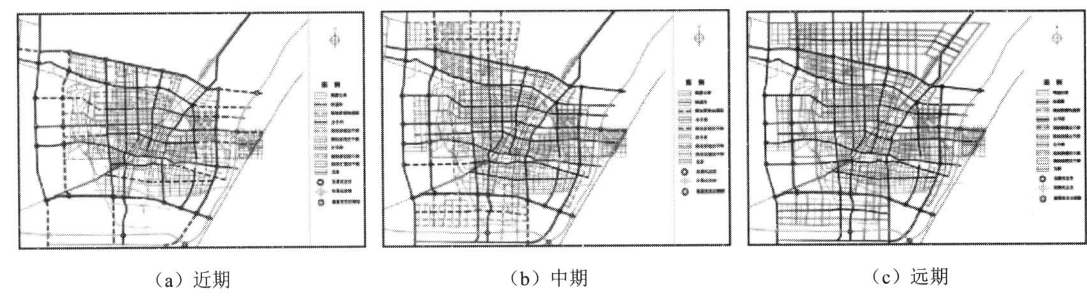

（a）近期　　（b）中期　　（c）远期

图 10–2　保定市中心城区城市道路网规划图

近期，规划道路网长度达到 786.5 km，其中城市快速路、主干道、次干道和支路的长度分别为 66.3 km、207.8 km、162.4 km 和 350 km，道路网密度分别为 0.51 km/km^2、1.6 km/km^2、1.25 km/km^2 和 2.69 km/km^2，构成比例分别为 8.4%、26.4%、20.6%和 44.5%。对照《城市用地分类与规划建设用地标准》（GB 50137—2011）规定的城市路网结构，道路网功能等级体系趋于合理。

中期，规划道路网长度达到 1 375.9 km，其中城市快速路、主干道、次干道和支路的长度分别为 73.5 km、251.9 km、370.5 km 和 680 km，道路网密度分别为 0.36 km/km^2、1.23 km/km^2、1.81 km/km^2 和 3.32 km/km^2，构成比例分别为 5.3%、18.3%、26.9%和 49.4%，道路网功能等级结构体系基本合理。

远期，道路网规划主要补充完善了新兴组团内部的道路网体系，使道路网的整体结构达到合理的比例。

（2）城市轨道交通

① 城市中心城区轨道线路。综合考虑上位规划、中心城区土地利用和交通需求等，在中心城区范围，主要考虑保定火车站、保定高铁站、汽车客运站、北部十万人居住片区、低碳新城/北部新城、北湖、西湖、东湖等重要交通节点，以及东西南北通道走廊的城市内部交通区位线，规划“两纵两横”轨道交通线路，实现两刻钟主城，主要包括 2 条东西横向线路和 2 条南北纵向线路。

1 号线：主要沿东风路、裕华路布置，是中心区域最重要的城市轨道交通线路，具体设站为市委市政府、知青路、火车站、人民体育场、总督署/古莲池、河大职工医院、客运中心站、东方家园、高铁金融街、高铁站，共计 10 个站，线路长度约 15.2 km。该线路除与裕华路上的公交车站衔接外，还在火车站、客运中心站和高铁站与对外交通衔接。

2 号线：主要沿朝阳大街布置，是连接南北的主要线路，具体设站为大王店/北部新城、英利新能源、电谷锦江、保百购物广场、图书馆/竞秀公园、市委市政府、知青路、建国路、太行路、长城汽车、清苑，共计 11 个站，线路长度约 32.5 km。该线路分别与市区南、北客运站衔接，并承担连接中心城区至北部新城和清苑组团的功能。

3 号线：主要沿恒祥大街布置，具体设站为金融学院、北八里庄、复兴中路、交警支队、东风中路、人民体育场、动物园、鑫丰市场，共设 8 个站，线路长度约 9.2 km。该线路北端在金融学院与通往低碳新城和徐水组团的中心城市区域轨道交通线路衔接。

4 号线（方案一）：主要沿七一路布设，具体设站为文体新城、郝庄、跳水学校、图书馆/竞秀公园、交警支队、行政服务中心、东湖、保定学院、高铁站，共计 9 个站，线路长度约 17.6 km。该线路与新市区客运站、西湖、东湖及高铁站衔接。

4 号线（方案二）：主要沿七一路、复兴路布设，具体设站为文体新城、郝庄、跳水学校、乐凯北大街、保百购物广场、技工学校、复兴中路、电力大学新校区、行政服务中心、东湖、保定学院、高铁站，共计 12 个站，线路长度约 21.7 km。该线路与新市区客运站、西湖、东湖及高铁站衔接，可以兼顾北侧居住组团。

中心城区轨道交通线路布局如图 10–3 所示。

② 中心城市区域轨道线路。在中心城市范围，规划建设 3 条环射线路，实现三刻钟中心城市交通圈。3 条环射线路布局如图 10–4 所示。

徐水组团方向：从地铁 3 号线的金融学院站出发，沿恒祥大街往北上，先到低碳新城，之后沿东西走向到达徐水组团，线路长度约 24 km。

满城组团方向：从地铁 2 号线电谷锦江站出发，沿漕河北侧向西直到满城组团，线路长度约 13 km。

安新组团方向：从地铁 1 号线的高铁站出发，沿京石客运专线东侧向北到达七一路，再沿七一路往东，沿白洋淀大道，到达安新组团，线路长度约 30 km。

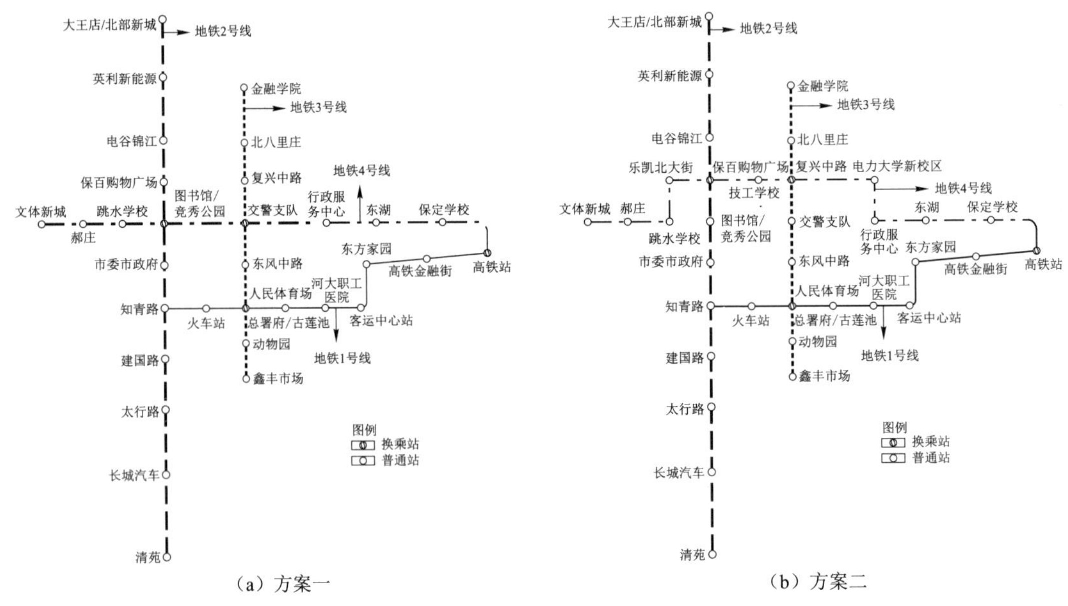

（a）方案一　　（b）方案二

图 10–3　中心城区轨道交通线路布局

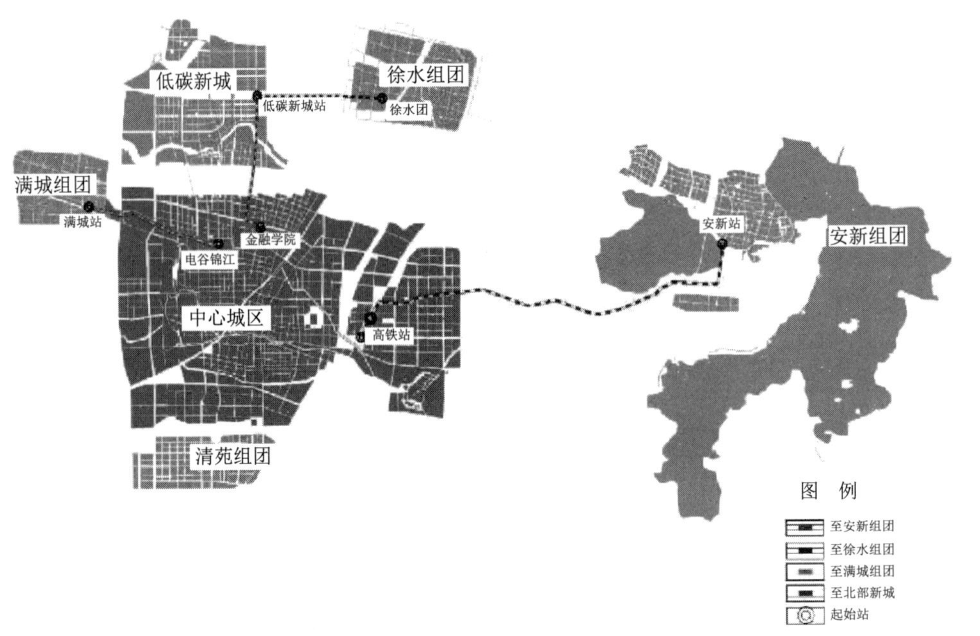

图 10–4　中心城市轨道环射线路图

（3）城市公共交通

根据《保定市城市总体规划（2008—2020）》，至 2020 年，基本建成以公共交通为主体，多种客运方式相协调的综合客运公交体系，公共电汽车拥有量 3 075 标台，拥有水平为 15 标台/万人。

① 近期规划方案。城市的公共交通线路是在长期的发展过程中形成的，市民也习惯了某线路的走向和站点的设置。基于此，近期规划中一般不做整体改动，而对既有线路进行必要的调整，根据用地和出行需求的发展增设必要的线路。

在近期规划建设中，公交线网尽可能连通重要的控制性节点，如商业中心、娱乐休闲场所、对外交通枢纽、政府机关、学校等客流集散点；结合规划土地开发和利用，特别是可能的居住小区和大型公共建设项目的开发，合理分析客流的分布，布置公交线网；满足预测的客流分布状况，使线路走向与主要客流方向一致；以规划的道路网主骨架为依托，合理布设公交线网；提高线网的覆盖率和优化站点分布，在主干道上完成站点港湾式改造，方便居民出行；依托新建成的公交客运中心和枢纽站，组织零距离的合理换乘，降低居民出行的时耗，提高公交车辆的实载率；逐步健全与换乘枢纽的联系，方便公交内部换乘及与对外交通枢纽的接驳，完善城乡一体化公交服务模式的建立。

图 10–5 和图 10–6 分别为近期调整的线路和增设的新线。

图 10–5　近期调整公交线路示意图

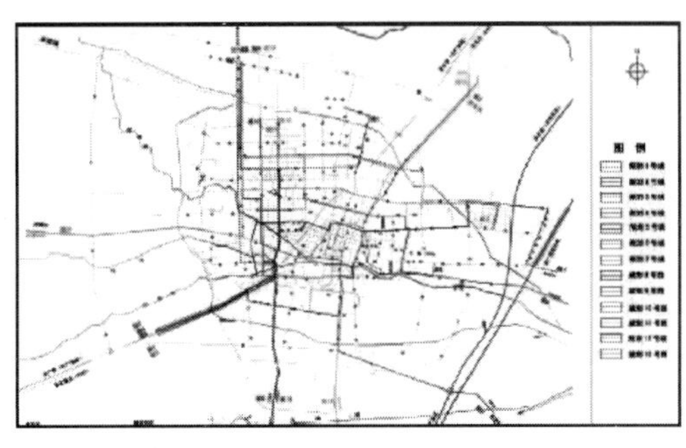

（a）新增规划线路 1～13

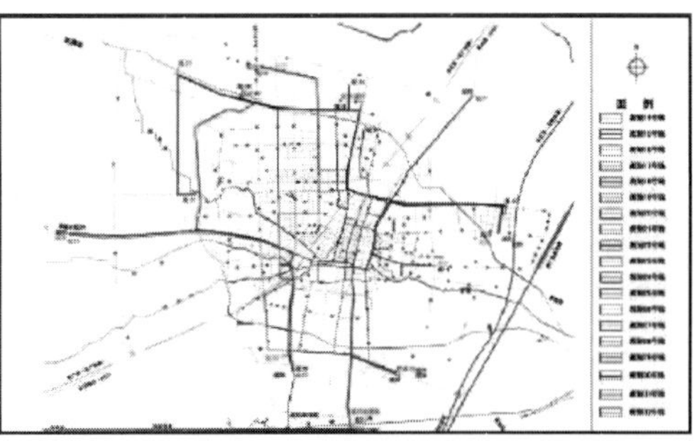

（b）新增规划线路 14～32

图 10–6　近期新增公交线路示意图

② 远期规划方案。根据城市总体规划提出的城市发展战略，建立大容量、快速公交系统；确立公共交通在城市交通中的主导地位，控制个体交通的发展，形成合理的客运交通结构；实现多方式间的有效衔接和便捷换乘，提高线网密度和站点覆盖率，扩大公交服务范围；尽量满足公交场站和换乘枢纽设置对用地的需要。规划中远期方案如图 10–7 和图 10–8 所示。

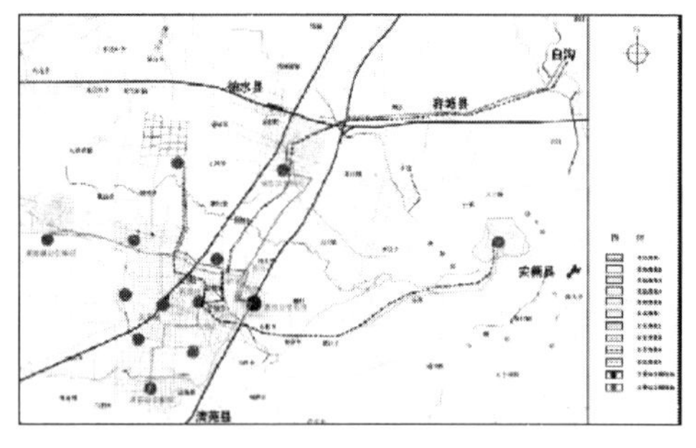

图 10–7 市域公交快线规划示意图

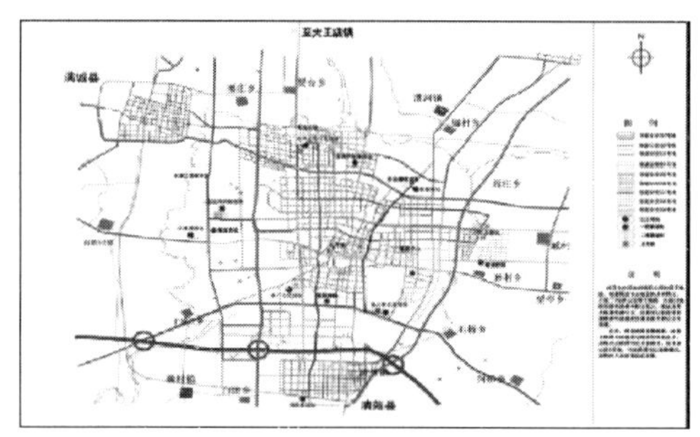

图 10–8 市区骨干线路规划示意图

2. 交通需求预测

交通需求预测是交通规划的核心内容之一，是决定城市道路网规划的主要依据。其内容包括交通发生与吸引、交通分布、交通方式划分和交通流分配。本例的交通需求预测基于居民出行调查和各种交通调查数据，采用经典四阶段法，并借助交通规划软件 TramCAD 完成。

交通需求预测的技术路线如图 10–9 所示。

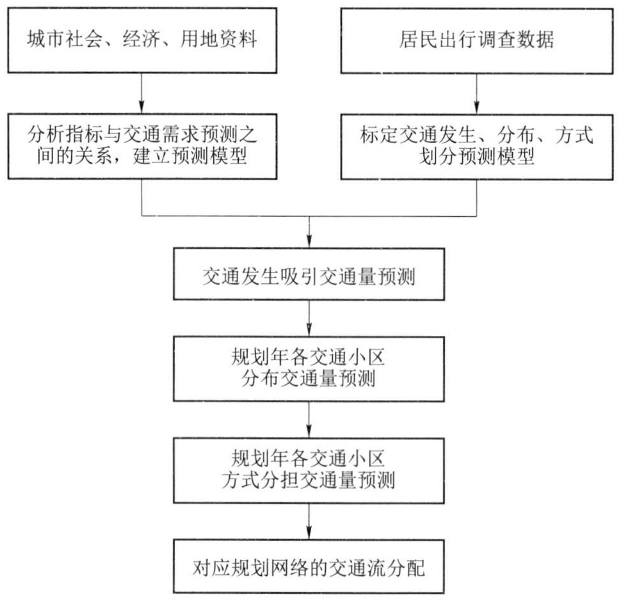

图 10–9 交通需求预测的技术路线

1）交通小区划分

交通小区是预测交通生成、分布的基本空间单位，因此交通小区的划分是交通调查和规划的最基本工作。交通小区的划分和规模都会直接影响交通调查、分析、预测的工作量及精度，从而影响整个城市的交通规划和布局。结合2007年实施的居民出行调查、城市的土地利用和布局、路网结构、城市空间布局等特征，共设定划分了47个交通小区，如图10–10所示。

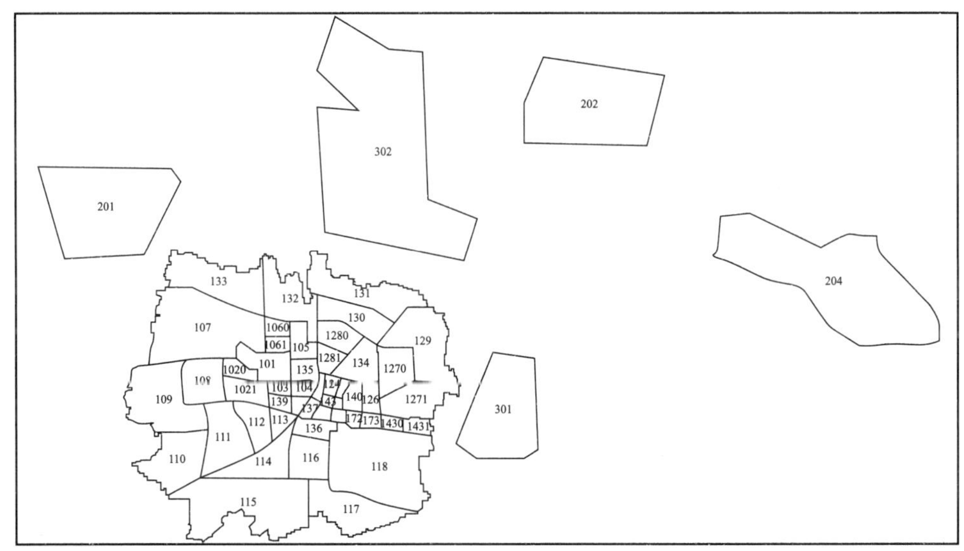

图10–10　交通小区划分

2）生成交通量预测

生成交通量是规划区域交通的总量，本例作为交通总控制量，用来预测和校核各个交通小区的发生与吸引交通量。基于居民OD调查数据和未来规划年的人口，采用原单位法预测交通生成量。以居民单位出行次数作为原单位，预测未来的居民出行量，也称为单位出行次数预测法。

居民单位出行次数为人均每天的出行次数，由居民出行调查结果统计得出。根据2007年居民出行特征调查，城市居民人均出行次数为3.48次/（人·日），对国内城市来说，随着城市规模的扩大，居民出行次数一般呈现递减趋势，由此推断规划年居民出行次数如表10–2所示。

表10–2　居民单位出行次数

年　份	居民出行次数/［次/（人·日）］
2008	3.5
2012	3.2
2020	2.8
2030	2.8

基于以上设定的参数，生成交通量预测结果如表 10–3 所示。

表 10–3　生成交通量预测结果

年份	人口规模/万人	出行率/（次/人·日）	生成交通量/（万人次/日）
2012	152	3.2	486.4
2020	314	2.8	879.2
2030	496	2.8	1 388.8

3）发生与吸引交通量预测

根据规划基础数据的获取情况，以及发生吸引交通量各预测模型之间的优缺点，本例采用增长率法预测未来年的交通发生与吸引量。选择小区人口作为增长因子，并基于未来特征年的用地情况和经济发展情况，建立各类用地面积和经济发展的增长系数，从而设定小区的交通增长率，用以反映因经济、人口及土地利用变化引起的人们出行的变化，以及规划区域外的交通小区发生与吸引交通量的变化。

利用增长率法预测各小区交通发生与吸引量后，采用总量控制法，通过规划区域内的生成交通总量，对预测得到的各小区的发生与吸引交通量进行校正，以保证规划区域内交通生成量、发生量、吸引量三者之间相等。

基于已有的基础数据，利用增长率法和总量控制法得到城市各小区的发生与吸引交通量，如图 10–11 所示。

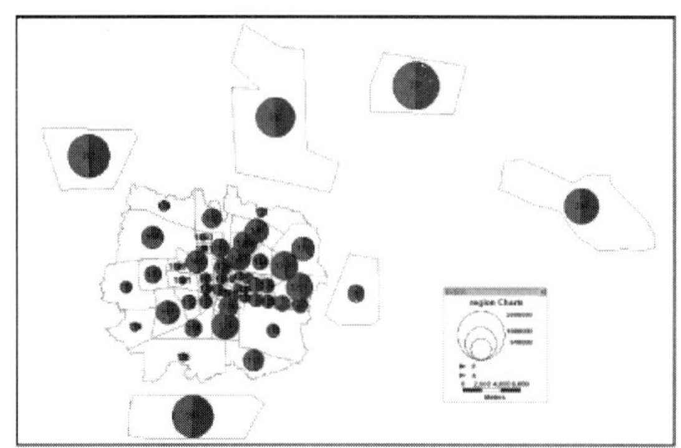

（a）2020 年

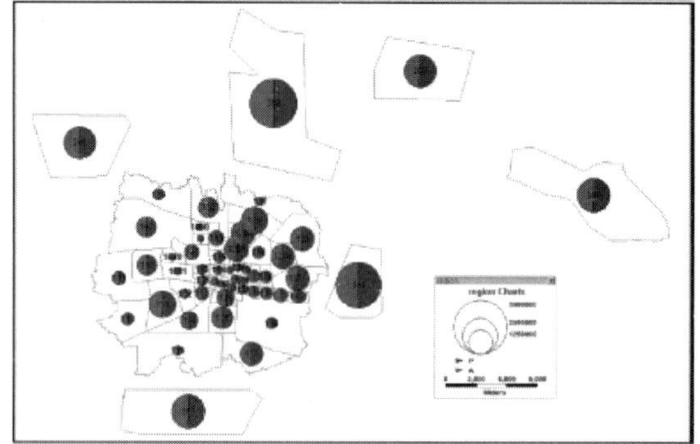

（b）2030 年

图 10–11　城市各交通小区发生吸引交通量

4）交通分布预测

交通分布是把预测得到的各小区交通发生与吸引量转换成小区之间的空间 OD 量，即 OD 矩阵。基于目前城市正处于快速的成长期，城市居民出行的分布结构也处在变化过程之中，规划区域的交通阻抗会随交通设施改进或流量的增加而不断变化，因此本例采用考虑小区间交通阻抗因素的重力模型法。为满足交通分布预测后交通守恒的约束条件，选用双约束重力模型。小区之间的阻抗函数形式为：

$$f(d_{ij}) = a \bullet d_{ij}^{-b} \bullet e^{-c \cdot (d_{ij})} \qquad a,b > 0; c \geqslant 0 \tag{10–1}$$

式中，a，b，c 为待标定参数。

利用 2007 年居民出行调查数据对 3 个参数进行标定，得 a=10 531.534 4；b=1.284 6；c=0.094 4。根据 2012 年和 2020 年各交通小区发生吸引量，预测 2012 年和 2020 年居民出行分布，其 OD 期望线如图 10–12 所示。

从各交通小区交通量分布分析可以看出，OD 期望线的大小与远期城市发展方向一致，即城市主要是向北发展。因此，近期建议：着重加大对北部道路的投资建设力度；加强城区内部道路建设，改善道路行驶条件，保障城市内部道路畅通；同时，应结合东部建设及发展，相应加强投资建设。

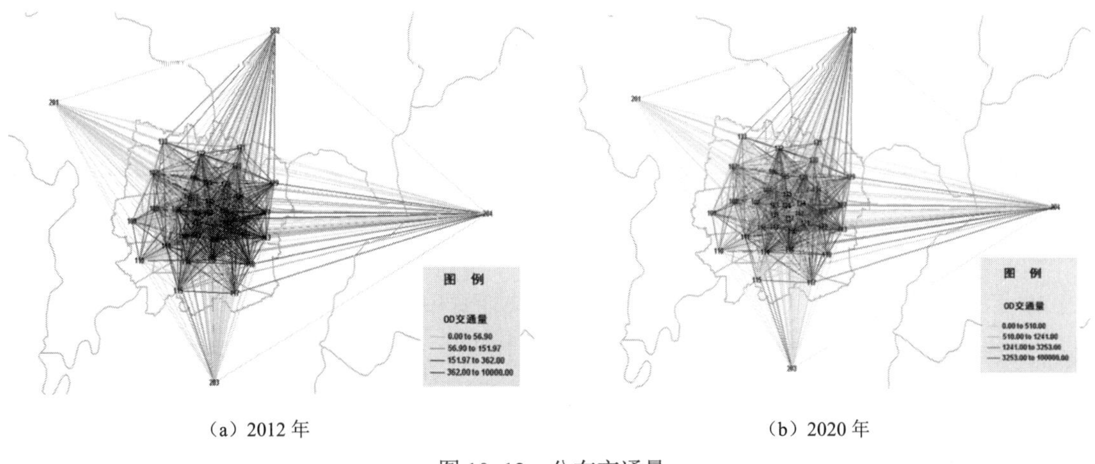

（a）2012 年　　（b）2020 年

图 10–12　分布交通量

5）交通方式划分

交通方式划分就是出行者选择交通工具的比例，以居民出行调查的数据为基础，研究居民出行时的交通方式选择行为。交通方式划分的多元选择模型与二元选择模型相比，具有模型复杂、影响因素多、未必能准确描述出行者交通方式选择行为的缺点，本例选择二元选择模型进行交通方式划分。

根据城市的实际交通情况，将出行方式划分为步行、自行车、小汽车、摩托车、公共汽车、出租车和城市轨道交通 7 种情况，选择过程如图 10–13 所示。

依据 2007 年居民出行调查结果，考虑将来的发展并参考类似城市的发展模式，设定将来交通方式划分率，如表 10–4 所示。

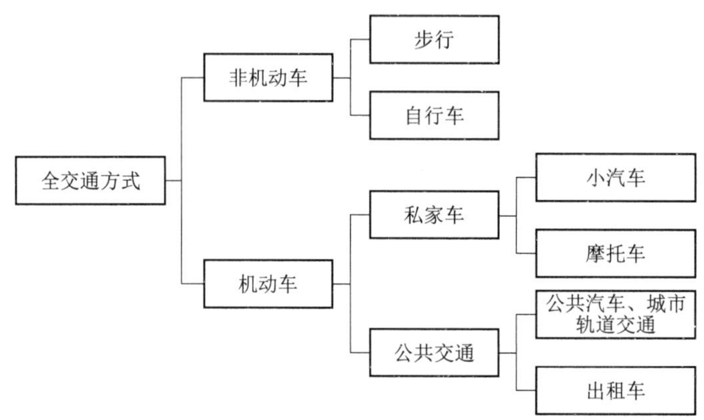

图 10–13 交通方式划分的二元选择模型示意图

表 10–4 交通方式划分率的预测值

单位：%

期限＼交通方式	步行	自行车	公共交通	摩托车	小汽车	出租车	其他	合计
近期（2012 年）	25	45	12	4	6	3	5	100
中期（2020 年）	25	25	30	3	12	5	—	100
远期（2030 年）	17	20	40	3	15	5	—	100

6）交通流分配

（1）道路网

交通流分配是交通需求预测的最后阶段，将预测得出的交通小区之间的分布交通量，按照一定的规则，符合实际地分配到路网中的各条道路上去，进而求出路网中各路段的交通量。由于通过已有道路交通调查数据，能够分析现状道路网运行状况，本例无须将现状 OD 交通流分配到现状交通网络上。本例将规划年 OD 交通量预测值分配到规划交通网络上，以发现针对规划年交通需求的网络规划是否具有合适性，为交通网络的修正设计提供依据。根据用户最优原理，采用平衡分配法进行交通流分配，其中路段阻抗采用 BPR 函数。根据流量分配结果，计算道路相应的负荷度 *F*/*C*。分配结果如图 10–14 所示。

（2）公共交通

① 公共电汽车。依据现状调查结果，2012 年、2020 年和 2030 年公共交通出行划分率分别为 12%、30%和 40%，其中轨道交通划分率按照年份不同，设定为 5%～15%。这里以预测的公共交通 OD 量为依据，以方便居民出行为目的，使公共交通充分发挥基础产业的作用，达到可持续发展，对公共交通线网给出了前述的近期调整和新增线路，以及中远期的快速公交线路。

② 城市轨道交通。轨道交通的发展是一个循序渐进的过程，在满足居民出行需求和社会经济发展的基础上逐步建设。本例结合实际情况，提出了 3 个建设方案：方案一，2020 年建成 1 号线，2030 年建成 2 号线；方案二，2020 年 1 号线、2 号线同时建成，2030 年建成 3 号

线和4号线，4条地铁线均建设完成；方案三，2020年1号线、2号线同时建成，2030年建成3号线和4号线，4条地铁线均建设完成，但4号线的线路走向与方案二不同。

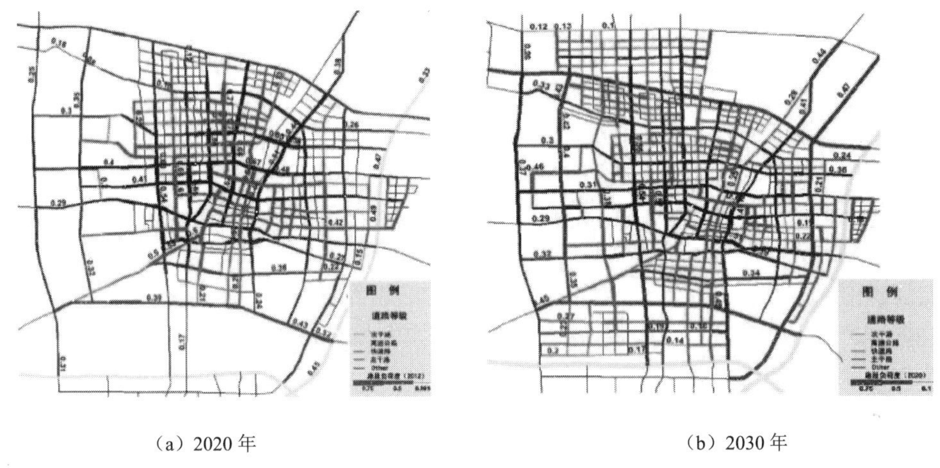

（a）2020年　　（b）2030年

图10–14　道路网交通流分配结果（负荷度）

考虑到轨道交通的发展及其划分率与政府的相关政策引导有较大关系，本例对轨道交通的划分率采用建议取值。分析、比较其他城市轨道交通划分率及公共交通划分率的情况下，结合保定市公共交通规划年的划分率和轨道交通的建设方案，给出未来规划年轨道交通的建议划分率，如表10–5所示。根据公共交通与轨道交通在全方式交通中所占的比例，可以算出公共交通与轨道交通的出行量。

表10–5　规划年公共交通及轨道交通划分率建议值

年份	公共交通划分率/%	轨道交通划分率/%	
2020	30	方案一：仅1号线	5
		方案二：1、2号线	9
2030	40	方案一：1、2号线	10
		方案二：1、2、3、4号线	15
		方案三：1、2、3、4号线	15

轨道网络客流分配是轨道交通需求预测的最后阶段，其任务就是将轨道出行方式的OD矩阵，按照一定的路径选择原则，分配到轨道网络的各条线路上，从而求出轨道线路的断面客流量、各站点的乘降量及换乘站点的换乘客流量等，为轨道网络的设计、评价等提供依据。常用的公共交通客流分配方法有最短路径法、路径搜索法和最优策略法等。本例采用普遍使用的最优策略法，其基本假设是出行者从出发点到目的地的路上做出一系列决策，而不是在出发前就计划好其行程。算法将出行者的每一种可能的出行路线选择都称作一个“出行策略”，而某个特定的出行者能从中选择的出行策略的数目，是由该出行者对轨道网络情况掌握的程

度所决定的。根据不同的轨道网络建设方案，把各交通小区之间的分布交通量中轨道交通所占的比例分配至各条具体线路，最终得到不同方案、不同年份的轨道交通客流量。

10.4 市域一体化规划与“一城三星一淀”规划

10.4.1 市域城镇体系

规划市域中心城市—市域次中心城市—县（市）城区—中心镇 4 级城镇体系等级结构。

第一级——市域中心城市：由“一城（中心城区）三星（满城、清苑、徐水城区）”构成组团式中心城市。

第二级——市域次中心城市：涿州城区、定州城区和白沟 · 白洋淀温泉城。

第三级——县（市）城区：高碑店、安国城区及其他 16 县的县城。

第四级——中心镇：以河北省及保定市政府批复的重点镇为中心镇。

2020 年，特大城市 1 个（其中，保定中心城区 205 万人，满城城区 25 万人、清苑城区 25 万人、徐水城区 25 万人）；中等城市 6 个：涿州市、定州市、白沟 · 白洋淀温泉城、高碑店、安国、高阳；小城市 14 个：顺平、安新、阜平、涞水、定兴、唐县、容城、涞源、望都、易县、曲阳、蠡县、博野、雄县。

10.4.2 铁路运输网络布局规划

规划期内保定市域将有 4 条铁路干线，分别为京广铁路、京石城际铁路、京石客运专线、津保城际及天保大铁路，对保定市域经济发展起到拉动作用。保定市市域铁路网布局规划如图 10–15 所示。

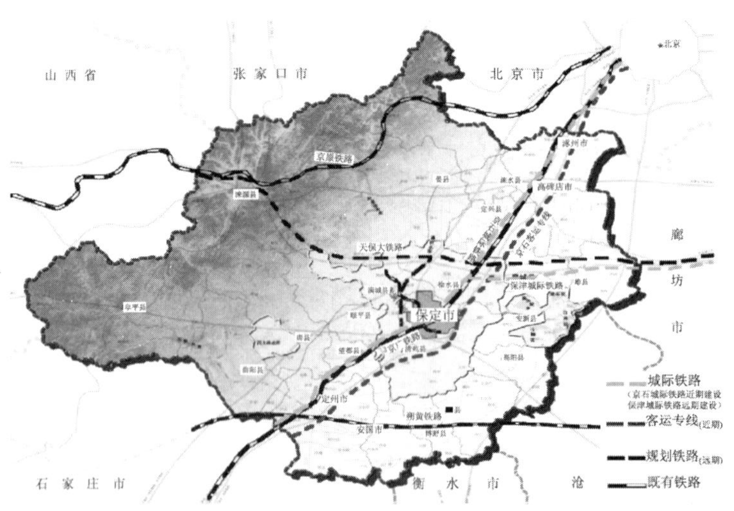

图 10–15 保定市市域铁路网布局规划示意图

10.4.3 市域公路运输网络布局规划

根据河北省高速公路网布局规划和保定市公路网计划，将形成如下公路运输网络布局。

（1）对外高速公路网络

规划“三纵四横一环”高速路网里程 1 201 km，其中京港澳和保津高速 232 km 已建成通车，规划新建张石、保阜、保沧、廊涿、荣乌、大广、张涿、京昆北延、曲港、平阜 10 条段 969 km 高速公路。

一纵：大广高速保定段 43 km；二纵：京港澳高速保定段 176 km；三纵：京昆（张石）高速曲阳至北京界段 165 km。

一横：廊涿—张石高速涞水至张保界段 172 km；二横：保津—荣乌高速保定段 190 km；三横：保阜—保沧高速保定段 210 km；四横：曲阳至黄骅港高速保定段 143 km。

一环：通过京昆、保阜、保沧、荣乌和京港澳高速的衔接，形成保定市环城高速公路，里程 150 km。

（2）国道、省道网络

国道 4 条，省道 39 条，形成的“五纵四横”框架为：一纵京白—容蠡线，二纵 107 国道，三纵京赞线，四纵宝平线，五纵 207 国道；四横：一横 108—112 国道，二横保涞—津保北线线，三横保阜—津保南线，四横河龙线。

一般国省干线公路规划为一级公路，部分山区路段规划二级公路。为促进中部、东部经济带的发展，将西部、东部、南部、北部形成环形，提升公路等级为一级。提升中心城与县城辐射的公路等级为一级，西部山区局部区域为二级。

（3）县道网络

县道网络属于次干线网络，连接干线网和下一级支线网络的集散路网，逐步增加县道路网密度和提高公路技术等级为二级，重要县道为一级。

（4）乡村公路

实现乡与乡之间二、三级公路连接；重点乡镇之间二级公路连接；乡与村之间三级公路连接；村村通四级柏油公路连接。

（5）与高速公路的衔接

为发挥高等级道路对地区的发展引导作用，在沿线县城及重要旅游景点和工业园区合理预留出入口，并建立一、二级公路与之衔接。

保定市市域公路网布局规划如图 10–16 所示。

图 10–16 保定市市域公路网布局规划示意图

10.4.4 “一城三星一淀”规划

1. 交通流量分布预测

基于保定市地区生产总值预测目标年保定市总的对外 OD 交通量，如表 10–6 所示。

表 10–6 保定市 2012 年与 2020 年对外总交通量 单位：辆

方向	2008 年对外交通量	2012 年对外交通量	预测 2020 年对外交通量
北京	17 981	26 972	52 145
天津、廊坊	8 139	12 209	23 603
沧州	3 040	4 560	8 816
衡水	3 710	5 565	10 759
石家庄	14 329	21 494	41 554
山西	14 648	21 972	42 479
张家口	3 693	5 540	10 710

从 2012 年对外分布交通量（见图 10–17）可以看出，保定市域内主要交通走廊依然是沿“京保石”轴带的南北方向；其次是保定中心城与山西和天津东西方向。

2. “一城三星一淀”交通通道现状

① 市区与组团之间联系的交通通道较少，而且部分通道与对外交通混杂。

② 组团之间缺少直接联系的交通通道。虽然各组团与市区都有交通联系，属于“向心式”的交通模式。但各组团之间并无联系通道，或者联系通道的级别较低。

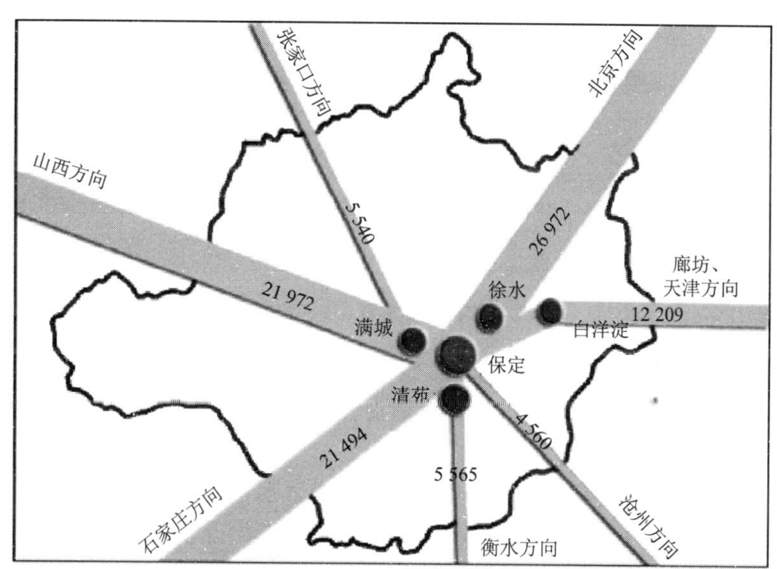

图 10–17　保定市 2012 年对外交通交通流量分布

“一城三星一淀”交通存在的问题主要表现为：各县市之间相连道路较少，虽有道路直接相连，但道路等级较低，其通行能力不足，导致了市区内有很多过境交通。

3. 交通结构定位

区域交通设施的建设与区域交通网络的完善是提升“一城三星一淀”都市区功能的前提和关键。因此，不仅要加强保定市中心城区与卫星城市的联系，而且特别要做好“三星一淀”卫星城市之间的交通衔接工作，为市区未来的协调发展奠定基础。

城市中心城区与外围的组团之间联系的交通走廊规划建设为以公共交通和小汽车并行发展的模式，公共交通承担 40%以上的客流量。具体发展策略是：在主要客运走廊配置快速公交干线（BRT），以各种层次的道路公交充实网络，用市场和政策有效调控小汽车的作用，共同组成高密度、高效率、高质量的交通系统。

4. 交通走廊规划

（1）铁路运输通道

规划建设的铁路运输通道主要包括以下几个方面。

① 京石客运专线：在保定市域范围内有 4 个中间站点——涿州东站、高碑店东站、保定

东站、定州东站。

② 京石城际铁路：京石城际铁路规划共设站 7 处，具体为涿州、高碑店、固城、徐水（保定北站）、保定（保定南站）、望都和定州等。

③ 保津城际铁路：保定境内长 92.5 km，路线沿保津高速公路北侧，途经雄县、白沟·白洋淀市、容城、徐水，在徐水北并入京广高速铁路客运专线和京石城际铁路通道。

④ 天保大铁路：规划建设的保霸铁路，由保定北站引出，经荣城、雄县，引入京九线霸州站，正线约 83 km。自保霸铁路西延，沿荣乌高速公路通道，通过涞源向西，该线路主要是一条货运通道。在徐水北设保定编组站，客运与徐水客站合并设站，同时天保大铁路通过白沟·白洋淀市，可与白沟物流结合，在区域上形成南有定州、安国，北有徐水、白沟对称格局的四大物流基地。

"一城三星"铁路通道如图 10–18 所示。

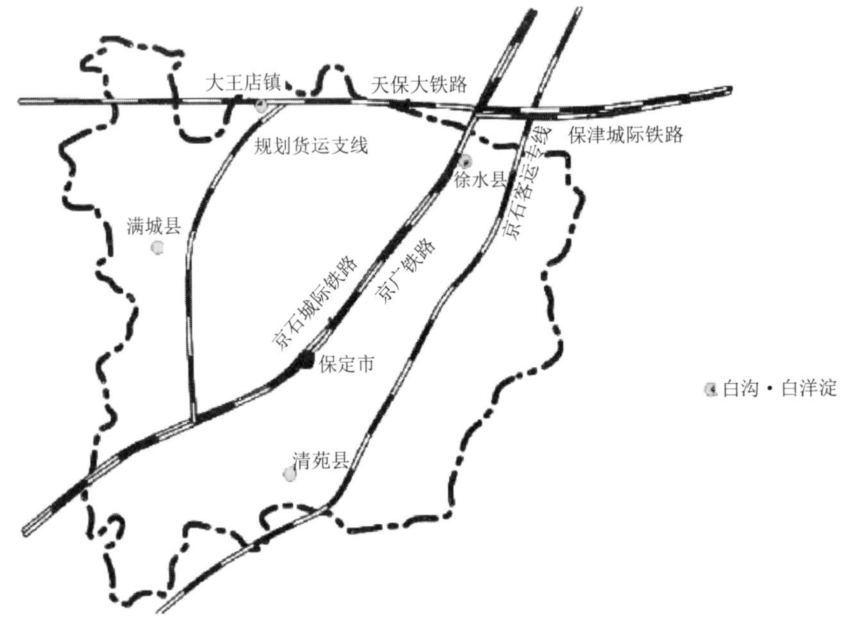

图 10–18 "一城三星"铁路通道示意图

（2）公路运输走廊

连接"一城三星一淀"的公路既有线路为：京港澳高速、荣乌高速、保沧高速、保阜高速、张石高速、京石高速与保阜高速联络线、京深线 G107（一级公路）、保衡线 S231（一级公路）、保涞线 S332（二级公路）、天保线 S333（二级公路）、保静线 S334（二级公路）、朝阳大街（城市主干道）和长城大街（城市主干道）。

规划建设各组团之间直接联系的交通通道，改造徐水至满城公路和满城接 107 国道的 X308 为二级公路，将 X308 南沿，之后向西，接清苑外环，从而在保定市区的外围建立起一个快速公路环，保证各组团之间直接的联系。同时提升保涞线和保静线的道路等级为一级公路，保证快捷、高效的交通联系。

“一城三星一淀”的公路运输交通走廊布局如图 10–19 所示。

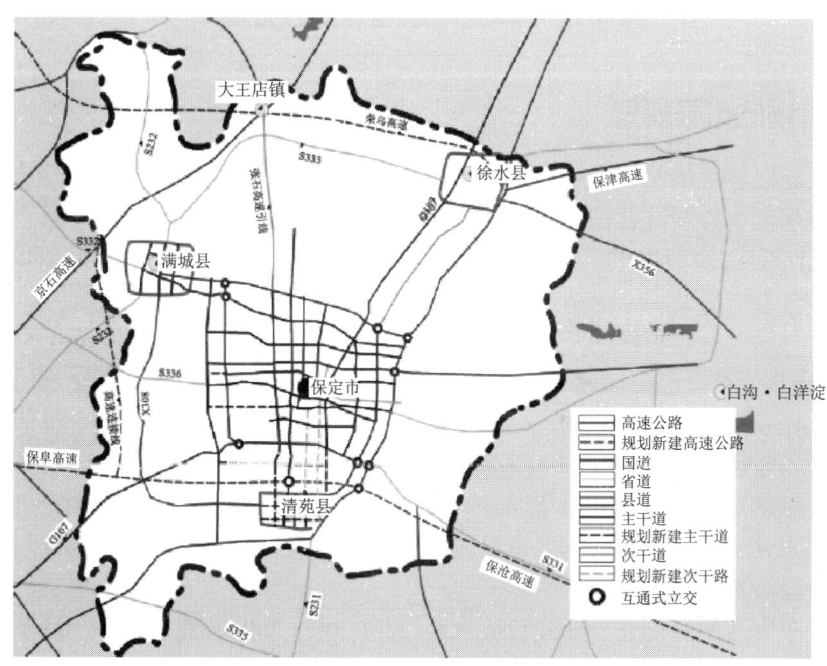

图 10–19 “一城三星一淀”公路运输交通走廊布局图

5. 市区交通与交通走廊衔接规划

外围高速环线由京石高速、荣乌高速、京港澳高速、保阜高速和保沧高速连接线围绕组成，城市快速线由西二环、北三环、东三环和南二环围绕组成。两环线之间的连接通道如表 10–7 所示。

表 10–7 市区快速路环与高速环之间的衔接线路

方向	快速环线	高速环线	线 路
东	东三环	京港澳高速	北三环、北二环、复兴路、七一路、东风路、裕华路、天威路
南	南二环	保沧高速	长城大街、莲池大街、恒祥大街、朝阳大街、乐凯大街、老西二环
西	西二环	京石高速	S336、S332
北	北三环	荣乌高速	张石高速引线、G107、东三环北延

保定市区对外出入口共设 9 个互通式立体交叉，如图 10–19 所示，出入口用地规模充分考虑道路等级和满足道路通行能力的需求，高速公路与城市主干道相交的出入口用地规模取

7.0 hm^2，高速公路与城市快速路相交的出入口用地规模取 8.0 hm^2，高速公路与高速公路相交的出入口用地规模取 9.0 hm^2，城市快速路与城市快速路相交的出入口用地规模取 3.0 hm^2。

10.5 城市交通枢纽规划

10.5.1 客运场站布局规划

保定中心城区客运场站的平均设计能力取 4 万人/日。下辖各县市在城市规模、客运场站辐射范围上与保定中心城区存在一定差距，因此其客运场站的平均设计能力低于中心城区，取值范围为 0.8 万～2.5 万人/日。同时，为便于场站功能划分，形成结构合理的场站体系，规划将客运场站分为一级站和二级站进行设计。

根据国内外道路运输枢纽的发展趋势，公路客运站的功能定位不应局限于单一功能的长途客运站，而应作为衔接对外交通与城市交通的综合型客运枢纽，满足城际交通与城市交通、城乡交通一体化发展的需要。因此，公路主枢纽客运站的规划用地在满足中长途旅客运输的前提下，必须为与区域交通、城市交通衔接预留足够的用地。

大型综合性客运站既是重要的交通基础设施，也是一个城市的重要基础设施，是城市文明的窗口和标志性建筑，可以影响城市的发展方向。因此，综合性客运站的规划建设要综合考虑城市建设与城市功能。

根据《汽车客运站级别划分和建设要求》（JT/T 200—2004）规定，一级汽车客运站占地面积最低标准为 3.6 m^2/（人次 •日），二级汽车客运站占地面积最低标准为 4 m^2/（人次 •日）。

基于保定市作为国家二级枢纽的定位、性质、功能，保定各县市客运量和场站适站量的预测，以及保定市公路运输基础设施总体布局规划的指导思想，形成保定市客运站场的布局规划方案。

1. 中心城区客运站场布局方案

（1）保定市客运中心

位于东二环与裕华东路交叉口处，为一级客运场站，改扩建项目，规划旅客发送能力为 5.0 万人/日，计算占地面积为 18.0 万 m^2，考虑当地的用地情况及场站周边的实际土地利用情况，综合确定其占地面积为 17.6 万 m^2。保定市客运中心处于城市交通繁忙路段，车站面积紧张，加之多辆车同时进站，排队进站车辆必然要占用站外道路，造成严重的堵车现象。与此同时，客运站设在市区，对城市的环境也造成了很大的影响。因此，在远期有必要对现有的客运中心站进行弱化，将其功能逐渐分摊到其他客运场站。近期所承担的主要功能为：① 承担由保定发往东、东南、东北方向的省际长途旅客运输服务；② 承担与省际发车方向一致的省内地市旅客运输服务；③ 承担市域内部分中短途旅客运输服务；④ 为保定铁路、高铁运输提供旅客集疏运服务。

（2）保定市客运西站

位于七一路以北、复兴路以南、西二环与西三环之间，为新建项目，一级站，规划旅客发送能力为4.0万人/日，计算占地面积为14万m^2。主要功能为：① 承担由保定发往西、西北、西南方向的省际长途旅客运输服务；② 承担与省际发车方向一致的省内地市旅客运输服务；③ 承担市域内部分中短途旅客运输服务。

（3）保定市客运东站

位于京港澳高速以东，靠近孙村附近，为新建项目，一级站，规划发送能力为4.0万人/日，计算占地面积为15万m^2。主要功能为：① 承担东部、东北、东南部省际长途旅客运输服务；② 承担省内旅客运输服务；③ 为保定东站、高铁运输提供旅客集疏运服务；④强化旅游服务功能，连接重要旅游景区，成为旅游集散中心。

（4）保定市客运南站

位于南二环以北，朝阳大街以东，为新建项目，一级站，规划发送能力为3.0万人/日，计算占地面积为12万m^2。主要功能为：① 承担由保定南、西南方向的省际长途旅客运输服务；② 承担与省际发车方向一致的省内地市旅客运输服务；③ 承担市域内中短途旅客运输服务；④ 承担清苑组团的旅客运输服务。

（5）保定市客运北站

位于乐凯大街以西，北二环与北三环之间，为新建项目，二级站，规划发送能力为2.5万人/日，计算占地面积为10万m^2。主要功能为：① 承担由保定北、西北方向的部分省内地市旅客运输服务；② 承担与省内发车方向一致的市域内中短途旅客运输服务；③ 承担大王店产业区和满城方向组团的旅客运输服务。

（6）保定市东北部客运站

位于东三环以西，京保公路与北三环交叉口附近，为新建项目，二级站，规划发送能力为2.5万人/日，计算占地面积为10万m^2。主要功能为：① 承担由保定北、东北方向的部分省内地市旅客运输服务；② 承担与省内发车方向一致的市域内中短途旅客运输服务；③承担徐水组团的旅客运输服务。

保定市中心城区客运站场布局规划方案如图10–20所示。

2.“三星一淀”客运站场布局方案

（1）徐水客运站

位于G107以东，建明路以南，复兴路以北，规划为一级站，设计发送能力为1万人/日，占地面积为3.59万m^2。主要功能为：承担市域内外长、短途旅客运输，成为旅游集散点。

（2）清苑客运站

位于S231以西，兴苑市场以南，规划为一级站，设计发送能力为1万人/日，占地面积为3.55万m^2。主要功能为：承担市域内外长、短途旅客运输，以及部分省内旅客运输。

（3）满城客运站

位于S232以北，S332以南，规划为一级站，设计发送能力为1万人/日，占地面积为

3.4 万 m^2。主要功能为：承担市域内外长、短途旅客运输，以及部分省内旅客运输。

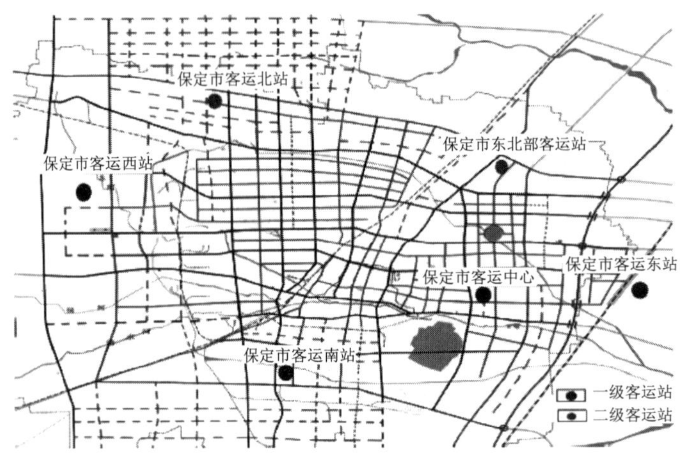

图 10–20 保定市中心城区客运站场布局规划方案

（4）白沟·白洋淀客运站

位于 S235 以东，保津高速以南，S042 以西，规划为一级站，设计发送能力为 2.5 万人/日，占地面积为 4.27 万 m^2。主要功能为：承担省市长、短途旅客运输，以及部分省外旅客运输。作为保定的旅游、革命及文化的核心区，白洋淀将着力打造旅游品牌，在带动保定旅游业发展中发挥重要作用。因此，本规划考虑在白洋淀风景区附近规划建设一个一级客运站，既可以方便片区居民出行，又有助于发挥保定旅游的竞争力。

保定市“三星一淀”客运站场布局规划方案如图 10–21 所示。

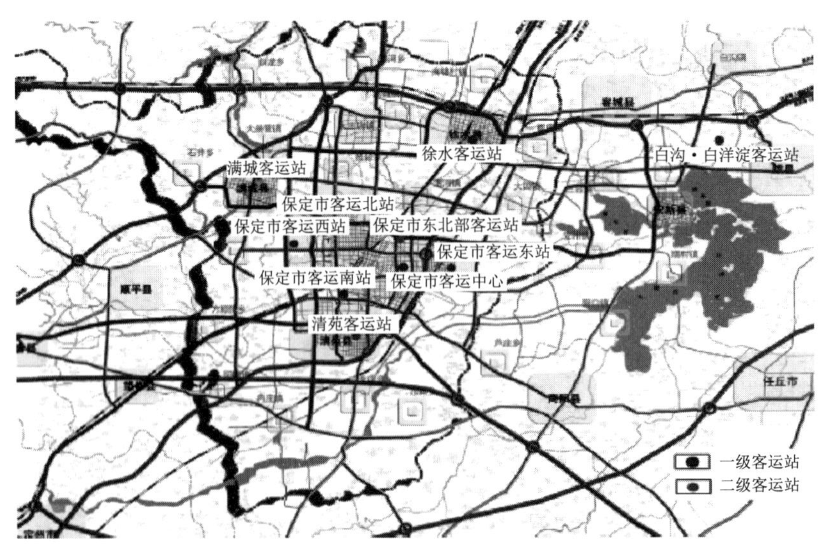

图 10–21 保定市“三星一淀”客运站场布局规划方案

10.5.2 货运场站布局规划

保定中心城区货运场站的平均设计能力为 260 万吨/年。下辖各县市的平均设计能力低于中心城区，取值范围为 55 万～140 万吨/年。同时为便于场站功能划分，形成结构合理的场站体系，规划将货运场分为一级站和二级站进行设计。

结合国内外货运场站的规划经验，货运场站的日理货能力为 18～30 m^2/t，国内城市通常取值为 20 m^2/t 以上，规划保定市货运场站的日理货能力取 23 m^2/t 的标准。同时，为场站未来的发展留有余地，在计算结果上可适当放宽。

1. 中心城区物流场站布局方案

（1）保定市南部物流园区

选址位于南二环路以北，朝阳南大街以东，利民街以西。规划占地面积为 80 万 m^2，规划能力为 280 万吨/年。功能定位为：该园区集商品批发、配送、存储、运输、加工、交易、公铁联运等物流服务于一体；为汽车及零部件制造、化工、建材产业提供原材料、产成品仓储、中转、配载、配送等物流服务；实现现代物流业与商贸业协调发展。该园区充分整合利用周边已有货运、仓储设施，逐步建设建材、纺织、钢铁、五金、农贸等的仓储、运输和展销中心。该园区主要是保定连接北京、天津、石家庄等省市及环渤海经济圈的主要物流枢纽。

（2）西北部物流园区

选址位于北三环以北、高新区西部，规划占地面积为 100 万 m^2，规划能力为 300 万吨/年。功能定位为：以省际物流集散为主，批发、仓储、运输、交易流通加工等物流服务于一体；为保定市的西部地区的农副产品加工、交易、配送提供物流服务；服务于城市北部高新区的生产企业。其范围覆盖于整个保定市域，辐射环渤海经济圈，有效衔接保津铁路和京广铁路徐水枢纽，为铁路货运提供集散、配送服务。

（3）大王店物流园区

选址位于徐水县大王店产业规划园区西南角，紧邻张石高速保定连接线。规划为一级站，结合大王店产业规划园区预留仓储物流用地情况，大王店物流中心规划占地面积为 140 万 m^2，规划能力为 350 万吨/年。功能定位为：内陆集装箱中转口岸功能，为外贸进出口货物提供集装箱运输服务；为保定西部、北部和高新区内的企业提供物流服务；为保定西部的矿石外运提供运力和信息服务。

保定市中心城区物流场站布局规划方案如图 10–22 所示。

2. “三星一淀”物流场站布局方案

（1）徐水物流中心

拟选址徐水北部，规划占地面积为 35 万 m^2，为一级站，规划能力为 70 万吨/年。该中心的功能定位为煤炭和农产品类综合型。

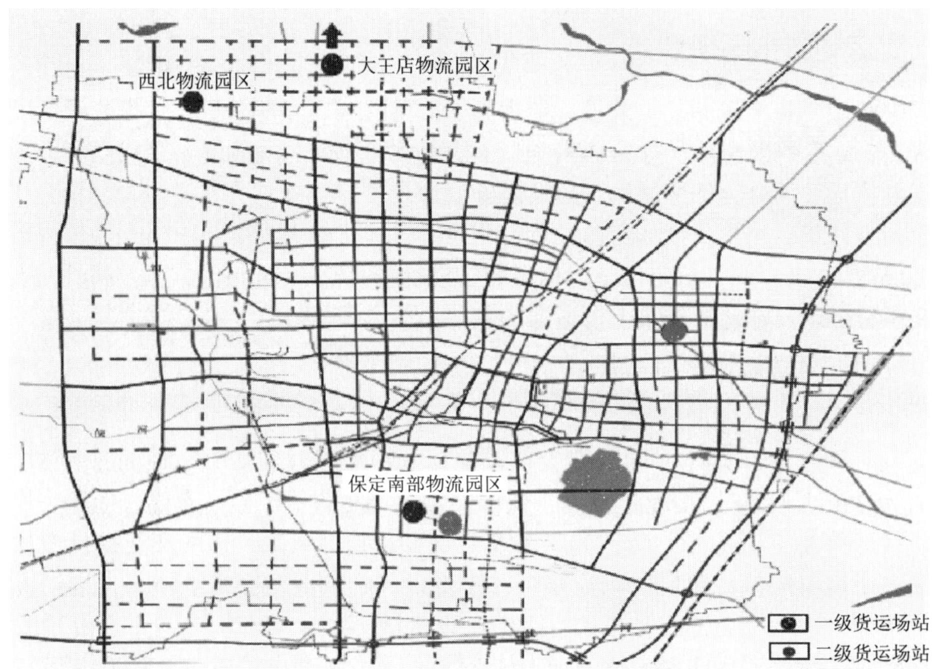

图 10–22 保定市中心城区物流场站布局规划方案

（2）清苑汽车物流中心

拟选址清苑西北部、保沧高速线以南，规划占地面积为 30 万 m^2，一级站，规划能力为 70 万吨/年。功能定位为汽车及配件的交易、仓储、配送、运输及信息服务。

（3）满城物流中心

拟选址满城西北部，靠近京昆高速满城服务区附近，规划占地面积为 30 万 m^2，为一级站，规划能力为 70 万吨/年。该中心的功能定位为造纸、建材、电器等综合性运输中心。

（4）白沟·白洋淀物流中心

拟选址临近省道 S333、白沟市箱包城附近，规划占地面积为 30 万 m^2，为一级站，规划能力为 100 万吨/年。该专业物流中心的功能定位为以商贸服务为主，集仓储、配送、贸易、展示、加工和综合服务于一体，主要为生产企业提供物流配送服务，同时提供产品的展示、交易服务，使该中心成为覆盖全国的皮革制品、小商品的仓储、配送、交易物流中心，是东北物流园的物资集散地。

保定市“三星一淀”物流场站布局规划方案如图 10–23 所示。

10.5.3 铁路枢纽布局规划

（1）京石客运专线枢纽站

保定东站是京石客运专线在保定的枢纽站，位置选在孙村与前营村之间。车站中心里程

图 10–23　保定市“三星一淀”物流场站布局规划方案

为 DK142+950，铁路车场布局为：站房位于线路右侧，本站设到发线 4 条，有效长度为 650 m；设 450 m×12.0 m×1.25 m 岛式站台 2 座。设 8.0 m 宽旅客进出站地道 2 座。站中心轨顶标高 20.269 m，车场总规模为 4 台面 6 线。

广场现状标高为 12.7 m，与道路衔接的交通工具主要有公交车、出租车、社会车辆等。

（2）京广铁路保定站改造

保定站是京广线保定地区的主要客运站。车站现有正线 2 条，到发线 4 条，旅客站台 3 座。为加快保定地区融入京津冀都市圈，对保定站进行改扩建，满足未来年京广铁路和京石城际铁路在保定站的旅客发送量需求。

（3）铁路徐水站升级改造

规划京石城际铁路线基本与现有的京广铁路平行，在徐水设有客运站场，规划建议京石城际客运站在现有客运站基础上升级改造。

（4）保霸铁路客货运站

在既有铁路提速改造的基础上，未来客、货运分离后，货运运输水平将大有提高。规划应扩大沿线货站的吞吐能力，并综合考虑货运的集散通道和联运功能，尤其是南站货运编组应缩减规模。

考虑到“一城三星一淀”土地空间发展模式，建议在原有规划的基础上，将线路及设站均向北挪移，线路基本沿荣乌高速走廊，通过涞源向西，货运站可选择在徐水城区西北部设货运枢纽站。由于客运量预计偏小，客运站与徐水货运站合并设站，该货运站未来也可与保定物流体系结合，在北部形成以煤炭能源为主兼顾农副产品外输的物流基地，同时利用该线通过白沟附近，可与白沟物流结合，在区域上形成南有定州、安国，北有徐水、白沟对称格局的四大物流基地。

思考题

1. 简述城市总体规划背景分析的内容。
2. 简述评价城市发展目标的指标。
3. 简述城市体系规划的主要内容。
4. 怎样确定城市性质？
5. 简述城市用地规模的预测方法。
6. 简述城市用地规模的计算方法。
7. 简述保定市的城市布局。
8. 试分析城市总体规划与交通规划之间的关系。
9. 简述“一城三星一淀”规划的主要内容。
10. 选择一具体的城市总体规划与交通规划实例，分析其特征及其存在的问题。

参 考 文 献

[1] 高文杰. 城市规划学［M］. 北京：中国城市出版社，2010.
[2] 王克强. 城市规划原理［M］. 上海：上海财经大学出版社，2008.
[3] 董光器. 城市总体规划［M］. 南京：东南大学出版社，2014.
[4] 郄艳丽. 城市总体规划原理［M］. 北京：中国人民大学出版社，2013.
[5] 邹德慈. 城市规划导论［M］. 北京：中国建筑工业出版社，2002.
[6] 王庆海. 现代城市规划与管理［M］. 2 版. 北京：中国建筑工业出版社，2007.
[7] 闫学东. 城市规划［M］. 北京：北京交通大学出版社，2011.
[8] 吴志强. 城市规划原理［M］. 北京：中国建筑工业出版社，2010.
[9] 李德华. 城市规划原理［M］. 北京：中国建筑工业出版社，2003.
[10] 吴良镛. 中国人居史［M］. 北京：中国建筑工业出版社，2014.
[11] 许学强. 城市地理学［M］. 北京：高等教育出版社，1997.
[12] 吴良镛. 城市绿地系统与人居环境规划［M］. 北京：中国建筑工业出版社，1999.
[13] 孙施文. 现代城市规划理论［M］. 北京：中国建筑工业出版社，2007.
[14] 刘贵利. 城市生态规划理论与方法［M］. 南京：东南大学出版社，2002.
[15] 何方. 城市土地集约利用及其潜力评价［M］. 上海：同济大学出版社，2003.
[16] 泰勒. 1945 年后西方城市规划理论的流变［M］. 北京：中国建筑工业出版社，2006.
[17] 吴志强. 百年西方城市规划理论史纲导论［J］. 城市规划汇编，2000（2）：9–18.
[18] 甄峰. 城市规划经济学［M］. 南京：东南大学出版社，2011.
[19] 华南理工大学建筑学院城市规划系. 城乡规划导论［M］. 北京：中国建筑工业出版社，2012.
[20] 陈锦富. 城市规划概论［M］. 北京：中国建筑工业出版社，2006.
[21] 陈大鹏. 城市战略规划研究［D］. 杨凌：西北农林科技大学，2005.
[22] 胡纹. 城市规划概论［M］. 2 版. 武汉：华中科技大学出版社，2015.
[23] 李伟国. 城市规划学导论［M］. 杭州：浙江大学出版社，2008.
[24] 彭震伟. 区域研究与区域规划［M］. 上海：同济大学出版社，1998.
[25] 李鸿飞. 小城镇规划与设计［M］. 北京：北京师范大学出版社，2011.
[26] 龙昱，张利华，刘超. 城镇体系与小区规划［M］. 北京：中国地质大学出版社，2009.
[27] 骆中钊，张勃，傅凡. 小城镇规划与建设管理［M］. 北京：化学工业出版社，2012.
[28] 汤铭潭，刘亚臣，张沈生，等. 小城镇规划管理与政策法规［M］. 北京：中国建筑工业出版社，2012.

[29] 陈小卉，汤春峰. 资源环境压力下的城镇空间组织模式探索：以《江苏省城镇体系规划（2012—2030）》为例 [J]. 城市规划，2013（2）：15–23.
[30] 住房和城乡建设部城乡规划司. 全国城镇体系规划（2006—2020）[M]. 北京：商务印书馆，2010.
[31] 李秉毅. 构建和谐城市：现代城镇体系规划理论 [M]. 北京：中国建筑工业出版社，2006.
[32] 蓝万炼. 高速公路背景下的城市区位与城镇体系规划研究 [M]. 南京：东南大学出版社，2011.
[33] 王勇. 城市总体规划设计课程指导 [M]. 南京：东南大学出版社，2011.
[34] 谢玉重. 城市用地布局模式的演变探析 [J]. 建筑与环境，2014（2）：12–14.
[35] 隗剑秋. 城乡总体规划 [M]. 北京：化学工业出版社，2011.
[36] 广东省城乡规划设计研究院. 城市规划资料集：第二分册 [M]. 北京：中国建筑工业出版社，2004.
[37] 陈双，贺文. 城市规划概率 [M]. 北京：科学出版社，2009.
[38] 曹型荣，高毅存. 城市规划使用指南 [M]. 北京：机械工业出版社，2009.
[39] 惠劼，张倩，王芳. 城市居住区规划设计概论 [M]. 北京：化学工业出版社，2006.
[40] 武勇，刘丽，刘华领. 居住区规划设计指南及实例评价 [M]. 北京：机械工业出版社，2008.
[41] 同济大学. 城市资料集：第七分册　城市居住区规划 [M]. 北京：中国建筑工业出版社，2006.
[42] 李美岩. 城市建设用地规划管理研究 [D]. 天津：天津大学，2010.
[43] 仇保兴. 中国城市化进程中的城市规划变革 [M]. 上海：同济大学出版社，2005.
[44] 耿毓修. 城市规划管理 [M]. 北京：中国建筑工业出版社，2007.
[45] 赵和生. 城市规划与城市发展 [M]. 南京：东南大学出版社，2011.
[46] 邵春福. 交通规划原理 [M]. 北京：中国铁道出版社，2014.
[47] 文国璋. 城市交通与道路系统 [M]. 北京：清华大学出版社，2007.
[48] 徐循初. 城市道路与交通规划 [M]. 北京：中国建筑工业出版社，2005.
[49] 陆化普. 城市交通规划与管理 [M]. 北京：中国城市出版社，2012.
[50] 易斌，翟国方. 我国城镇体系规划与研究的发展历程、现实困境和展望 [J]. 城市规划，2013，29（5）：81–85.
[51] 张泉，刘剑. 城镇体系规划改革创新与“三规合一”的关系：从“三结构一网络”谈起 [J]. 城市规划，2014（10）：13–27.
[52] 国务院. 国家新型城镇化规划（2014—2020）[EB/OL]（2014–03–16）. http://www.gov.cn.
[53] 全国人大常委会法制工作委员会. 中华人民共和国城乡规划法解说 [M]. 北京：知识产权出版社，2008.

[54] 赵佩佩，顾浩，孙加凤. 新型城镇化背景下城乡规划的转型思考[J]. 规划师，2014(4)：95–100.

[55] 岳东阳. 城乡交通一体化初探［J］. 交通科技，2009（S2）：145–147.

[56] 潘艳辉，徐泽绵. 城乡公交一体化规划方法研究［J］. 交通科技，2006（6）：104–106.

[57] 赵言涛. 城乡一体化公共交通规划研究：以济南市历城区为例［D］. 济南：山东大学，2013.

[58] 张大坤. 城乡一体化背景下的道路网规划研究［D］. 西安：长安大学，2011.

[59] 郝明阳. 城乡统筹交通规划重点问题探讨［J］. 科技创新与应用，2014（1）：133–133.

[60] 中华人民共和国第十届全国人民代表大会常务委员会. 中华人民共和国城乡规划法［EB/OL］（2007–10–28）. http://www.gov.cn.

[61] 中华人民共和国住房和城乡建设部. 城市规划编制办法［EB/OL］（2006–02–15）. http://www.gov.cn.

[62] 中华人民共和国住房和城乡建设部. 镇规划标准［S］. 北京：北京科文图书业信息技术有限公司，2006.